南方复杂构造区页岩气富集成藏与勘探实践丛书

# 宜昌地区震旦系和下古生界天然气页岩气富集成藏与勘探实践

陈孝红 罗胜元 等 著
李 海 刘 安

中国地质调查局项目（DD20179615）、国家科技重大专项子课题（2016ZX05034-001-002）联合资助

科学出版社
北 京

## 内 容 简 介

本书系统介绍宜昌地区震旦系和下古生界富有机质页岩的地层学、岩相古地理学、地球化学，以及天然气和页岩气储层、气体地球化学特征和成因；分析区内天然气和页岩气富集成藏的主控因素，并建立页岩保存富集模式和成藏模式；阐明宜昌地区页岩气选区、选层方案和评价标准，优选宜昌地区页岩气、天然气有利区和勘探目标，评价资源量；实施钻探勘查实践，实现宜昌地区寒武系—志留系页岩气勘探的重大突破及震旦系天然气的重大发现，全面揭示宜昌地区震旦系和下古生界页岩气及天然气地质、工程和产能评价参数。

本书可供从事页岩气、天然气勘探开发和理论研究的科研人员阅读，也可供油气地质相关专业的高校师生参考。

图书在版编目（CIP）数据

宜昌地区震旦系和下古生界天然气页岩气富集成藏与勘探实践/陈孝红等著. —北京：科学出版社，2022.6
（南方复杂构造区页岩气富集成藏与勘探实践丛书）
ISBN 978-7-03-070940-0

Ⅰ.①宜… Ⅱ.①陈… Ⅲ.①震旦纪-油页岩-油气藏形成-研究-宜昌 ②震旦纪-油页岩-油气勘探-研究-宜昌 ③早古生代-油页岩-油气藏形成-研究-宜昌 ④早古生代-油页岩-油气勘探-研究-宜昌 Ⅳ.①P618.13

中国版本图书馆 CIP 数据核字（2021）第 261901 号

责任编辑：何 念 孙寓明／责任校对：高 嵘
责任印制：彭 超／封面设计：苏 波

科学出版社 出版
北京东黄城根北街 16 号
邮政编码：100717
http://www.sciencep.com

武汉精一佳印刷有限公司印刷
科学出版社发行 各地新华书店经销
*
开本：787×1092 1/16
2022 年 6 月第 一 版 印张：12 3/4
2022 年 6 月第一次印刷 字数：300 000

定价：**158.00 元**
（如有印装质量问题，我社负责调换）

## "南方复杂构造区页岩气富集成藏与勘探实践丛书"
## 编 委 会

主　编：陈孝红

编　委：（以姓氏汉语拼音为序）

　　　　白云山　陈孔全　董　虎　董幼瑞

　　　　冯爱国　龚起雨　何红生　李建青

　　　　李雄伟　刘早学　王传尚　袁发勇

# 前　言

自宜页 1 井在湖北宜昌寒武系页岩气勘探取得突破以来，鄂西宜昌地区页岩气、天然气的地质调查和勘探开发愈发受到关注，中国地质调查局组织开展了鄂西宜昌地区页岩气和天然气的调查工作，取得了页岩气、油气调查的一系列发现和进展。

（1）实现寒武系—志留系页岩气勘探的重大突破。通过宜页 1HF 井、宜页 2HF 井的实施，宜昌地区寒武系和志留系获得高产工业气流，填补了中扬子油气勘探空白，首次确立寒武系水井沱组为页岩气勘查开发新层系，实现了页岩气勘查从长江上游向长江中游的战略性拓展。

（2）取得震旦系页岩气、天然气调查重要进展。通过宜页 1 井的实施，首次全面系统地获得了震旦系陡山沱组页岩气地质、工程和含气性评价参数，以及新元古界页岩气的重大发现。宜参 3 井首次在中扬子灯影组获得日产 0.15 万 $m^3$ 的稳定天然气流，展现了中扬子地区灯影组天然气勘探的良好前景。

（3）建立古隆起边缘"基底控藏型"和"古隆起-断裂控藏型"页岩气保存富集模式。研究证实宜昌斜坡区页岩气是不同成熟度阶段天然气的混合气，页岩的含气量除受页岩沉积时期埋藏保存的原始有机质含量影响外，还受页岩埋藏过程中生排烃作用和与之相关的有机流体活动影响。其中，原生盆地中有机质的富集保存是页岩气富集成藏的基础，而原生油气的调整富集无疑是页岩气进一步富集成藏的保障。鉴于宜昌地区下古生界两套页岩均沉积于台地局限-半局限的凹陷中，寒武系水井沱组页岩排烃作用发生在黄陵隆起之前，流体活动主要受控于制约水井沱组页岩沉积的继承性基底隆起。而奥陶系五峰组—志留系龙马溪组页岩的生排烃作用和有机流体活动，除与加里东时期的湘鄂西隆起有关外，还与印支期宜昌地区基底隆升和黄陵隆起的形成紧密相关，与黄陵隆起快速隆升产生的反向挤压断裂紧密相连。因此，制约寒武系页岩气富集的关键因素是基底的结构和形态。寒武系页岩气属于"基底控藏型"页岩气富集模式，而五峰组—龙马溪组页岩气富集的关键除受加里东期、印支期古隆起形态影响，还与区内基底在中生代快速隆升挤压所产生的断裂相关，为古隆起-断裂复合控藏型页岩气富集模式。

（4）提出宜昌地区震旦系和下古生界页岩气储层划分和评价标准，建立宜昌地区页岩气选区评价参数和资源评价方法。依据宜昌地区震旦系和下古生界页岩气储层样品的实验测试分析结果，结合测、录井解释成果资料，参照重庆涪陵焦石坝志留系页岩气储层划分和评价标准，以岩石密度、TOC、孔隙度和含气量为基础，结合页岩伽马值、脆性指数和含气饱和度，提出宜昌地区震旦系陡山沱组、寒武系水井沱组、奥陶系五峰组—志留系龙马溪组页岩气储层评价标准，并进行储层划分和勘探甜点层段优选。与此同时，在页岩厚度、分布和构造单元约束条件下，以页岩 TOC 和含气量为基础，建立宜昌地区页岩气选区评价参数，圈定宜昌地区不同埋深条件下震旦系陡山沱组、寒武系水井沱组及奥陶系五峰组—志留系龙马溪组页岩气勘探目标区，并预测地质资源量。

（5）探索低勘探程度区地质工程一体化页岩气勘探模式。创新性地提出以地质手段确定工程目标和配套的适应性工程技术参数和施工方案，配合一体化的高效管理和工程施工，动态开展地质工程综合评估，适时调整和优化工程技术参数，形成动态环路，持续不断优化工程技术方案，实现地质目标最大化的地质工程一体化工作模式。在最短的工作周期内，实现储层时代最老、构造最复杂的油气勘探空白区页岩气的勘探突破。

本书是在系统总结宜昌地区油气页岩气调查最新进展基础上完成的。本书由陈孝红策划、组织撰写、审定和修改。陈孝红、罗胜元、李海、刘安、李培军和张淼参与了本书的撰写工作。前言、第一章，第二章第一节，第三章第一节和第四章第一节由陈孝红撰写；第二章第三节、第四节，第三章第二～四节由罗胜元撰写；第二章第二节、第四章第二节由李海撰写；第四章第三节由李培军撰写。此外，刘安参与了油气、页岩气保存条件相关章节的撰写，岳勇参与了构造与沉积演化相关内容的撰写。全文统稿由陈孝红和罗胜元、李海完成。中国地质调查局武汉地质调查中心张保民、陈林、张国涛、王传尚、吕嵘、李旭兵、周鹏、王强等参加了部分野外工作。中石化江汉石油工程设计有限公司承担了相关钻探和压裂试气任务。中国地质调查局、湖北省地质局、宜昌市国土资源局等单位领导对项目的实施给予了大力支持和帮助，谨此致谢。

由于作者水平及研究时间有限，书中难免存在不足之处，敬请读者批评指正。

陈孝红<br>
2021 年 12 月于武汉

# 目　　录

## 第一章　区域地质概况……………………………………………………………1
### 第一节　区域地层特征……………………………………………………………1
### 第二节　区域构造特征……………………………………………………………5
### 第三节　构造与沉积演化特征……………………………………………………6
一、基底构造发展阶段……………………………………………………………6
二、原型盆地岩石、沉积与构造…………………………………………………7
三、沉积盖层构造与沉积特征……………………………………………………11

## 第二章　震旦系页岩气和天然气…………………………………………………14
### 第一节　地层格架与岩相古地理…………………………………………………14
一、年代地层格架…………………………………………………………………14
二、陡山沱组页岩的形成与分布…………………………………………………20
三、灯影组礁滩相的分布与岩石学特征…………………………………………30
### 第二节　陡山沱组页岩气地质特征………………………………………………42
一、页岩有机地化特征……………………………………………………………42
二、页岩气储集特征………………………………………………………………47
三、页岩气顶底板特征……………………………………………………………50
四、含气性特征……………………………………………………………………50
五、页岩气有利区优选与目标评价………………………………………………52
六、页岩气资源潜力………………………………………………………………57
### 第三节　灯影组天然气地质特征…………………………………………………60
一、天然气储集特征………………………………………………………………60
二、天然气成藏特征………………………………………………………………70
### 第四节　宜参3井灯影组天然气试气测试………………………………………78
一、井位部署与实施………………………………………………………………78
二、宜参3井综合地质评价………………………………………………………83
三、试气测试………………………………………………………………………89

## 第三章　寒武系天然气地质条件…………………………………………………95
### 第一节　烃源岩条件………………………………………………………………95
一、水井沱组划分对比……………………………………………………………95
二、页岩形成的古地理、古环境与古气候………………………………………99
三、页岩有机地球化学特征………………………………………………………106

　　　　四、油气的形成与运移 ········································································································ 110
　　第二节　储集条件 ···················································································································· 113
　　　　一、岩石学特征 ················································································································ 113
　　　　二、储层物性特征 ············································································································ 116
　　　　三、储层孔隙结构特征 ···································································································· 118
　　　　四、储集空间类型及特征 ································································································ 121
　　　　五、主要储层发育控制因素及孔隙演化分析 ································································ 123
　　　　六、储层评价 ···················································································································· 129
　　第三节　保存条件 ···················································································································· 130
　　　　一、盖层条件 ···················································································································· 130
　　　　二、运移与保存条件 ········································································································ 132
　　　　三、生储盖组合划分与评价 ···························································································· 135
　　第四节　宜参3井石龙洞组裸眼测试 ···················································································· 135
　　　　一、寒武系碳酸盐岩储层油气显示与测井评价 ···························································· 135
　　　　二、寒武系石龙洞组裸眼中途测试 ················································································ 136

# 第四章　奥陶系—志留系页岩气 ······························································································· 138
　　第一节　页岩的分布与成因 ···································································································· 138
　　　　一、页岩的时空分布 ········································································································ 138
　　　　二、页岩地球化学特征与成因 ························································································ 141
　　第二节　页岩气地质特征 ········································································································ 147
　　　　一、页岩气有机地化特征 ································································································ 147
　　　　二、页岩气储集特征 ········································································································ 149
　　　　三、页岩气顶底板特征 ···································································································· 156
　　　　四、页岩气成因 ················································································································ 156
　　　　五、页岩气富集主控因素与富集模式 ············································································ 157
　　　　六、页岩气有利区优选与目标评价 ················································································ 166
　　　　七、页岩气资源潜力 ········································································································ 168
　　第三节　宜页2HF井五峰组—龙马溪组页岩含气性测试 ··················································· 170
　　　　一、宜页2HF井钻完井一体化工程 ··············································································· 170
　　　　二、宜页2HF井综合地质评价 ······················································································· 175
　　　　三、宜页2HF井压裂试气工程 ······················································································· 177

**参考文献** ······································································································································· 183

# 第一章 区域地质概况

宜昌地区在行政区划上隶属于湖北省，包含宜昌市、宜都市、枝江市、当阳市、远安县、兴山县、秭归县、长阳土家族自治县和五峰土家族自治县。宜昌地区位于中亚热带与北亚热带的过渡地带，属亚热带季风性湿润气候。地貌上属于武陵山与江汉平原的过渡地带，多以丘陵为主。水系发育，长江从宜昌市横穿而过，还有长江黄金水道、三峡国际机场，多条高等级公路、铁路在这里交会，水、陆交通发达。

在大地构造位置上，宜昌地区位于中扬子地台中部黄陵隆起东南缘。发育古元古代变质基底和元古代花岗岩结晶基底，构造稳定，素有"宜昌稳定带"之称。地层发育完整，震旦系—白垩系均有出露。区域内构造简单，以单斜为主，主要发育北北西向和北西向两组断裂。

## 第一节 区域地层特征

前南华系分布在宜昌西北部，为黄陵隆起的主体。南华纪—三叠纪地层围绕黄陵隆起呈环带状分布，白垩系呈角度不整合超覆在寒武系—三叠系不同地层之上（图1-1）。南华系—三叠系各地层单位之间表现为整合或平行不整合接触，产状平整，出露良好，研究程度较高，是我国南方南华系—三叠系多重地层划分对比的标准地区。研究区域各岩石地层单位的厚度和主要岩性见表1-1。

从各岩石地层单位的岩石组合特点来看，南华纪冰期之后，宜昌地区进入海相碳酸盐台地相沉积阶段，震旦系—中奥陶统接受广泛的碳酸盐岩沉积。中奥陶世之后，伴随华夏板块向北推覆，扬子板块南缘被动大陆绕曲变形隆升成陆，中扬子地区转化为前陆盆地，接受志留系巨厚的滨浅海砂泥质沉积。晚古生代时期，伴随华夏板块的挤压回弹，中扬子地区再度沉陷，接受碳酸盐岩沉积，直至中三叠世之后的印支运动，海水才从区域内退出。中扬子地区先后接受前陆盆地、断陷盆地相砂泥质沉积（图1-2）。

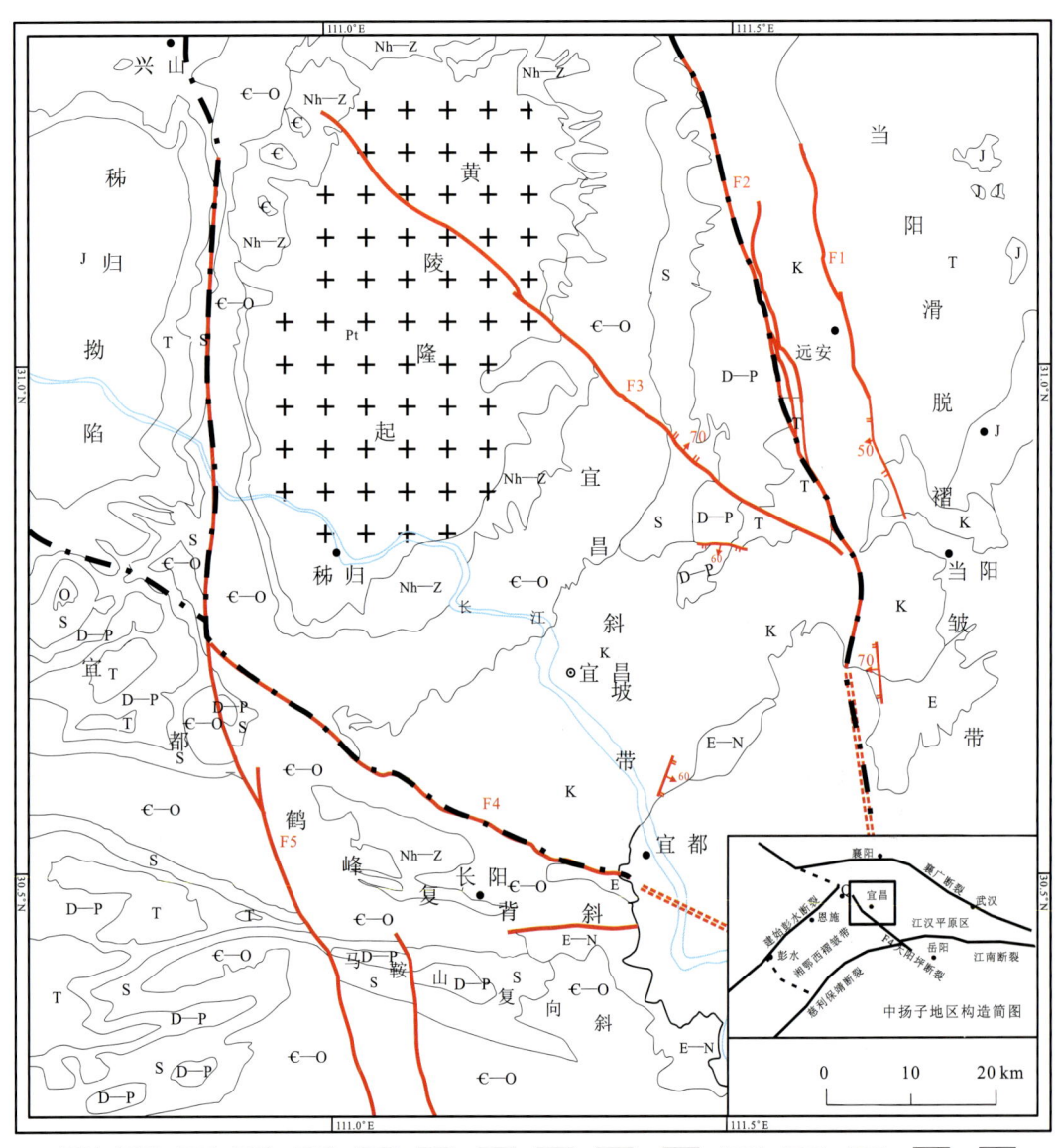

图 1-1 宜昌地区地质构造简图

1. 第四系；2. 古近系—新近系；3. 白垩系；4. 侏罗系；5. 三叠系；6. 泥盆系—二叠系；7. 志留系；
8. 寒武系—奥陶系；9. 南华系—震旦系（埃迪卡拉系）；10. 元古宇；11. 主要断裂；12. 推测断层；
13. 构造边界；14. 基底；15. 断裂编号（F1 为远安断裂，F2 为通城河断裂，F3 为雾渡河断裂，
F4 为天阳坪断裂，F5 为仙女山断裂）；16. 页岩气井

# 第一章　区域地质概况

表 1-1　研究区域地层简表

| 系 | 统 | 组（群） | 代号 | 厚度/m | 岩性 | 构造沉积演化阶段 | 油气成藏组合 |
|---|---|---|---|---|---|---|---|
| 侏罗系 | 下统 | 香溪群 | $T_3J_1x$ | 761 | 粉质、细砂岩、碳质页岩夹薄煤层 | 前陆盆地发展阶段 | 盖层 |
| 三叠系 | 上统 |  |  |  |  |  |  |
|  | 中统 | 巴东组 | $T_2b$ | 1 230 | 泥岩，粉砂质泥岩，细砂岩 |  |  |
|  | 下统 | 嘉陵江组 | $T_{1-2}j$ | 650～928 | 白云岩，灰质白云岩，泥晶灰岩 |  | 储层 |
|  |  | 大冶组 | $T_1d$ | 543～805 | 泥晶灰岩，白云质灰岩 |  | — |
| 二叠系 | 上统 | 大隆组 | $P_3d$ | 22～40 | 硅质岩、碳质页岩 |  | 烃源岩 |
|  |  | 下窑组 | $P_3x$ | 25～49 | 灰岩 |  |  |
|  |  | 龙潭组 | $P_3l$ | 16～22 | 粉砂岩、碳质页岩、薄煤层 |  |  |
|  | 中统 | 茅口组 | $P_2m$ | 110～178 | 泥晶灰岩、生物屑灰岩 |  | — |
|  |  | 栖霞组 | $P_2q$ | 77～178 | 泥质灰岩、瘤状泥灰岩 |  |  |
|  | 下统 | 梁山组 | $P_1l$ | 3～13 | 碳质页岩夹煤层 | 克拉通盆地发展阶段 |  |
| 石炭系 | 上统 | 黄龙组 | $C_2h$ | 4 | 灰岩 |  | 储层 |
|  |  | 大埔组 | $C_2d$ | 5～16 | 泥质白云岩 |  |  |
|  | 下统 | 和州组 | $C_1h$ | 8～15 | 灰岩 |  | 上组合 |
|  |  | 高骊山组 | $C_1g$ | 12～16 | 细砂岩 |  |  |
|  |  | 金陵组 | $C_1j$ | 2～8 | 灰岩 |  |  |
| 泥盆系 | 上统 | 写经寺组 | $D_3C_1x$ | 19～89 | 石英粉砂岩、砂质页岩 |  | — |
|  |  | 黄家蹬组 | $D_3h$ | 16～25 | 石英砂岩、含铁页岩 |  |  |
|  | 中统 | 云台观组 | $D_{2-3}y$ | 34～178 | 石英砂岩 |  |  |
| 志留系 | 中统 | 纱帽组 | $S_{1-2}s$ | 309～547 | 泥岩、粉砂质泥岩 | 前陆盆地发展阶段 |  |
|  | 下统 | 罗惹坪组 | $S_1lr$ | 193～965 | 粉砂岩、泥质粉砂岩、生物屑灰岩 |  |  |
|  |  | 新滩组 | $S_1x$ | 329～900 | 页岩，泥质粉砂岩 |  |  |
|  |  | 龙马溪组 | $O_3S_1l$ | 35～58 | 碳硅质岩夹碳质页岩 |  | 烃源岩 |

续表

| 系 | 统 | 组（群） | 代号 | 厚度/m | 岩性 | 构造沉积演化阶段 | 油气成藏组合 |
|---|---|---|---|---|---|---|---|
| 奥陶系 | 上统 | 临湘组 | $O_3l$ | 2～16 | 瘤状灰岩，顶部夹泥岩 | 前陆盆地发展阶段 | 烃源岩 |
| | | 宝塔组 | $O_3b$ | 38～66 | 厚层龟裂纹泥晶灰岩 | | |
| | 中统 | 庙坡组 | $O_2m$ | 5～22 | 灰绿色页岩 | | |
| | | 牯牛滩组 | $O_2g$ | 28～138 | 瘤状灰泥灰岩 | | |
| | | 大湾组 | $O_{1-2}d$ | 14～30 | 泥晶粉晶灰岩、瘤状灰岩 | | |
| | 下统 | 红花园组 | $O_1h$ | 47～194 | 生物屑灰岩、生物屑泥灰岩 | | 下组合 |
| | | 分乡组 | $O_1f$ | 8 | 灰绿色页岩夹灰岩 | | |
| | | 南津关组 | $O_1n$ | 201～235 | 生物屑灰岩、砂屑灰岩、页岩 | | |
| 寒武系 | 上统 | 娄山关组 | $\epsilon_2O_1l$ | 389～813 | 块状中晶白云岩、粉晶白云岩 | 被动大陆边缘克拉通盆地发展阶段 | 储层 |
| | 中统 | 覃家庙组 | $\epsilon_2q$ | 142～366 | 粗晶白云岩、粉晶泥质白云岩 | | 盖层 |
| | 下统 | 石龙洞组 | $\epsilon_1sl$ | 180 | 粉晶灰岩、白云质灰岩、泥灰岩 | | 储集层 |
| | | 天河板组 | $\epsilon_1t$ | 115 | 条带灰岩、泥晶灰岩、粉砂岩 | | |
| | | 石牌组 | $\epsilon_1sp$ | 251 | 灰质粉砂岩、粉砂岩、页岩 | | |
| | | 水井沱组 | $\epsilon_1n$ | 167～239 | 黑色页岩、碳质页岩、泥晶灰岩 | | 烃源岩/盖层 |
| 震旦系 | 上统 | 灯影组 | $Z_2\epsilon_1d$ | 260～866 | 白云岩、砂屑灰岩 | | 储集层 |
| | 下统 | 陡山沱组 | $Z_1d$ | 327 | 白云岩，夹碳质页岩 | | 烃源岩 |
| 南华系 | 上统 | 南沱组 | $Nh_2n$ | 77 | 冰碛砾岩 | 断陷盆地发展阶段 | — |
| | 下统 | 莲沱组 | $Nh_1l$ | 419 | 含砾石英砂岩、石英砂岩 | | |
| 新太古界—中元古界 | | | | 1 709 | 变质杂岩 | 基底 | — |

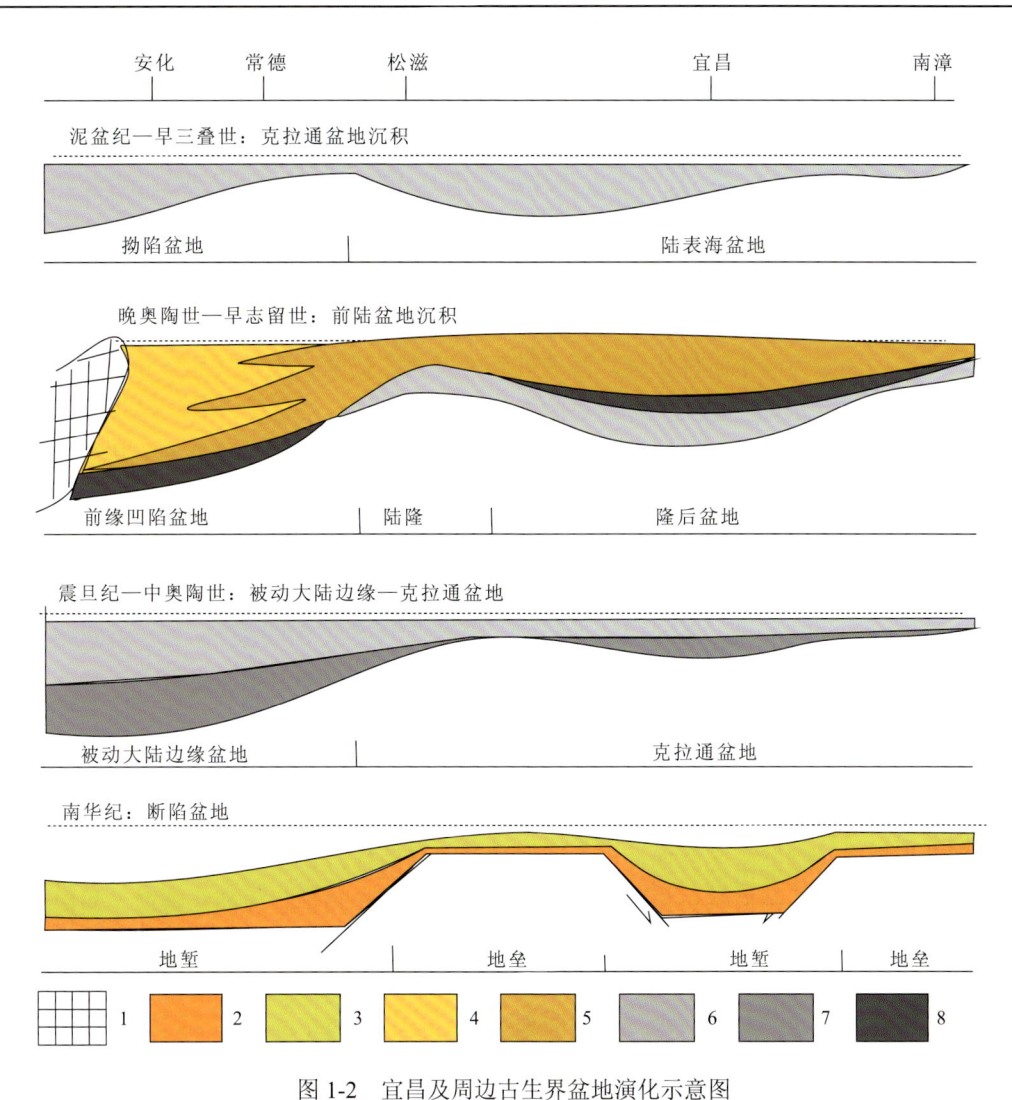

图 1-2 宜昌及周边古生界盆地演化示意图

1. 古陆；2. 滨浅海砂砾石沉积；3. 冰碛砂泥质沉积；4. 复理石砂泥质沉积；5. 滨浅海砂泥质沉积；
6. 碳酸盐岩沉积；7. 碳硅泥质沉积；8. 硅质沉积

## 第二节 区域构造特征

宜昌地区构造简单，宜昌西北部发育黄陵隆起，黄陵隆起东南缘发育一个缓坡称宜昌斜坡。宜昌斜坡西部和东南部分别与湘鄂西褶皱带（长阳背斜）和江汉盆地相接，北东与大洪山褶皱带当阳向斜之间被远安地堑分隔（图1-1）。

宜昌斜坡总体上表现为地层产状平缓（地层倾角约为10°）的单斜构造。内部要发育北北西和北西向两组断裂（图 1-1）。其中北北西向断裂自西而东主要有仙女山断裂（F5）、通城河断裂（F2）和远安断裂（F1）。北西向断裂主要有天阳坪断裂（F4）和雾渡河断裂（F3）。

通城河断裂（F2）为当阳滑脱褶皱带的西部边界，具有早期压扭、中期张扭、晚期压扭的特征。

雾渡河断裂（F3）为扬子地台内部规模宏大的基底断裂。横切黄陵背斜（黄陵隆起），经雾渡河至当阳、入江汉断陷盆地，区域上与东部邻区沙市—洪湖隐伏断裂相接。该断裂切割基底变质岩系，穿切盖层寒武纪至白垩纪地层，南东端被通城河断裂（F2）截切。地貌上多形成负地形，遥感影像上线性特征明显，区域磁场上为一正负磁场突变带，将前震旦系基底划分为两个磁性块体。断裂破碎带发育，宽度一般为 2~25 m，最大宽度可达 350 m，其内发育多期次多种性质的断层角砾岩、构造透镜体、挤压褶皱、张性牵引褶皱、多组破裂面（断面、劈理、节理）、擦痕等，断层角砾岩极为普遍。从擦痕及两侧地层错断现象判断，该断层为在早期基底韧性剪切带基础上发育起来的脆性断层，印支期—燕山期复活，清楚切割盖层构造。该断层脆性活动阶段早期以逆冲兼平移为主，晚期为平移正断层。

天阳坪断裂（F4）为一条区域性大断裂，为湘鄂西褶皱带的边界断裂。该断裂发育于早古生代地层中，呈北西向展布。断层两盘剪、张节理及牵引褶皱发育。宜昌西南缘该断裂切于白垩系与前白垩系之间，主要由两条大致平行、相距很近的大断层和许多小断层组成宽 1~2 km 的断裂带，剖面上组成倾向南西的叠瓦状冲断组合，缺失或重复部分地层。该断层具多期活动性，以挤压特征为主，也见有张性活动特点。

仙女山断裂（F5）呈北北西向展布，北起秭归县荒口，斜切长阳背斜，南至五峰土家族自治县渔洋关，长近百公里。该断裂为一系列雁行状断层组成的断裂带，断层线较为平直，具直线深切沟谷地貌，沿断层谷通常可见良好的地下水露头。

# 第三节　构造与沉积演化特征

宜昌地区自基底形成以来，经历了加里东期—海西期稳定的扬子克拉通沉积，沉降发展阶段和印支期以来的构造变形、变位发展阶段。早燕山期奠定了本区中生界、古生界的基本构造格局，为构造主要形成时期。

## 一、基底构造发展阶段

宜昌地区黄陵结晶基底出露在本区西北角，后期构造对其改造微弱，是研究扬子地块前寒武纪地质构造演化的良好窗口。中元古代，黄陵地区从半稳定-较稳定状态逐渐向活动的裂谷沉积环境过渡，区内存在一北西西向展布的中元古代古洋壳或地幔裂谷，与黄陵基底北部北东向展布的大陆裂谷共同构成三叉形裂谷。随着裂陷槽的进一步扩大，发育一套大洋中脊构造环境形成的正常型洋中脊玄武岩（normal-mid ocean ridge basalt，

N-MORB）型拉斑玄武岩（Peng et al.，2012；彭松柏等，2010）。中元古代末期的晋宁运动，由中元古代的裂解转为汇聚，表现出较典型的板块构造运动演化特点，出现大量类科迪勒拉"I"型花岗岩（即区内广泛分布的新元古代石英闪长岩-石英二长岩-斜长花岗岩-花岗闪长岩-二长花岗岩组合）和"S"型花岗岩（由沉积岩改造而成的花岗岩）。构造变形上，以强烈的塑性变形为特点，至青白口纪基性岩脉的侵入，标志着晋宁运动的结束，扬子陆块固结，罗迪尼亚（Rodinia）超大陆形成。进入南华纪，罗迪尼亚超大陆开始裂解进入原特提斯演化阶段，随后测区开始经历长期的沉积抬升剥蚀作用。

## 二、原型盆地岩石、沉积与构造

新元古代期间发生过一系列重大的地球构造、气候、生物环境事件。扬子地块与我国其他古老克拉通，例如华北、塔里木，在中元古代、新元古代都发生了广泛岩浆作用与断陷活动。随罗迪尼亚大陆解体，克拉通构造整体处于拉张背景。其中，扬子克拉通西缘的康滇裂谷和东缘的湘桂裂谷开启时间为 820 Ma，充填了典型的裂谷盆地沉积序列。与构造环境变化同步的气候变迁也是如此，华北、扬子和塔里木等古老克拉通在南华纪—震旦纪曾发生过 4 次大的冰期事件，分别为南华成冰期 Kaigas、Sturtian、Marinoan 及震旦系 Gaskiers（图 1-3）。而 Sturtian 和 Marinoan 冰期具有全球对比特征。在扬子古陆南华系又有冰前莲沱组、古城组 Sturtian 及南沱组 Marinoan 两套亚冰期及大塘坡间冰期沉积。属于一个以冰期—间冰期古气候事件为标记的地层单位系统和沉积组合。超大陆裂解及"雪球"事件后，是生命演化的最关键时期，后冰期震旦系为以海侵碳酸盐岩发育为特色的稳定台盆型沉积，如陡山沱组及灯影组。

诸多学者通过同位素测年资料对宜昌斜坡区各地层的形成时代进行过有效的分析。马国干等（1984）在宜昌下南华统莲沱组中距底界 40 m 处获得的单颗粒锆石 U-Pb 年龄为（748±12）Ma，推测莲沱组的下限年龄为（760±20）Ma（赵自强等，1985）；参考不整合面之下黄陵花岗岩的锆石 U-Pb 年龄（819±7）Ma，推测以莲沱组为底界的南华系底界年龄为 800 Ma（全国地层委员会，2001）。Condon 等（2005）、Zhang 等（2005）和 Yin 等（2005）采自震旦系陡山沱组底部的锆石 U-Pb 年龄数据证实了南沱冰期结束于 635 Ma 之前，从而指示南华系沉积形成于 800~635 Ma。由于中扬子基底与黄陵花岗岩基底类似，可能反映宜昌莲沱组沉积于古陆边缘位置，沉积年龄为（758±23）Ma，较南华系底界年龄少约 20 Ma。莲沱组不整合于黄陵花岗岩之上，由南向北西超覆并且迅速尖灭，顶界与南沱组冰碛岩呈不整合接触。与长阳古城剖面相比，宜昌地区缺失中南华统古城组、大塘坡组，上南华统南沱组区域上分布稳定，平行不整合于陡山沱组之下。在震旦系灯影组与陡山沱组界线上发现极薄层斑脱岩，用超高分辨率离子微探针（super high resolution ion microprobe，SHRIMP）法测定年龄分别为（549±6.1）Ma、（551±0.7）Ma，进一步限定了震旦系陡山沱组的时代（图 1-3）。

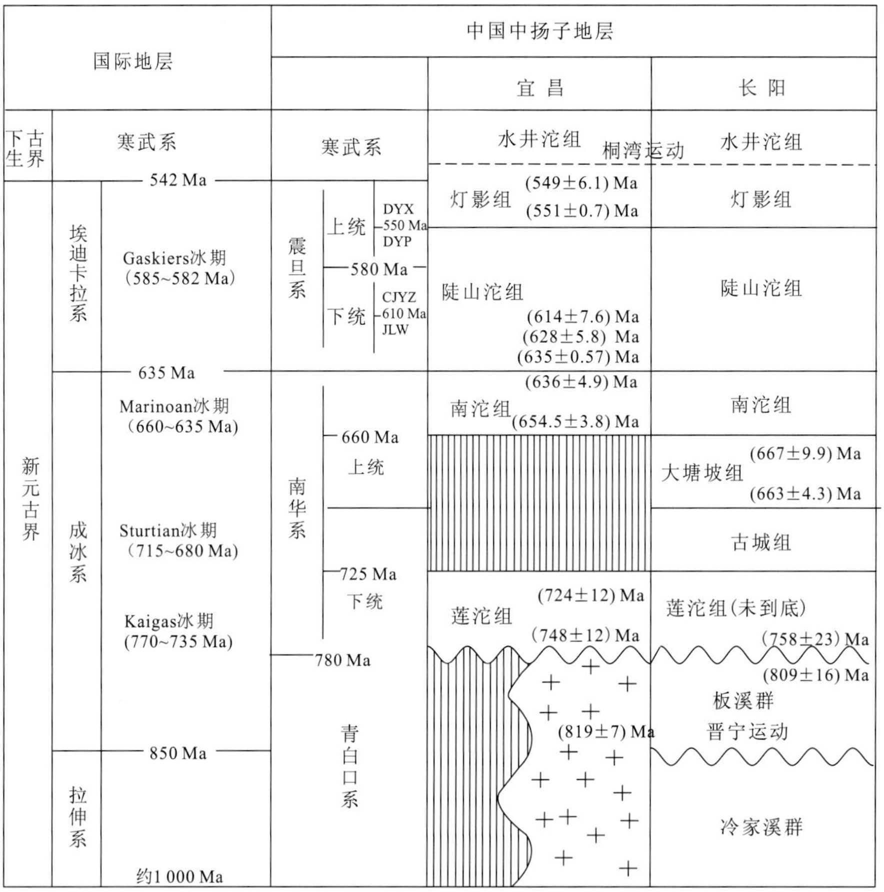

| 国际地层 | | | 中国中扬子地层 | | |
|---|---|---|---|---|---|
| | | | | 宜昌 | 长阳 |
| 下古生界 | 寒武系 | | 寒武系 | 水井沱组 桐湾运动 | 水井沱组 |
| | 542 Ma | | | (549±6.1) Ma | |
| | | | 震旦系 上统 DYX 550 Ma DYP | 灯影组 (551±0.7) Ma | 灯影组 |
| 新元古界 | 埃迪卡拉系 | Gaskiers冰期 (585~582 Ma) | 580 Ma CJYZ 610 Ma 下统 JLW | 陡山沱组 (614±7.6) Ma (628±5.8) Ma (635±0.57) Ma | 陡山沱组 |
| | | 635 Ma | | (636±4.9) Ma | |
| | 成冰系 | Marinoan冰期 (660~635 Ma) | 南华系 上统 660 Ma | 南沱组 (654.5±3.8) Ma | 南沱组 |
| | | | | | 大塘坡组 (667±9.9) Ma (663±4.3) Ma |
| | | Sturtian冰期 (715~680 Ma) | 725 Ma 下统 | | 古城组 |
| | | Kaigas冰期 (770~735 Ma) | | 莲沱组 (724±12) Ma (748±12) Ma | 莲沱组（未到底） (758±23) Ma (809±16) Ma |
| | | | 780 Ma | | 板溪群 |
| | 拉伸系 | 850 Ma | 青白口系 | (819±7) Ma | 晋宁运动 |
| | | 约1 000 Ma | | | 冷家溪群 |

图 1-3　南华系—震旦系地层序列（岳勇 等，2020）

JLW 为九龙湾阶，CJYZ 为陈家院子阶，DYP 为吊崖坡阶；DYX 为灯影峡阶

### （一）南华系—震旦系断拗地震反射结构

华南地区经历了板块构造演化阶段和陆内构造演化阶段。陆内构造演化阶段，华南地区南华系—震旦系受裂陷及拗陷控制影响，整体上自西北向东南大体可分为三个不同类型的沉积区，即克拉通内断陷型（类型 I）、克拉通边缘过渡裂陷型（类型 II）、克拉通边缘裂谷型（类型 III）。其中，中扬子宜昌及周缘的南华系—震旦系受鄂西海槽的控制影响，发育类型 I 及类型 II 沉积区，主要为断陷-裂陷结构特征。

地震资料解释在宜昌斜坡区寒武系之下新发现三套地震反射，自下而上依次是：第一套，底界斜向断续强反射特征（青白口系地震反射波 $T_{Qb}$），即青白口系顶面的不整合面反射下部的杂乱反射，代表中元古界-新元古界下部基底；第二套，存在清晰的断陷断续延伸的强振波组，上覆由南西向北东减薄的一套楔状沉积体，内部与底座"斜向"楔状体底界之间为层状反射，并向下逐渐减弱直至消失，具有断陷地层的快速沉积和厚度向边缘快速变薄、在边缘快速尖灭等特点（青白口系至陡山沱组地震反射波之间 $T_{Qb}\sim T_{zd}$）；第三套，井-震标定显示震旦系与寒武系反射一致，为平行层状、席状地震反射特征（震旦系陡山沱组至寒武系石牌组地震反射波之间 $T_{zd} \sim T_{\epsilon 1}$），反映沉积和构造环境较为平静。震旦系之下识别出明显的断陷结构，断陷断续延伸的强振波组之上楔状反射波组对应的地层应是南华系。震旦系—寒武系呈层状反射结构特征，且在断陷部位存在变化。上述两种结构特征标志着宜昌斜坡带存在断坳转化或坳陷沉积（图 1-4）。通过二维地震刻画、识别在宜昌地区长江以南、以北发育近南北向延伸的断陷，向鄂西海槽方向，由东至西近于平行展布。

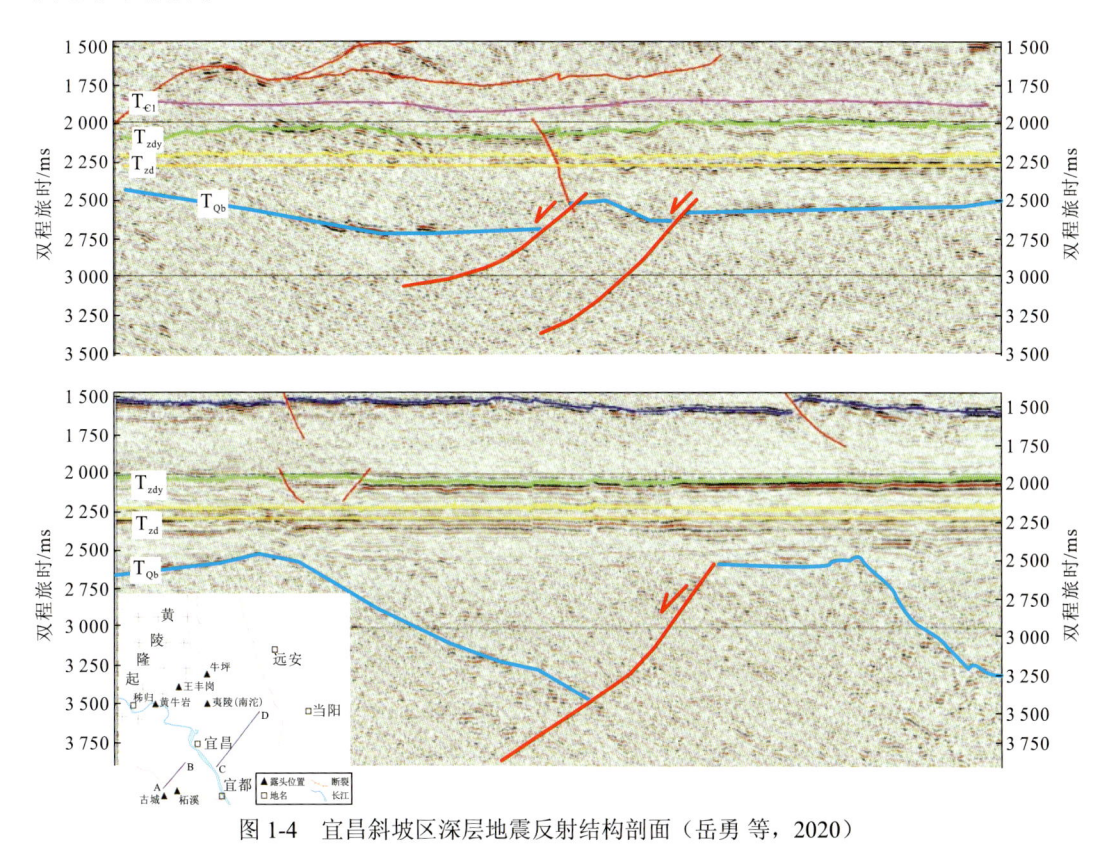

图 1-4 宜昌斜坡区深层地震反射结构剖面（岳勇 等，2020）

$T_{Qb}$ 为青白口系地震反射波，$T_{zdy}$ 为灯影组地震反射波，$T_{zd}$ 为陡山沱组地震反射波，$T_{\epsilon 1}$ 为寒武系石牌组地震反射波

## （二）震旦系—南华系断坳对沉积充填的控制

构造作用和气候变化一般被认为是控制盆地沉积充填过程和沉积物分布最基本的两个因素。大地构造沉积学强调了板块构造作用与沉积充填的结合分析。扬子克拉通南华纪裂谷演化可分为 3 个阶段（管树巍 等，2017）。从陆内构造演化阶段结构类型，中扬子宜昌斜坡地区可能定义为断陷较合适。岳勇等（2020）根据断坳二元结构及期间夹杂成冰期，认为宜昌地区及周缘经历了断陷期、成冰期、断坳期及坳陷期 4 个演化阶段（图 1-5）。

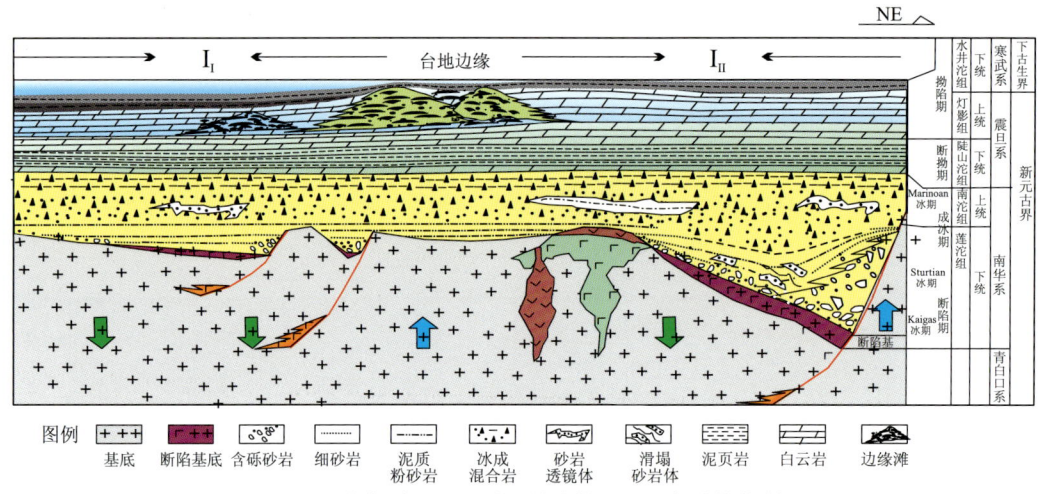

图 1-5 南华系—震旦系断拗结构对沉积充填的控制

**1. 断陷期**

约 800 Ma 开始，受超级地幔柱活动导致罗迪尼亚超大陆解体的影响，被动大陆边缘环境持续受影响，陆内宜昌及周缘地区存在一定的拉张作用，形成黄陵花岗岩。黄陵花岗岩基底作为晋宁期花岗岩的典型代表之一，早期以大量的花岗岩产出为特征，晚期以基性-酸性岩脉岩、岩墙侵入为特征，形成宜昌地区断陷基底。断陷期初期，宜昌地区下南华统莲沱组在华南地区各处的层位高低不同，它不整合于不同层位之上，是具有较强穿时性的岩石地层单位。宜昌莲沱组下部与下伏侵入岩断陷基底呈不整合接触，由自下而上由粗变细的紫红色碎屑岩组成，上部则演变为河口湾—滨海三角洲沉积。中扬子宜昌地表出露露头大多未至地震所刻画的断陷最大的沉降-沉积区地层。断陷基底之上快速堆积的滨海相砾岩则与莲沱组的层位相当，如湖南石门杨家坪下南华统渫水河组粗砾沉积，江南桂北上南华统巨厚富禄组砂岩，上统下部至下统的长安组块状含砾泥岩冰成混合岩沉积。

**2. 成冰期**

南华系上统南沱组为全区岩性与岩相最为稳定的冰碛岩，与下伏莲沱组不整合接触，唐家坝以北超覆于黄陵花岗岩基底之上，属以大陆冰川-冰海、冰湖沉积为主的沉积环境。中下部灰绿色块状冰碛砾岩，中上部冰碛砾岩中夹黄绿色、灰绿色砂岩透镜体，并与含冰碛砾砂岩组成基本序列。化学蚀变指数（chemical index of alteration，CIA）（张天福 等，2016）分析结果表明：宜昌三斗坪地区南华系上统南沱组的 CIA 基本为 60～65（干燥寒冷），近顶部的 CIA 达到 70（温暖潮湿），CIA 变化表明该区南华系南沱组经历了冰期干燥寒冷至最顶部温暖潮湿沉积环境的变化过程。

**3. 断拗期**

宜昌地区构造沉积环境较为稳定，处于沉积萎缩阶段，相当于下震旦统陡山沱组。南沱组冰碛岩之上发育的陡山沱组盖帽白云岩被认为是新元古代环境变迁的显著标志。

尽管是成冰期至断拗期的岩性转化，但区域上仍分布不稳定。在断拗期，陡山沱组二段是南沱成冰期后形成的海侵体系，形成的黑色碳硅质页岩沉积序列在宜昌甚至华南大多数地区分布较为稳定。陡山沱组三段则分布较为稳定的含硅质条带结核白云岩。陡山沱组四段又出现黑色硅质页岩及碳质页岩。断拗构造转换阶段，也是地球环境演化的主要时期。宜昌地区相对稳定，受断拗期构造转化控制，这一时期从浅水台地到陆棚均不同程度发育环境稳定的黑色页岩地层，宜昌地区陡山沱组主要发育稳定台地相区黑色页岩。

**4. 拗陷期**

拗陷期作为扬子克拉通热沉降阶段，宜昌地区岩浆与火山活动显著减弱，受前期断陷期及断拗期断拗结构影响，震旦系灯影组发育稳定的台盆相区。克拉通内断陷型（类型 I）存在两种沉积相：$I_I$型为台地边缘-斜坡相；$I_{II}$型为台内洼地相。克拉通边缘过渡裂陷型（类型 II）则发育陆棚相沉积。这两种类型沉积相是陡山沱组及下寒武统水井沱组富有机质页岩沉积的有利相带。

## 三、沉积盖层构造与沉积特征

宜昌地区自基底形成以来，经历了加里东期—海西期稳定的扬子克拉通沉积、沉降阶段和印支期以来的构造变形、变位阶段，在中、上扬子区分别形成南华纪—志留纪被动大陆边缘盆地-前陆盆地、泥盆纪—中三叠世克拉通盆地、晚三叠世—早侏罗世前陆盆地，以及中侏罗世—白垩纪的陆相断陷湖盆沉积。印支运动以后，黄陵基底逐步隆升，并同沉积盖层一起共同接受脆性构造改造（图1-2、图1-6）。

### （一）印支运动隆起雏形期

宜昌地区在印支期构造表现为以区域性地壳不均衡抬升运动为主，中扬子隆-拗格局开始形成（余武等，2017；刘新民等，2009），宜昌地区"一隆（黄陵隆起）两拗（秭归前陆盆地和荆当前陆盆地）"构造格局开始显现。从黄陵隆起西部秭归盆地由西向东，上三叠统沙镇溪组与下伏中三叠统巴东组之间由整合接触过渡到角度不整合接触（何治亮等，2011），以及黄陵隆起东部荆当盆地由西北到东南，上三叠统九里岗组与下伏中三叠统由整合接触过渡为平行不整合（赵小明等，2010），推测黄陵地区在印支期隆升露出水面接受剥蚀，并控制黄陵隆起周缘沉积。

### （二）燕山运动剥蚀期

宜昌地区的早燕山运动以快速隆升、剥蚀为主，冲断、挤压变形为辅，黄陵隆起及周缘进入快速冷却抬升期并遭受大量剥蚀。锆石和磷灰石裂变径迹等低温热年代学研究表明，160~110 Ma 和 45 Ma 以来黄陵隆起发生两期快速隆升剥蚀（李天义等，2012；沈传波等，2009）。由东至西剥蚀强度增强、剥蚀厚度变大，造成下白垩统地层依次与下伏三叠系（宜页2井）、志留系（宜页3井）呈角度不整合接触。宜昌斜坡东部石炭系、

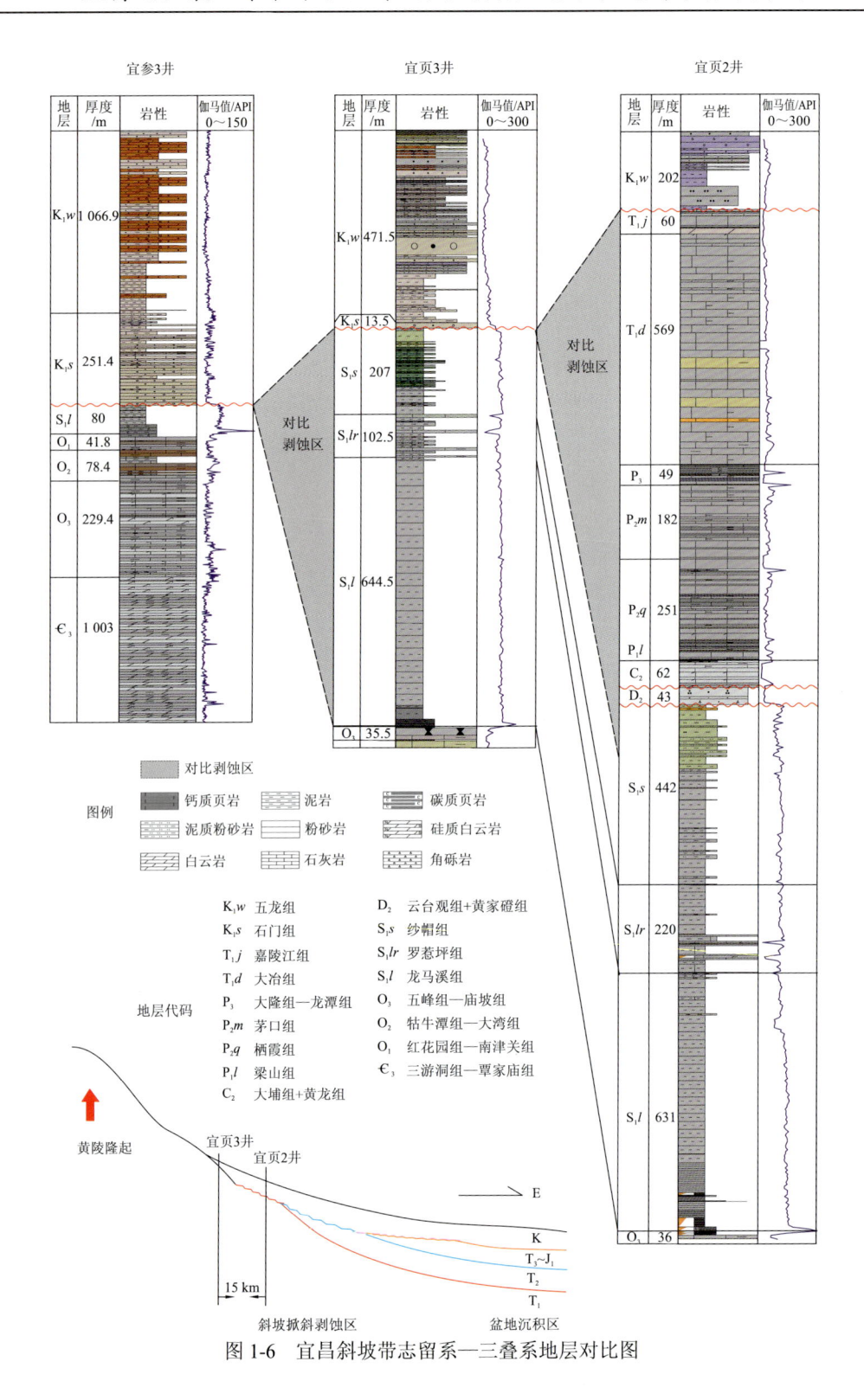

图1-6 宜昌斜坡带志留系—三叠系地层对比图

二叠系—三叠系剥蚀厚度不超过1 500 m。东南部宜参3井仅残留厚80 m的龙马溪组底部页岩，绝大部分志留系—三叠系地层剥蚀殆尽。西南部宜页1井上奥陶统、志留系至三叠系剥蚀殆尽。根据单井地层厚度粗略推算剥蚀厚度达2 500～3 000 m。部署于宜昌斜坡东翼的宜页2井、宜页3井相距约15 km，奥陶系—志留系可以很好地对比。其中宜页2井发育较为完整的中泥盆统、上石炭统、二叠系、三叠系大冶组和嘉陵江组，但宜页3井白垩系石门组直接覆盖在下志留统纱帽组之上，缺失泥盆系—三叠系，缺失地层厚度接近1 400 m（图1-6）。

除大规模隆升剥蚀外，研究区在燕山运动快速隆升背景下还发生了重力滑脱作用，在区内形成剪切变形或弧形展布的拆离断层。沉积盖层内的剪切变形通常发育在显著的岩性界面或岩性软弱层附近，如在震旦系陡山沱组页岩、寒武系水井沱组页岩、志留系页岩及上三叠统薄层灰岩中集中发育。剪切变形以顺层展布为主、局部剪层为辅，卷入地层的厚度十分有限，具有明显的层滑特点。地表调查发现，顺层滑脱褶皱及相关断层指示隆起东部地层向东、西部地层向西分别发生了变形，揭示滑脱拆离由隆升中心向周缘360°方向滑移剪切的特点。此外，重力滑脱产生褶皱，造成从隆起中心向外侧地层增厚的现象。一些柔性地层表现尤为明显，如二叠系梁山组的煤系地层可从几十厘米增厚至十几米。长阳背斜处的中寒武统滑脱层和下寒武统页岩滑脱层的断裂发生叠置，使寒武系局部增厚，而在滑脱带后缘常发生地层减薄或缺失。除地表调查外，区域钻井也揭示宜昌斜坡区震旦系陡山沱组受到滑脱变形带的影响，宜页1井实钻取心显示，陡山沱组二段灰黑色云质页岩、泥质云岩发育深度为2 243.0～2 388.0 m，其中2 244.1～2 277.8 m、2 318.4～2 359.2 m深度段岩心十分破碎，页岩取出地面后自然逐层脱落、呈球形风化状散开，底部泥岩中揉皱滑动变形明显，推测滑脱体切穿了震旦系陡山沱组软弱页岩并形成了破裂。

（三）喜山运动充填、改造期

中扬子区在燕山运动晚期—喜山运动早期为断坳构造发展时期，主要表现为伸展断陷活动，宜昌地区构造相对稳定。晚白垩世至古近纪，发育以$K_2$～E为主的陆相断陷或山间坳陷型盆地，接受山麓洪积及辫状河砂砾岩沉积，这些断陷或山间盆地构造不整合于中、下三叠统及古生界之上。除形成山间红盆充填之外，喜山运动对地层也有改造作用。该期黄陵背斜处于整体隆升、冷却阶段，宜昌地区有明显的隆升剥蚀，导致缺失渐新统、中新统，上三叠统、侏罗系、上白垩统也遭受强烈剥蚀，只在局部地方见到少量残存。喜山运动还造成边界断层的活化和逆冲，在宜昌长阳高家堰地区，天阳坪断裂两侧古生界地层大规模覆于白垩系红盆之上，断面倾向东南，主要断层破碎带宽5～20 m，断层两盘垂直于断面的张节理、剪节理及牵引褶皱发育。

# 第二章 震旦系页岩气和天然气

宜昌地区震旦系出露广泛，分布稳定。Lee 等（1924）最早将区内震旦系自下而上划分为陡山沱统和灯影灰岩，后经刘鸿允等（1963）修订为下部陡山沱组和上部灯影组并沿用至今。由于陡山沱组沉积时期处于地质地史古气候、古环境和生物多样性发展的重大转折时期，学者们对这一时期岩石地层、层序地层（王自强 等，2001；汪啸风 等，2001，1999；Wang et al.，1998；Lee et al.，1924）、稳定碳同位素化学地层（陈孝红 等，2015，2003；Zhu et al.，2013，2007；Lu et al.，2013；Jiang et al.，2012，2011，2007；吕苗 等，2009；王自强 等，2002；Lambert et al.，1985）、生物地层（尹崇玉 等，2009；丁启秀 等，1993；陈孟莪 等，1992，1991，1981；Sun，1986）和同位素地质年代学（Condon et al.，2005；马国干 等，1984）等方面均进行了大量细致的工作。这些成果为全面认识陡山沱组富有机质页岩和灯影组天然气储层形成和分布的地质背景和机理奠定了基础。近年来，伴随宜页 1 井震旦系陡山沱组页岩气、灯影组天然气的发现（Chen et al.，2018），围绕这一层系页岩气、天然气资源勘探，在宜昌及周边地区先后部署实施了多口页岩气钻井（图 2-1），进一步揭示了震旦系陡山沱组和灯影组的岩石矿物和有机地球化学特征，从而为全面认识陡山沱组富有机质页岩的成因和分布及灯影组天然气成藏机理提供了新的资料。

## 第一节 地层格架与岩相古地理

### 一、年代地层格架

虽然震旦系中发现了微体藻类、动物胚胎、宏体藻类、软躯体动物和管状动物等多门类化石，但由于受早期生命多样性和生物本身化石化条件等制约，目前地层古生物学家尚不能像显生宇那样方便地利用化石组合进行震旦系不同相区地层的精细划分和对比，以致人们尚不能获得一个满意的全球、甚至是区域性的震旦系年代地层系统。由于碳酸盐岩碳同位素综合记录了地史时期海平面变化、古地理、古气候和古环境变化的信息，加之宜昌地区震旦系陡山沱组以碳酸盐岩沉积为主，可以获得连续的碳酸盐岩碳同位素组成变化曲线。因此，从事件地层划分对比角度上看，陡山沱组碳酸盐岩的稳定碳同位素组成变化是开展震旦系陡山沱组划分对比的最重要的标志。为此，陈孝红等（2015）基于宜昌黄陵隆起东翼和西翼沉积相的差异和震旦系碳同位素研究程度的不同，在黄陵隆起不同古地理部位分别选取剖面连续、露头新鲜、碳酸盐岩相对发育、相关地层学（岩石地层、生物地层和层序地层）研究程度高的剖面，包括西翼的秭归青林口剖面、东翼

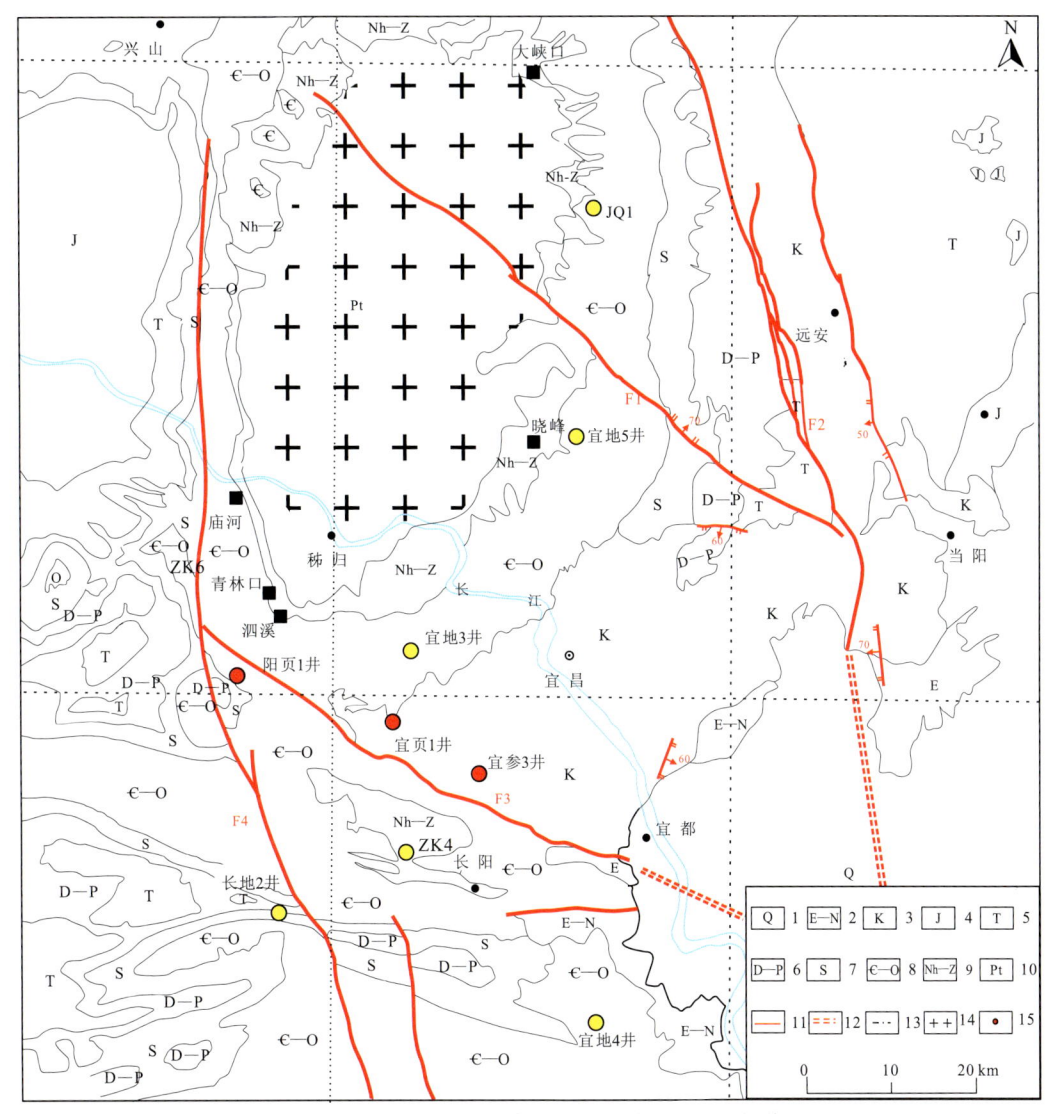

图 2-1　宜昌地区地质构造简图和震旦系重要页岩气井位置

1. 第四系；2. 古近系—新近系；3. 白垩系；4. 侏罗系；5. 三叠系；6. 泥盆系—二叠系；7. 志留系；8. 寒武系—奥陶系；9. 南华系—震旦系；10. 元古宇；11. 主要断裂（F1 为雾渡河断裂，F2 为通城河断裂，F3 为天阳坪断裂，F4 为仙女山断裂）；12. 推测断层；13. 构造边界；14. 基底；15. 页岩气井

的宜昌晓峰河剖面，以及介于上述两者之间的秭归泗溪剖面的陡山沱组为重点进行精细的碳同位素地层划分与对比研究。在宜昌地区陡山沱组识别出 5 次碳同位素负偏移（SN1～SN5），并且发现 SN1 和 SN4 的形成分别与 Marinoan 冰期和新元古代 Gaskiers 冰期的结束紧密相关，这个发现具有重要的年代地层划分意义。这一点与根据秭归青林口陡山沱组二段泥岩的全岩氧化物获得的 CIA（陈孝红等，2016a），以及宜都、宜昌和钟祥等地陡山沱组二段中下部发育六水方解石指示陡山沱组二段上部气候变冷的结论一致（Chen et al.，2021；Wang et al.，2020，2017）。考虑 Gaskiers 冰期是新元古代最后一次冰期，具有划时代的意义，故采用陈孝红等（2015）、Zhu 等（2007）的建议，将 Gaskiers

冰期或与此相关造成海平面下降所形成的层序界面作为上震旦系统、下震旦统划分的标志，并将该段地层从九龙湾阶中单独划出作为震旦系的第二个阶。虽然代表 Gaskiers 冰期的强烈碳同位素负偏离最初发现在秭归泗溪，且该剖面研究程度较高，加之该剖面位于泗溪风景区门口，不仅交通方便，而且得到了有效保护，应是一个良好的层型剖面；但是泗溪作为年代地层单位已被汪啸风等（2001）用以代表灯影组石板滩段相当的地层，且陡山沱组下部地层常被河床掩盖而影响该阶底界界线的识别。为此有必要重新选定界线层型剖面和阶名。钻探于宜昌黄花上洋的宜地 5 井陡山沱组不仅碳同位素组成变化记录连续，而且指示气候变冷的六水方解石（Chen et al.，2021c）。因此，建议使用"上洋"作为第二阶的阶名。考虑该井的生物地层研究程度不高，而该井西部，距离该井不远的晓峰牛坪—莲沱王丰刚一带的地表陡山沱组露头较好，可横向追溯，且有较高的生物地层研究和碳同位素地层研究程度（Xiao et al.，2012；Liu et al.，2011，2009；Yin et al.，2007），故建议以宜地 5 井为层型，晓峰牛坪剖面为辅助层型，以层型剖面上陡山沱组含磷结核白云岩顶部一套灰岩中碳同位素最大正偏离为标志作为陡山沱组第二阶的底界标志。重新厘定的震旦系第二阶除底部见少量从下伏地层延续而来的疑源类之外，总体上化石稀少。在岩石地层上，宜昌地区为一套泥质页岩夹（互）白云岩、硅质岩，与上覆白云岩、下伏含磷白云岩夹碳质页岩相区分。在碳同位素组成上以两次碳同位素负偏离共同组成的碳同位素负异常为特点（图 2-2）。

传统上，灯影组被简单地冠以"灯影阶"或"灯影峡阶"等年代地层单位名称，归于上震旦统上部或上震旦统（邢裕盛 等，1999）。汪啸风等（2001）以石板滩段底部层序界面，灯影组石板滩段中部 *Cloudiniids* 的最初出现将灯影组三分，自下而上为"庙河阶""泗溪阶""龙灯溪阶"，并将泗溪阶和龙灯溪阶一起归入上震旦统。Zhu 等（2007）认为以灯影组石板滩段底界层序界面所确定的上震旦统的地质延限不足震旦系整体地质延限的 10%，于是建议将震旦系二分的界线下移至陡山沱组二段内部相当于 Gaskiers 冰期或与此冰期形成、海平面下降相关的层序界面上，同时以石板滩段下部碳同位素最大正偏离出现的位置为标志，将石板滩段及以上震旦系地层合并建立第五阶，并将其与国外含 *Cloudiniids* 的地层对比。刘鹏举等（2012）采纳 Zhu 等（2007）关于震旦系二统五阶的年代地层划分方案，但不同的是，刘鹏举（2012）方案的第四阶和第五阶底界分别与峡东灯影组底部碳同位素的最大正偏离和 *Cloudiniids* 的最初出现相对应，与峡东灯影峡灯影组蛤蟆井段和白马沱段的底界的岩性界面接近或一致。上述学者在不同时期针对峡东灯影组之所以提出不同的年代地层划分方案，主要原因在于：早先在峡东震旦系中没有发现典型的震旦型动物化石，峡东地区管状动物化石 *Cloudiniids* 的分布层位及其与典型震旦型动物化石的叠置关系不十分清楚；峡东地区震旦系灯影组标准剖面上灯影组的碳同位素地层研究不够精细，灯影组碳同位素组成变化与海平面变化的精细对比关系没有很好地建立；Oman 地块上 *Cloudiniids* 的消失和与之相伴的碳同位素负偏离（Amthor et al.，2003）在全球寒武系底界划分对比中的重要意义注意不够（陈孝红 等，2016b）。为此，陈孝红等（2016b）对宜昌地区灯影组进行了高分辨率的生物地层学和碳同位素地层学研究，结果在灯影峡剖面灯影组石板滩段上部 *Cloudiniids* 消失之后，石板滩段顶部中薄层状泥质白云岩夹（互）块状泥晶白云岩之上厚层块状夹中层状粉晶白云岩之底约

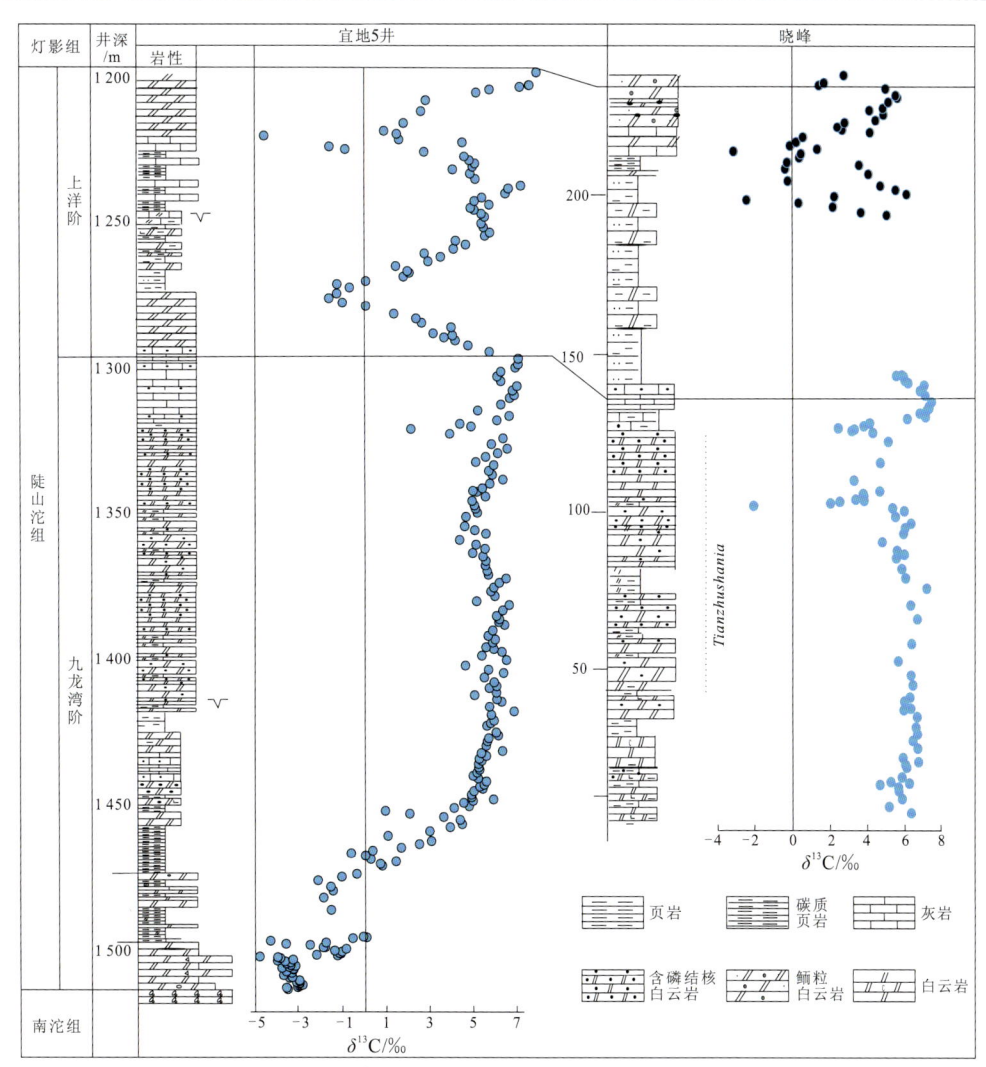

图 2-2　宜昌晓峰地区震旦系陡山沱组多重地层划分对比表

10 m 厚的地层存在明显的碳同位素负偏离，$\delta^{13}C$ 在较短地层间隔中从+2‰迅速下降至-10‰，甚至更低，然后又恢复到+2‰之后逐步稳定，显示出与 Oman 地块震旦系—寒武系界线附近生物和碳同位素组成变化关系的明显相似性。此外，Cloudiniids 分布发育与碳同位素负偏离这种关系在宜昌地区震旦纪晚期斜坡相带的李家院子剖面上也有表现，从而以宜昌灯影峡剖面为层型，以 Cloudiniids 消失之后碳同位素最大负偏离为标志，将宜昌地区寒武系—震旦系界线厘定至灯影组白马沱段底部。同时建议以灯影峡灯影组石板滩段下部和上部海平面上升时期所对应的碳同位素最大正偏离分别作为对之前所建立的泗溪阶和龙灯溪阶的底界划分的新标志（陈孝红 等，2016b）。研究发现，虽然泗溪阶和龙灯溪阶在震旦纪生物演化史上代表震旦型生物繁盛和管状动物辐射发展两个重要的时间节点，但这两者的地质延限总和尚不足震旦系地质延限的 1/10，因此，本章采纳 Zhu 等（2007）的观点，将泗溪阶和龙灯溪阶合并为一个独立的年代地层单位，阶的名称沿用《中国地层表（2014）》中"灯影峡阶"（图 2-3）。

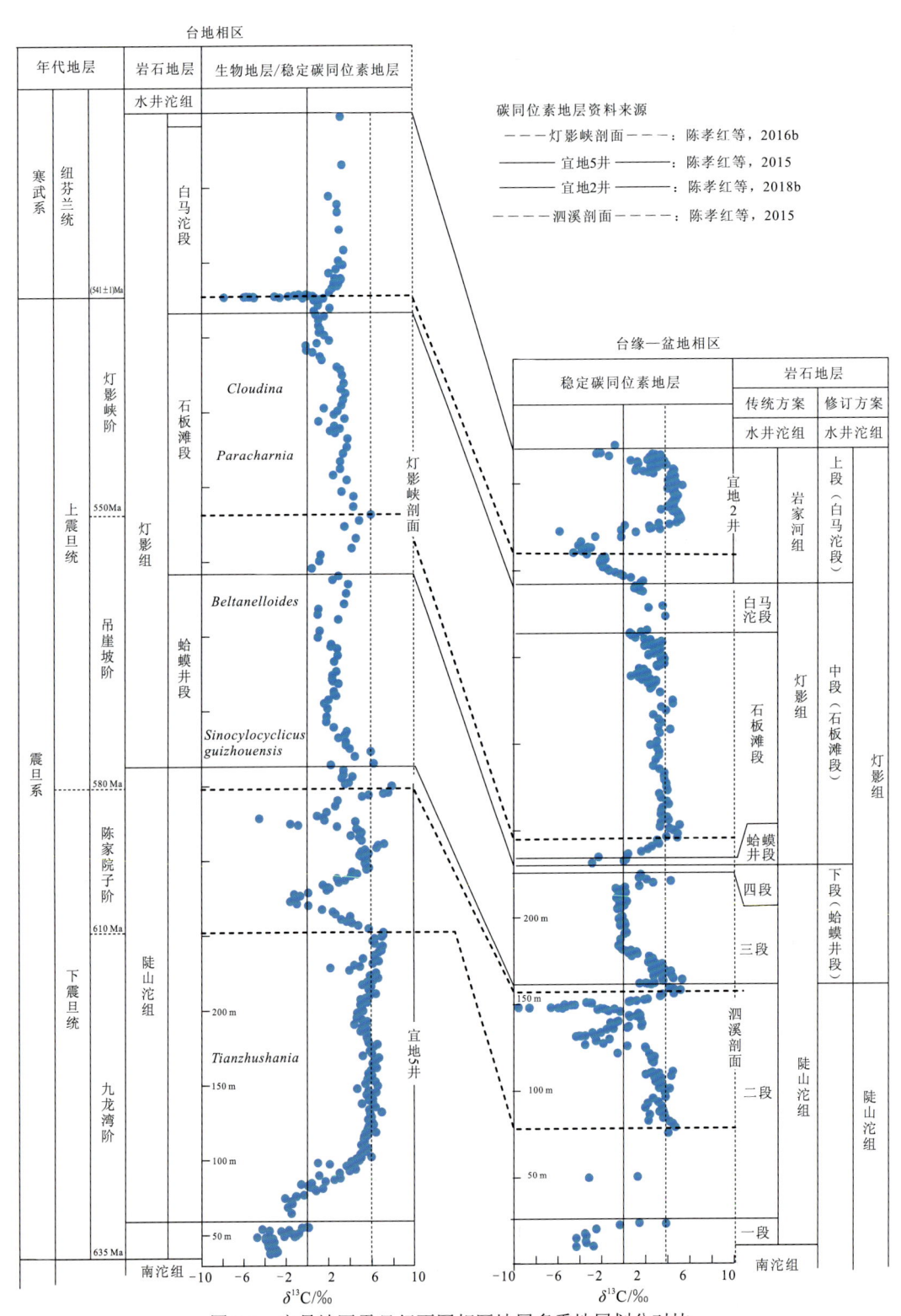

图 2-3 宜昌地区震旦纪不同相区地层多重地层划分对比

挟持于产震旦型生物化石的石板滩段灰岩与具有指示 Gaskiers 冰期的强烈碳同位素负偏离的碳同位素组成特点的碳酸盐岩地层之间的地层，由于缺乏完整的连续剖面，在岩石地层划分对比上容易混淆，该段地层在宜昌地区震旦纪台地—台地边缘礁滩相带的灯影峡被命名为陡山沱组顶部-灯影组蛤蟆井段，而在盆地边缘斜坡—盆地相被划分为陡山沱组三段和四段（图 2-3）。近期，多口地质调查井钻探和连续的碳同位素地层研究表明，上述不同相区地层中的碳同位素组成变化特点一致，应是同期海洋沉积产物。只是由于海洋碳同位素梯度分带的缘故（Jiang et al., 2007），台地相同期地层中 $\delta^{13}C$ 较台缘斜坡高 2‰ 左右（图 2-3）。在生物地层方面，两个相区的下部地层中均产疑源类 *T. anozos-T. conoideum* 组合及管状动物化石 *Sinocylocyclicus guizhouensis* 等（Liu et al., 2012；刘鹏举 等，2010），是复杂疑源类辐射发展和原始管状动物化石出现的关键时期。*Sinocylocyclicus guizhouensis* 等管状动物化石在贵州瓮安产于陡山沱组顶部，层位上与宜昌地区台地相陡山沱组的分布位置接近，彼此可以对比。产于贵州瓮安的同位素地质年代为（576±14）Ma（Chen et al., 2004），与目前所推测的下伏陡山沱组（或陡山沱组二段）顶部地层为与 580 Ma 前后 Gaskiers 冰期沉积产物的结论相互印证。疑源类 *T. anozos-T. conoideum* 组合以上地层向上在台地-台地边缘相带转化为礁滩相鲕粒白云岩、开阔台地相砂屑白云岩和潮坪相泥晶白云岩、白云质泥岩（灯影组蛤蟆井段），而在斜坡盆地相转化为斜坡相滑塌角砾白云岩、陆盆盆地相泥晶灰岩（陡山沱组三段中—上部）、硅质页岩（陡山沱组四段）和厚度不大的局限台地相泥晶白云岩（灯影组蛤蟆井）（图 2-3）。这段地层在台地-台地边缘相埃相化石稀少，在盆地相区的陡山沱组四段页岩中产较原始的震旦型动物化石 *Beltanlloides* 及大量复杂分枝的藻类化石等（陈孝红 等，2016b），显示出与上覆震旦型动物群的相关性。据此，结合下伏疑源类 *T. anozos-T. conoideum* 组合中产大量南澳大利亚埃迪卡拉系中常见的复杂疑源类（Liu et al., 2012），将上述地层视为上震旦统下部地层，用《中国地层表（2014）》的吊崖坡阶代表（图 2-3）。但本节吊崖坡阶的含义与刘鹏举等（2012）提出的吊崖坡阶含义明显不同，刘鹏举等（2012）提出的吊崖坡阶相当于当前吊崖坡阶的上部。

根据上述年代地层划分对比讨论结果，为避免因不同相区灯影组和陡山沱组时代跨度差别巨大所带来的地层划分对比的混乱，本书建议停止使用 Wang 等（1998）依据田家院子震旦系陡山沱组标准剖面提出的陡山沱组四分的划分方案，将台缘—盆地相区的陡山沱组三段、四段分别与台地相区灯影组蛤蟆井段的下部和上部对比，改称灯影组下段。台缘—盆地相区原灯影组与台地相区灯影组中部对比，改称灯影组中段。台缘—盆地相区岩家河组降为段，归入灯影组上段。本章未采纳湖北省地质矿产局（1996）将岩家河组与其厘定的牛蹄塘组合并，改称牛蹄塘组一段，主要基于如下原因：①水井沱组最早是由张文堂等（1957）从原石牌页岩（Lee et al., 1924）下部划分出来的一个岩石地层单位，水井沱组与石牌页岩（组）连续过渡，岩性界线不清，但与灯影组为平行不整合接触，岩性界线清楚，划分标志明显；②灯影组顶部含小壳化石的天柱山段是灯影组顶部的一个次级岩石地层单位，而岩家河组长期被认为是天柱山段同时异相沉积；③岩家河组顶部为含硅磷质结核的白云岩，上覆水井沱组底部发育砾屑灰岩，证明水井沱组与岩家河组之间存在一次明显的沉积间断，与蛤蟆井段发育巨厚的喀斯特带所指示的陆上暴露对应，是桐湾运动 II 幕的结果。桐湾运动 I 幕发生在岩家河组与灯影组之间，或灯影组石板滩段与白马沱段之间。

## 二、陡山沱组页岩的形成与分布

（一）典型剖面地球化学特征

### 1. 宜昌夷陵黄花宜地 5 井

宜地 5 井位于宜昌黄花上洋乡（图 2-1）。从寒武系石牌组开孔，钻穿震旦系陡山沱组，至南华系南沱组完钻，完钻井深 1 542 m。该井陡山沱组下与南沱组冰碛岩不整合接触，顶部以深灰色含燧石结核白云岩与上覆灯影组灰白色白云岩相区分，厚 294.53 m。自下而上发育四套岩石组合。底部为盖帽白云岩，岩性为浅灰色-灰白色含泥质白云岩、灰色-浅灰色粉晶白云岩，夹少量灰绿色泥岩，向上泥质含量增加。下部岩性为灰黑色含磷质内碎屑泥岩，夹深灰色含砂屑泥质灰岩、含砂屑白云岩，局部白云岩中见少量砾屑，泥岩中发育丰富星点状黄铁矿。中部岩性为深灰色砂屑白云岩、泥晶白云岩，夹几套灰色砂屑灰岩，发育丰富硅磷质结核。向上相变为灰色泥晶灰岩、灰色磷质内碎屑灰岩。上部岩性为深灰色泥晶白云岩、灰褐色泥质白云岩、含泥质白云岩、碳质页岩、云质页岩。

对该剖面进行碳同位素、全岩氧化物、微量元素和总有机碳（total organic carbon，TOC）的系统测试（图 2-4）。TOC＞1% 的页岩位于陡山沱组中、下部（井深 1 350～1 495 m），此外零星见于陡山沱组上部两次碳同位素组成发生负偏离的地层中。其中下部厚度约为 45 m，对应井深 1 450～1 495 m，与陡山沱组下部 $\delta^{13}C$ 由负转正，并逐步升高到最大正偏离的地层间隔相当。与之对应地层中的 CIA 从 65 以上逐步下降到 50 左右，表示该段地层沉积时期过后从温暖潮湿转变为干燥寒冷。所对应的 $V/(V+Ni)$[①] 自下而上从 0.9 下降到 0.6，暗示当时的古海洋环境经历了从缺氧到贫氧的转变过程。V 和 Ni 的富集系数（$V_{ef}$、$Ni_{ef}$）表明，该段地层底部可能出现了短暂的硫化分层，以致 V 和 Ni 同步富集，但 V 更为富集。此后，V 和 Ni 的富集系数下降到 1 以下，但很接近 1，证明存在 V 和 Ni 的轻微富集。至该段上部，再次出现 V 和 Ni 的同步富集，但 Ni 的富集程度似乎超过了 V 的富集，证明上部富有机质页岩地层的缺氧沉积环境可能不是生物繁盛的原因，而是海水分层的结果。这一点在自生钼（$Mo_{xs}$）和自生镍（$Ni_{xs}$）质量分数的变化特点上也有表现。代表海洋生物生产力的 $Ni_{xs}$ 仅在该页岩段的下部出现，而反应海底有机通量的 $Mo_{xs}$ 则贯穿了整个页岩段，证明底部页岩的有机质主要来源于海洋表层生物的繁盛，而其他层段的有机质主要来源于底流活动带来的有机质沉淀。该段地层 TOC 主要分布在 1%～2%，底部局部页岩的 TOC 最高超过 3%。中部富有机质页岩分布于井深 1 350～1 430 m，该段约厚 80 m 的地层中富有机质页岩并不连续，以磷质白云岩为主。碳质页岩以互层或夹层出现，总体上看自下而上有页岩逐步减少、白云质含量升高的特点。该段地层对应

---

① V/(V+Ni)表示 V 元素体积分数与 V 和 Ni 两元素体积分数的比值，此表示方式适用于其他元素，表示含义相同，不逐一说明。

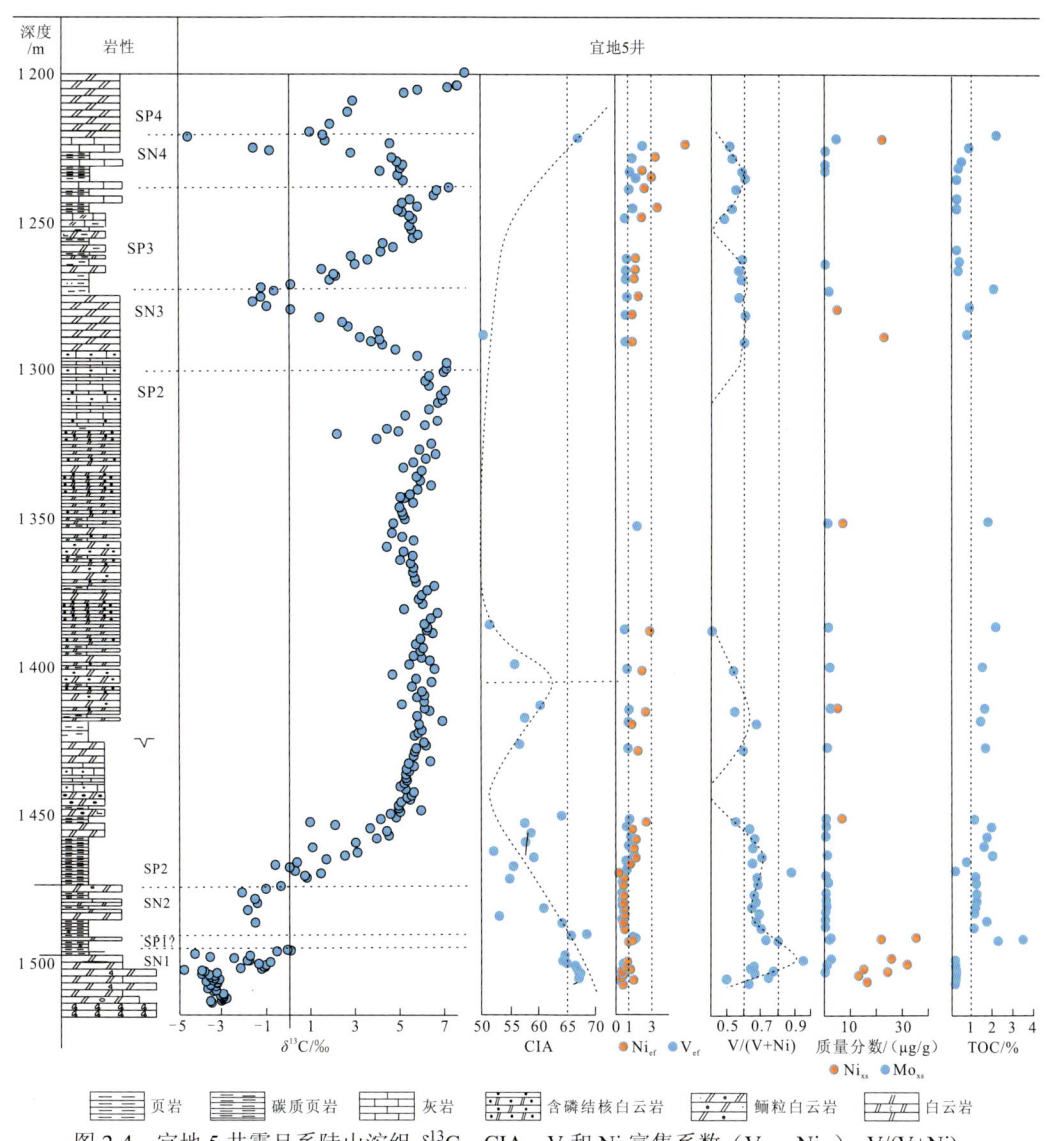

图 2-4 宜地 5 井震旦系陡山沱组 $\delta^{13}C$，CIA，V 和 Ni 富集系数（$V_{ef}$、$Ni_{ef}$），V/(V+Ni)，$Ni_{xs}$、$Mo_{xs}$ 质量分数，TOC 变化曲线

于陡山沱组下部 $\delta^{13}C$ 高值分布区的下部。对应地层的 CIA 普遍低于 65 的局部地区，如宜地 4 井该段地层的白云质灰岩中见沉淀于冰水环境的六水方解石，指示当时已经进入冰期。该段地层中的 V 和 Ni 同步富集，且 Ni 的富集程度较 V 更为明显。由于 Ni 的富集程度自下而上逐步升高，而 V 的富集程度变化不大，V/(V+Ni)自下而上逐步变小，从 0.6 下降到 0.4 左右。显然，V/(V+Ni)的下降可能并不是因为海洋氧化还原条件的改善，而是海水分层更为显著的结果，海洋仍然处于缺氧情况。该段地层的 $Ni_{xs}$ 仅在个别样品中见到，相比之下 $Mo_{xs}$ 较高，底流迁移的有机质沉淀仍然是该时期有机质聚集的主要来源。结合该期是冰期早期，海水分层可能是由冰期冰盖的形成消耗大量淡水，造成海水表面盐度升高、海底缺氧。

### 2. 宜昌长阳聂家河钻孔 4（ZK4）

宜昌长阳聂家河钻孔 4（ZK4）位于长阳土家族自治县两河口至方家湾村的乡道旁，构造上位于长阳复背斜南部的两河口背斜西端（图 2-1）。ZK4 孔深 298.98 m，主要钻穿陡山沱组。陡山沱组下部盖帽白云岩段厚 7.5 m，由下部浅灰色角砾状泥晶白云岩、上部浅灰-灰白色含钙质白云岩夹灰黑色含碳质泥岩组成。陡山沱组中部，厚约 240 m，由下部深灰色薄层状含磷质钙质白云岩、黑色碳质页岩和泥质白云岩组成。陡山沱组自下而上，碳质泥岩减少，泥质白云岩增加。含磷白云岩主要见于下部，上部发育浅灰色中层状泥质灰岩。陡山沱组上部厚约 30 m，下部为灰黑色薄层状含碳质含硅质白云岩夹黑色页岩，上部为深灰色中层状含硅质泥晶白云岩。

根据危凯等（2014）对 ZK4 陡山沱组碳酸盐岩碳同位素组成、页岩全岩氧化物和微量元素及 TOC 的系统测试结果（图 2-5），长阳地区陡山沱组富有机质主要出现在陡山沱组碳同位素组成负偏移 SN2 下部，$\delta^{13}C$ 第一次下降的地层间隔中，此外，在正偏移 SP1 下部含磷白云岩所夹的碳质页岩及 SN2 上部，$\delta^{13}C$ 第二次下降的地层间隔中。从碳同位素组成变化特点上看，ZK4 富有机质页岩分布发育的层位与宜地 5 井的相似，只是厚度发生了较大的变化。在 ZK4 的陡山沱组中，连续发育的富有机质页岩主要出现在 SN2 下部 $\delta^{13}C$ 第一次下降的地层间隔中。该段地层的 CIA 约为 55。V 不富集，但 Ni 的富集特征较为明显，以致 V/(V+Ni) 较低，分布在 0.54～0.60，说明水体为分层弱的贫氧环境。从 Ni 主要富集在发生硫酸盐还原的环境中，以硫化物形式沉淀上看，该段地层的缺氧可能并不是生物繁盛和有机质氧化引起，更可能是冰期冰盖的形成导致表层海水盐度升高、海水分层、海底缺氧。这一点在该段地层中的 $Mo_{xs}$ 含量较低、$Ni_{xs}$ 零星分布上得到验证。

### 3. 宜昌点军车溪宜页 1 井

宜昌点军车溪宜页 1 井位于宜昌市点军区车溪，是一口主探寒武系水井沱组和震旦系陡山沱组页岩气的油气参数井。该井陡山沱组对应井深 2 210～2 389 m。岩心观察和测井解释宜页 1 井陡山沱组以碳酸盐岩（白云岩）为主，局部夹薄层钙质页岩、硅质钙质页岩及钙质硅质页岩。本节对其中泥质含量相对较高的井段 2 242～2 378 m，按照 2 m 的等间距开展样品的采集和全岩氧化物和微量元素的分析测试，结果表明在井深 2 284～2 291 m、2 346～2 350 m 和 2 365～2 373 m 可见连续分布的富有机质页岩（图 2-6）。其余井段，除顶部 2 269～2 242 m 井段的 TOC<0.5%，其余井段的 TOC 均分布在 0.5%～1.0%。全井段含气页岩 TOC 为 0.423%～1.729%，平均为 0.799%。富有机质页岩的厚度和 TOC 是三个剖面中最低的，但富有机质页岩分布的层位可以大致对比，证明宜页 1 井与其他两个剖面应该是处于同一盆地的不同古地理部位，指示沉积环境水体相对较浅。

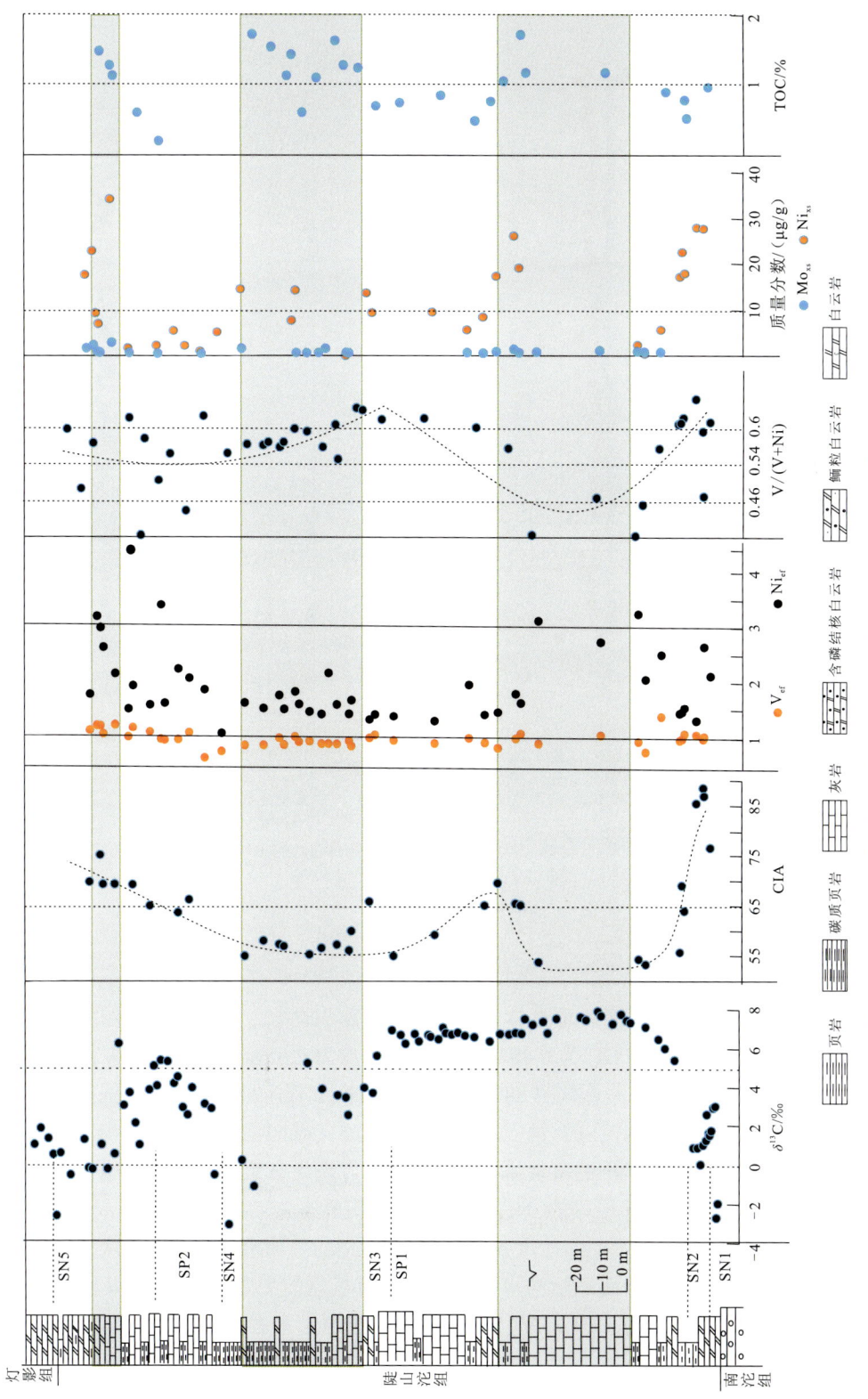

图 2-5 ZK4震旦系陡山沱组δ¹³C、CIA、$V_{ef}$、$Ni_{ef}$、V/(V+Ni)、$Mo_{xs}$、$Ni_{xs}$质量分数、TOC变化曲线

SP表示正偏移事件, SN表示负偏移事件

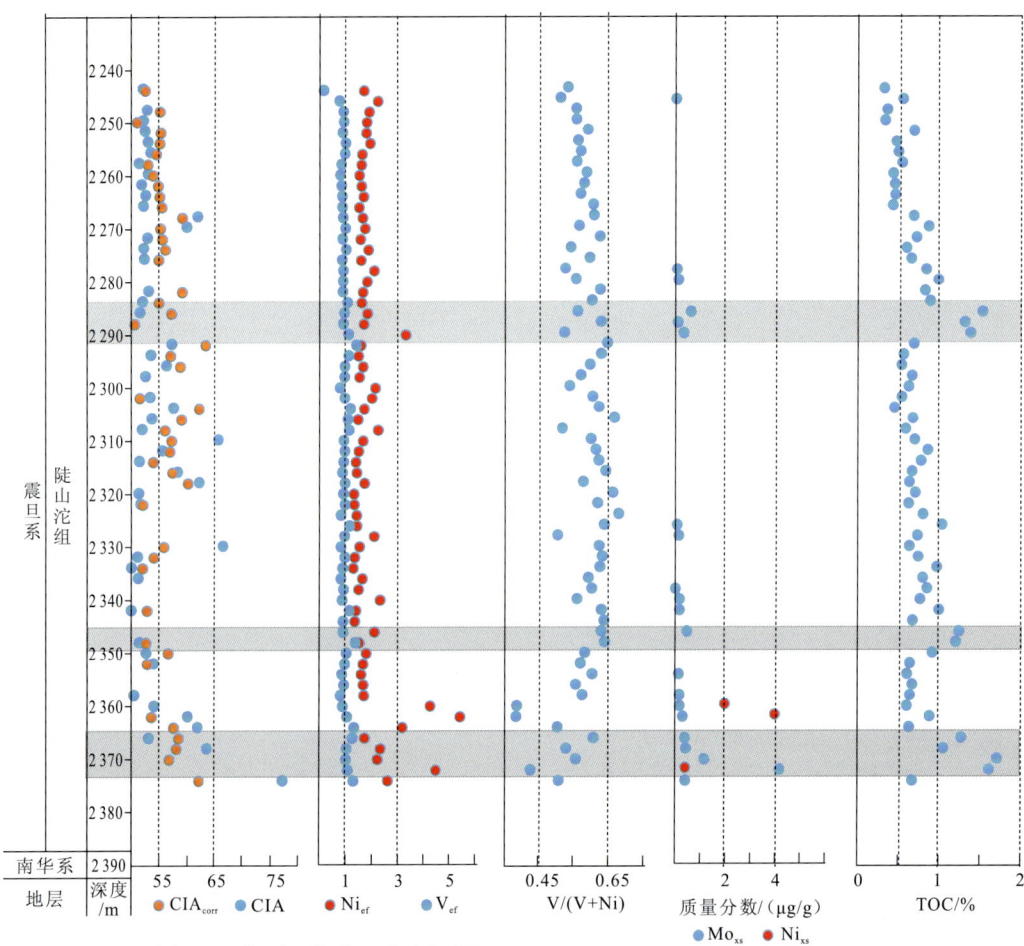

图 2-6 宜页 1 井震旦系陡山沱组 CIA、CIA$_{corr}$、V$_{ef}$、Ni$_{ef}$、V/(V+Ni)、Ni$_{xs}$、Mo$_{xs}$ 质量分数，TOC 变化曲线

CIAcorr 为校正的 CIA

### 4. 秭归青林口

秭归青林口剖面沿秭归茅坪至青林口公路出露，露头良好。该剖面陡山沱组中下部页岩发育，有机质含量高，TOC 为 0.48%～4.42%，平均为 2.65%，主要集中在 2%～4%，其中 TOC 大于 1.0% 的样品占总数的 88%[图 2-7（陈孝红 等，2016b）]。该剖面页岩相对较纯，CIA 分布较为规则，SP1 对应地层的 CIA<65，碳同位素的正异常与寒冷潮湿的气候对应。页岩中 V 和 Ni 的富集系数均大于 1，表现为富集的特点，相比之下，Ni 的富集程度更为明显，局部层段的 Ni$_{ef}$>3，表现出明显富集的特点。局部层段较高的 Ni$_{ef}$ 与 Ni$_{xs}$ 的出现相关，显示局部地区 Ni 的富集与偶然的生物事件相关。但从 Ni$_{xs}$ 零星分布、Mo$_{xs}$ 连续分布来看，底流活动可能是页岩中有机质的主要来源。Ni 和 V 同步富集，显示青林口为缺氧环境，但从 V/(V+Ni) 普遍小于 0.6 来看，青林口地区的缺氧可能不是海洋表层生物繁盛、生物活动和有机质分解耗氧的结果，而应该与寒冷时期海水分层有关。

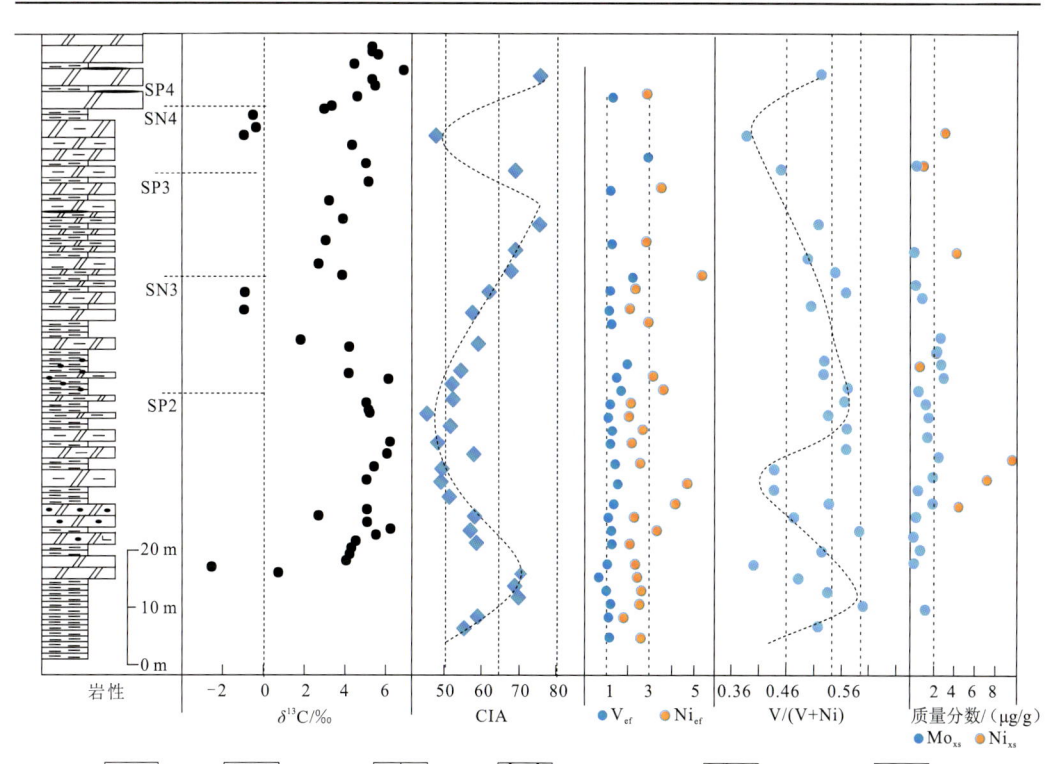

图 2-7 秭归青林口震旦系陡山沱组 $\delta^{13}C$，CIA，$V_{ef}$、$Ni_{ef}$，V/(V+Ni)，$Ni_{xs}$、$Mo_{xs}$ 质量分数变化曲线

## （二）页岩的岩相与分布

### 1. 岩相古地理特点

综合分析宜昌地区震旦系陡山沱组二段的岩石特征、沉积构造特征和古生物特征，可大致将该段沉积相划分为台地滨岸相和陆棚相两个沉积相，潮上带、潮间带、浅水陆棚相和陆棚盆地相 4 个亚相，以及含磷质页岩、含磷质白云岩、含砂屑砾屑白云岩、含碳质页岩、含碳质泥质白云岩、泥晶白云岩、泥晶灰岩 7 种微相（表 2-1，图 2-8）。

表 2-1 宜昌地区震旦系陡山沱组沉积相划分表

| 相 | 亚相 | 微相 |
|---|---|---|
| 台地滨岸相 | 潮上带 | 含磷质页岩 |
|  |  | 含磷质白云岩 |
|  | 潮间带 | 含砂屑砾屑白云岩 |
|  |  | 泥晶白云岩 |
| 陆棚相 | 浅水陆棚相 | 泥晶灰岩 |
|  | 陆棚盆地相 | 含碳质页岩 |
|  |  | 含碳质泥质白云岩 |

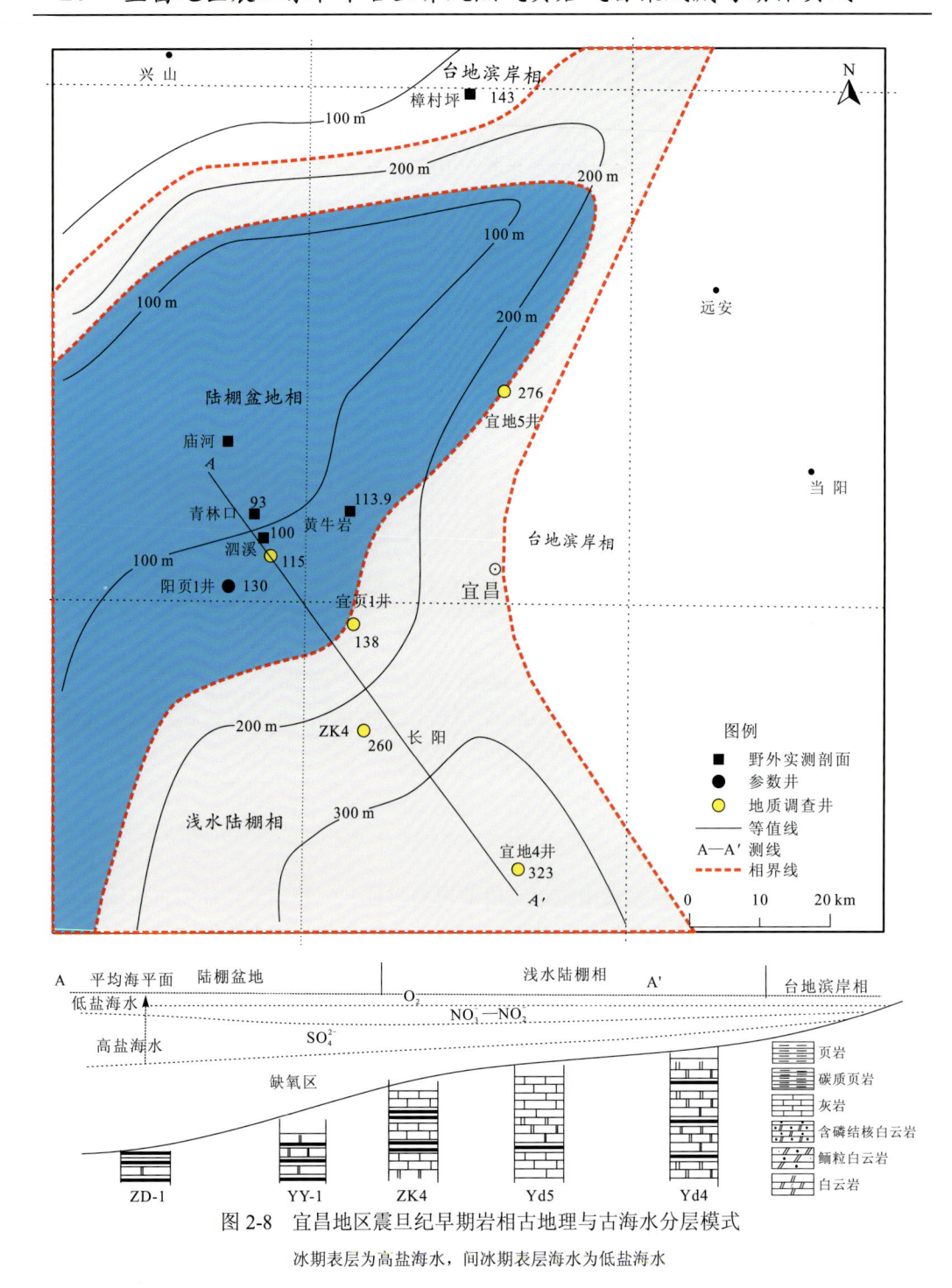

图 2-8 宜昌地区震旦纪早期岩相古地理与古海水分层模式

冰期表层为高盐海水，间冰期表层海水为低盐海水

潮上带属于平均高潮面以上的大潮及风暴潮作用区，主要包含灰黑色含磷质页岩、含磷质白云岩两种微相。页岩色浅，白云岩发育水平纹层，局部发育磷质砾屑层，反映海水极浅，潮汐作用微弱，水动力能量很低，主要发育在黄陵背斜北部陡山沱组下部和

上部。

潮间带属于高潮面与平均低潮面之间的地区,岩性上表现为中-薄层状含砂屑砾屑白云岩、泥晶白云岩,局部夹黑色硅质条带,主要包括含砂屑砾屑白云岩、泥晶白云岩两种微相。含砂屑砾屑白云岩微相在黄陵东翼陡山沱组中部较为典型,岩性为浅灰色中-薄层状含砂屑白云岩、含砾屑白云岩,局部夹多层黑色硅质条带。泥晶白云岩微相在宜昌地区陡山沱组一段较为典型,为浅灰色中-薄层状泥晶白云岩、粉晶白云岩,发育皮壳构造、似帐篷构造、平顶晶洞等。

浅水陆棚相位于正常浪基面之下至风暴浪基面之间的相对浅水区,常有特大风暴浪影响,岩性为内碎屑灰岩、泥晶灰岩。黄陵东翼陡山沱组中上部、宜都、长阳一带陡山沱组较为发育。

陆棚盆地相处于风暴浪基面以下的深水区。岩性为灰黑色含碳质页岩、含碳质泥质白云岩,水平层理发育,局部发育小型滑塌构造。整体水动力偏弱,主要见于黄陵隆起西翼地区,包含碳质页岩、含碳质白云岩两种微相。含碳质页岩微相主要表现为黑色含碳质岩,夹灰黑色含碳质泥质白云岩,页岩中发育硅磷质结核,发育水平纹层。含碳质泥质白云岩微相岩性为灰黑色中-薄层状含碳质泥质白云岩,夹少量黑色含碳质页岩,发育丰富硅磷质结核,发育水平纹层。

**2. 页岩的形成与分布**

对比分析长阳聂家河 ZK4,夷陵黄花宜地 5 井、点军车溪宜页 1 井和秭归青林口剖面陡山沱组 $\delta^{13}C$、CIA 和 V/(V+Ni)变化曲线,宜昌地区不同古地理部位陡山沱组的碳同位素组成变化和海洋氧化还原环境和气候条件具有同步变化的特点,证明陡山沱组页岩沉积时期的古气候条件制约海洋的氧化还原环境和海底有机质的富集保存。但在陡山沱组沉积的不同阶段,气候对环境和碳同位素组成的影响结果不一样。在陡山沱组中-下部,伴随 CIA 的升高或降低,页岩的 V/(V+Ni)升高或降低,证明南沱冰期结束,气候转暖时,冰川溶化,大量富营养淡水注入海洋导致海洋底部缺氧,海洋表层生物繁盛,更有利于有机质富集保存。因此,区内盖帽白云岩之上普遍发育一层 $Ni_{xs}$ 含量高的富有机质页岩。但随后气候变冷,伴随低纬地区冰盖的扩张,海水中的淡水被抽提,表层海水盐度升高,海盆底部缺氧条件得以维持,有利于有机质的保存。但在陡山沱组上部,伴随 CIA 升高(或气候转暖),V/(V+Ni)不升反降,$\delta^{13}C$ 发生剧烈振荡,出现两次明显的碳同位素负偏移。证明伴随气候转暖,引起冰期和前冰期海底缺氧的条件消失或者减弱了。最晚冰期结束之后,大量淡水注入使海水分层消失,海洋充氧有利于生物繁盛。大量生物繁盛消耗大气中 $C_{12}$,造成 $\delta^{13}C$ 的升高。

在所研究的 4 个剖面中,V 和 Ni 均有不同程度的富集,但以 Ni 更为富集为特点。在区域变化上,$V_{ef}$、$Ni_{ef}$ 同步变化,且有随水深变深而共同增大的特点,证明宜昌地区陡山沱组沉积时期海水普遍缺氧,但在横向上存在一定的变化。在近岸浅水区域或冰川发育高峰时期,V/(V+Ni)<0.6,海洋环境为水体分层弱的贫氧环境。气候转暖,冰川溶化时期,往远岸方向,V/(V+Ni)普遍大于 0.6,海洋具有分层不强的厌氧环境特点

(图 2-4～图 2-7)。证明无论是冰川消融、淡水注入、海洋表层发育低盐海水，还是冰期冰盖扩张，消耗海水表层淡水造成海洋表层盐度升高均会造成海水分层，都不利于氧气的垂直交换，导致海底缺氧。

除浅水区宜地 5 井和 ZK4 与 CIA>65 对应层位 $Ni_{xs}$ 较高、$Ni_{xs}$>10 外，宜昌地区震旦系陡山沱组页岩中 $Ni_{xs}$ 含量普遍较低。一方面，反映这一时期的生物主要繁盛在近岸浅水地区。在冷暖交替时期，当气候变暖或海平面上升时期，在季风和洋流等因素影响下，上升洋流携带大量营养盐进入近岸地带，进一步促进了近岸带生物生产力的提高。另一方面，反映宜昌地区陡山沱组页岩中的 Ni 绝大部分来源于陆地碎屑。在宜昌地区震旦纪时期不同古地理部位的 ZK4、宜页 1 井和秭归青林口，其陡山沱组页岩中 Ni 的含量与反映陆源碎屑来源的 $TiO_2$ 含量具有较强的相关性（$R^2$>0.6）。且从 ZK4 往北，经宜页 1 井至秭归青林口，Ni 与 $TiO_2$ 的相关系数，从 0.85 经 0.67 下降至 0.63，Ni 与 $TiO_2$ 的相关性在随水深变深而减小的趋势上得到验证（图 2-9）。虽然 Ni 的富集系数较同期地层中 V 的富集系数高，但同期地层中 V 与 $TiO_2$ 的相关性普遍超过 Ni 与 $TiO_2$ 的相关性，且同样具有与 Ni 随水深变化的特点，证明 V 也主要来源于陆源碎屑。值得指出的是，虽然 V 与 Ni 同属铁族元素，且离子价态均随氧化度变化而变化，但二者的富集机理不同。V 的高价态离子主要是在缺氧脱硝酸的环境下被还原并发生富集，而 Ni 则主要富集在发生硫酸盐还原的环境中，以硫化物形式沉淀（Rimmer，2004；Arthur et al.，1994）。因此，陡山沱组沉积时期的海洋环境中，从近岸浅水地带开始还应该存在硝酸盐还原带和硫酸盐还原带，即宜昌地区震旦系陡山沱组页岩沉积时期的古海洋环境具有与 Callow 等（2009）恢复的震旦纪海底沉积物化学分层，以及 Li 等（2015，2010）推测的地球早期海洋环境一样的化学分带特点，从近岸浅水至远岸深水地区的海水自海水表层向下依次发育氧化带、$NO_3^-$-$NO_2^-$ 富集带、硫酸盐还原带（陈孝红 等，2017）（图 2-10）。其中硫酸盐和硝酸盐主要来自陆源物质供应，而亚硝酸盐则可能与生物呼吸作用及生物分解作用有关。由于冰川消融，大量富营养物质随淡水注入海洋，在形成海洋表层低盐海水带的同时，还有利于生物的大量繁盛。而过渡繁盛的生物活动，分解消耗大量氧气，将影响海洋表层 $NO_3^-$-$NO_2^-$ 富集带的厚度，因此，上述海洋化学分层只是相对的，随着古气候的变化而变化。

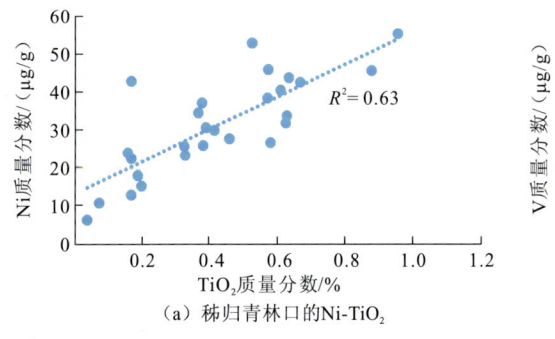

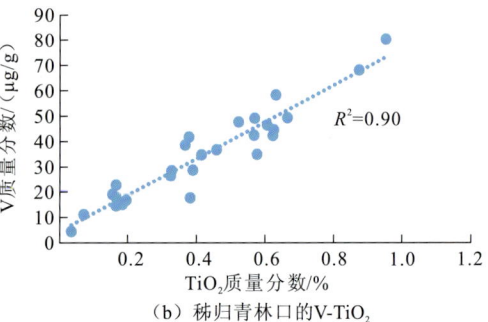

(a) 秭归青林口的 Ni-$TiO_2$

(b) 秭归青林口的 V-$TiO_2$

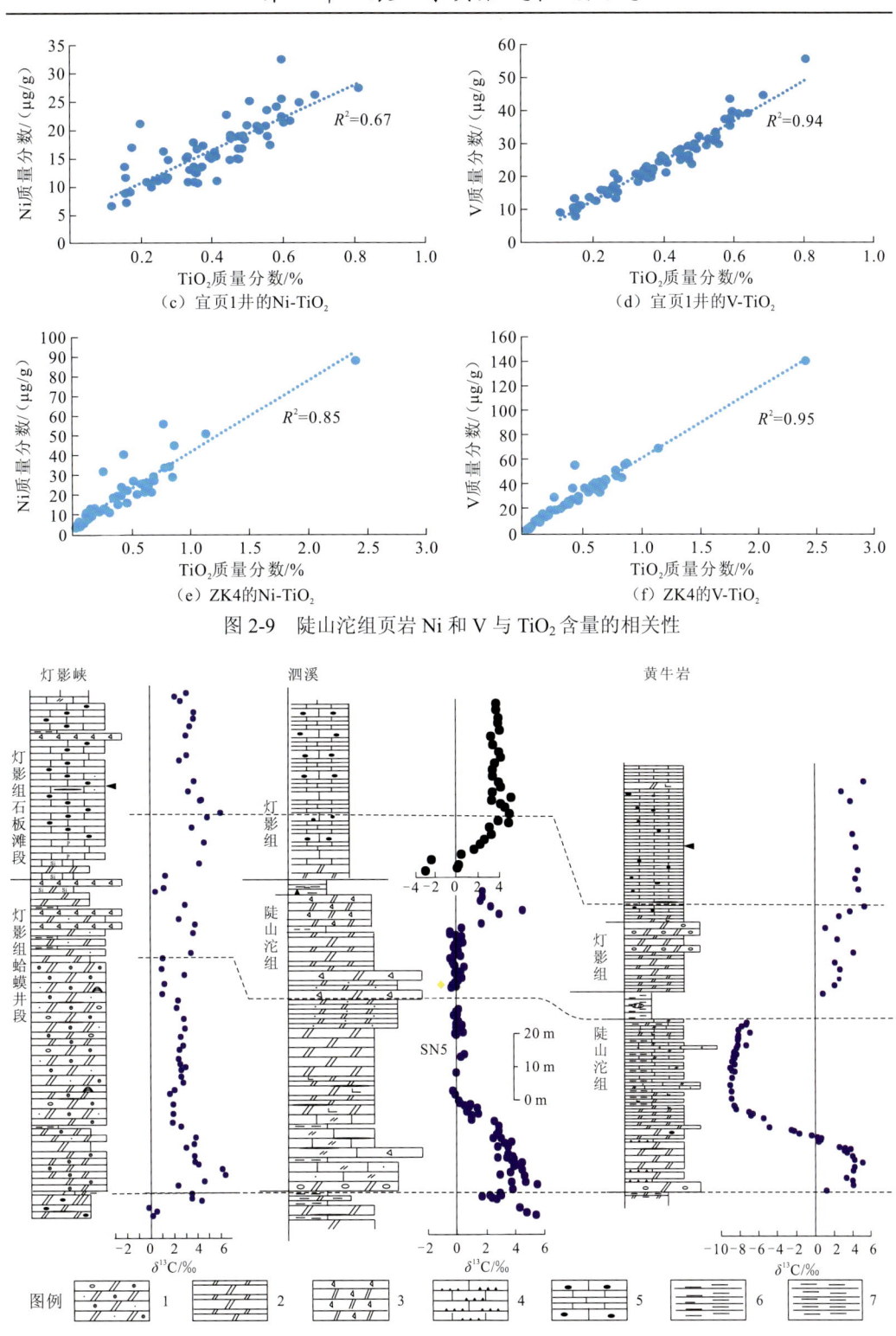

图 2-9  陡山沱组页岩 Ni 和 V 与 TiO₂ 含量的相关性

图 2-10  宜昌地区灯影组下部多重地层划分对比图

图例：1. 鲕粒白云岩；2. 白云岩；3. 角砾白云岩；4. 含燧石结核或条带灰岩；5. 含硅磷质结核灰岩、灰岩；6. 碳质页岩；7. 页岩

## 三、灯影组礁滩相的分布与岩石学特征

### （一）地层格架与古地理分布特征

区域地质资料表明，宜昌地区灯影组（$Z_2dy$）厚 260～866 m，与下伏陡山沱组呈整合接触关系，与上覆水井沱组呈角度不整合关系。岩性主要为各类白云岩，含少量灰岩。以灯影峡剖面为标准的灯影组自下而上可以分为四段。

灯影组第一段（以下简称灯一段），即蛤蟆井段，由灰-浅灰色中厚层状内碎屑白云岩、砂屑白云岩与中薄层状细晶白云岩、硅质细晶白云岩组成。下部内碎屑物十分发育，向上藻纹层则明显增加，硅质含量升高。厚 129～191 m。

灯影组第二段（以下简称灯二段），即石板滩段，为灰色-灰黑色薄层夹中层状灰岩与深灰色-黑灰色泥质灰岩、白云质灰岩不等厚互层，间夹薄层亮晶灰岩、极薄层泥质白云岩条带，水平层理，单层薄，产丰富的文德带藻化石。厚 86～99 m。

灯影组第三段（以下简称灯三段），即白马沱段，由灰色中层细晶白云岩与灰白色中层状砂屑白云岩、藻纹层白云岩组成，偶夹燧石团块、燧石结核。厚 250～300 m。该岩性段在黄陵隆起东翼晓峰一带见鲕粒（或豆状、葡萄状）白云岩、核形石白云岩及栉壳构造等暴露标志产物，而南部多为细晶白云岩，表明古地理地貌呈北东高南西低态势。

灯影组第四段（以下简称灯四段），即天柱山段，底以灰色中层含硅质条带细晶泥质白云岩与下伏白马沱段厚层块状白云岩区分，主要岩性为灰白色中层-薄层细晶白云岩、泥质白云岩，间夹薄层硅质条带。天柱山段与下伏白马沱段呈整合接触，与上覆水井沱组为一明显沉积间断。厚 3.0～3.8 m。在宜昌地区，浅水台地相灯四段天柱山段与台地凹陷盆地相区以硅泥质沉积为特色的岩家河组为同期异相，本章中灯影组储层不包括灯四段天柱山段。

灯一段（蛤蟆井段）沉积时期是宜昌地区震旦纪发生沉积分异最为明显的时期。以碳同位素组成变化，结合古生物化石组合特点所确定的地层划分对比结果表明，宜昌晓峰—灯影峡一带灯一段下部浅滩相鲕粒白云岩往西到秭归泗溪一带相变为陡山沱组第三段台地边缘斜坡相的角砾状白云岩、发育有滑塌构造薄层状泥晶白云岩，到黄牛岩一带相变为陡山沱组第三段深水陆棚相薄层状泥晶白云岩、灰岩。灯一段上部潮坪相白云岩、泥质白云岩相变为潟湖相硅质、碳质页岩（图 2-10）。灯一段这一沉积相分异特征显示宜昌地区在进入震旦纪晚期以后演化为一个具有镶边的碳酸盐岩台地。台地边缘位于宜昌晓峰—莲沱一带，该带西北部宜昌秭归地区为深水陆棚环境，而东南部宜昌远安—枝江一带为台地环境。

灯影组下部这种古地理格局在灯影组中部的石板滩段沉积时期也有表现（赵灿 等，2013），直到寒武系石牌组页岩沉积之后才逐步填补补齐。穿越宜昌斜坡的宜页 1 井、宜参 1 井、宜参 2 井、宜地 3 井、宜参 3 井的钻探成果，证实寒武系水井沱组及其富有机质页岩的厚度与下伏灯影组残留的厚度呈相互消长的关系（表 2-2）。其中西部宜页 1 井寒武系水井沱组厚 137 m，富有机质页岩厚 86 m，灯影组厚 236 m。该处灯影组以薄层

状灰岩为主,灯影组与水井沱组间发育厚约75m的岩家河组,二者之间为低角度不整合接触,证明震旦纪末期发生了不明显的造山作用(桐湾运动)。中部宜地3井水井沱组厚度则减薄至8.9m,富有机质页岩厚度不足3m,灯影组则厚达626m。该处灯影组顶部天柱山段厚为4.5m的细晶白云岩,其下伏灯影组白马沱段厚377.9m,主要为喀斯特缝洞十分发育的台地边缘浅滩相灰白色鲕粒白云岩、粉晶白云岩,揭示在震旦纪末期曾经经历了长期的陆上暴露和喀斯特化,灯影组白马沱段是此次喀斯特化的剥蚀残留产物。北部宜地5井灯影组厚612m,水井沱组厚18m,沉积相特点与宜地3井相似。宜地3井与宜地5井之间的宜页3井灯影组未钻穿,但从灯影组顶部天柱山段泥晶白云岩中发育黄铁矿结核,为局限台地相沉积。其上覆水井沱组上段厚38m,为深灰色-灰黑色瘤状灰岩,下段为灰黑色-黑色页岩夹瘤状灰岩厚47m,推测该地在寒武纪早期位于一个台内凹陷的边缘。

表2-2 宜昌地区灯影组储层参数统计表

| 项目 | | 阳页1井 | 宜页1井 | 宜参2井 | 宜参1井 | 宜地3井 | 宜参3井 |
|---|---|---|---|---|---|---|---|
| 古地理特点 | | 陆棚相 | 陆棚相 | 台缘斜坡相 | 台缘礁滩相 | | |
| 烃源岩参数 | 陡山沱页岩厚度/m | 212 | 205 | 211 | 244 | 215 | >200 |
| | 水井沱页岩厚度/m | 141 | 86 | 31.75 | 10 | 2.9 | 5.22 |
| 灯影组储层参数 | 灯影组厚度/m | 190 | 236 | 449 | 617 | 626 | 662.84 |
| | 灯三段储层评价 | 差 | 差 | 较差 | 好 | 好 | 好 |
| 保存参数 | 水井沱组+石牌组盖层厚度/m | 356.0 | 317.2 | 260.75 | — | 193.5 | 188.9 |
| | 垂向泥岩占比/% | 55.53 | 77.83 | 89.08 | — | 97.62 | 96.87 |
| | 灯三段顶部埋深/m | 3 069 | 1 947 | 2 490 | 1 620 | 840 | 3 217.9 |

上述的统计表明,在宜昌地区震旦系陡山沱组、寒武系水井沱组深水陆棚叠合区和灯影组台缘带发育区,水井沱组斜坡-凹陷盆地相带页岩含量(宜页1井,厚70~100m)是台地边缘隆起带(宜地3井,厚2~30m)的2~10倍。灯影组斜坡-陆棚相带(宜页1井,厚236m)碳酸盐岩含量是台地边缘隆起带(宜参3井,厚662.84m)的1/3~1/2。灯影组台地边缘浅滩相-开阔海台地相,厚度具北厚南薄特征。

受高能相带和古地貌控制,宜昌地区灯三段(白马沱段)发育礁滩相藻白云岩,为镶边碳酸盐岩台地边缘滩相沉积及局限台地云坪沉积。晚震旦世灯影期存在台地(局限台地、开阔台地)、台地边缘及陆棚盆地相。桐湾运动导致灯影组普遍抬升,台地和台地边缘中的碳酸盐岩白云石化作用(包括准同生白云岩、混合水白云岩化作用)强烈,尤其是白马沱段顶部发育溶蚀不整合面,岩溶作用极为发育,为有利储层发育带。

(二)礁滩相储层的岩石学特征

发生在震旦纪—早寒武世的桐湾运动以垂直升降为主。在中扬子区表现为大范围的抬升剥蚀,以灯影组石板滩段顶部和白马沱段顶部大量溶蚀空洞和区域性层序不整合为标志，桐湾运动至少发生了两期幕式构造。层序不整合面以平行不整合为主，局部地区发育角度呈不整合接触。桐湾运动 II 幕构造运动形成了灯影组白马沱段（灯三段）与天柱山段（灯四段）之间呈不整合接触，在灯三段顶部广泛发育因构造抬升形成的大量溶蚀孔洞，是宜昌地区震旦系最优质的天然气储集层，这也是本节研究的重点。通过野外露头观察，以及地质调查井宜地 3 井、宜地 4 井和宜地 5 井灯影组储集层的岩心描述和镜下薄片鉴定表明，宜昌地区灯三段储集岩类型复杂多样，主要岩石类型为礁滩相白云岩类和颗粒灰岩类。其中藻叠层白云岩、藻砂屑白云岩、藻球粒白云岩、藻凝絮白云岩和细、粉晶白云岩是发育孔洞型储集层的主要岩石类型，而泥粉晶白云岩、砂屑灰岩是孔隙型储集层潜在储集岩类型。

礁滩相建造过程中往往发育大量格架、孔洞系统，其格架构造非常发育（图 2-11）。此外，斑马状构造、层状晶洞构造也是识别礁滩相建造的重要依据。四川盆地灯影组除发育大量格架构造外，斑马状构造[图 2-11（c）]与层状晶洞构造[图 2-11（a）]也较普遍，表现为顺层分布的孔洞被亮晶白云石或石英全充填-半充填，这些构造代表灰泥丘早期发育的原始孔洞，由早期海底胶结物固定而保存（沈建伟 等，2005）。

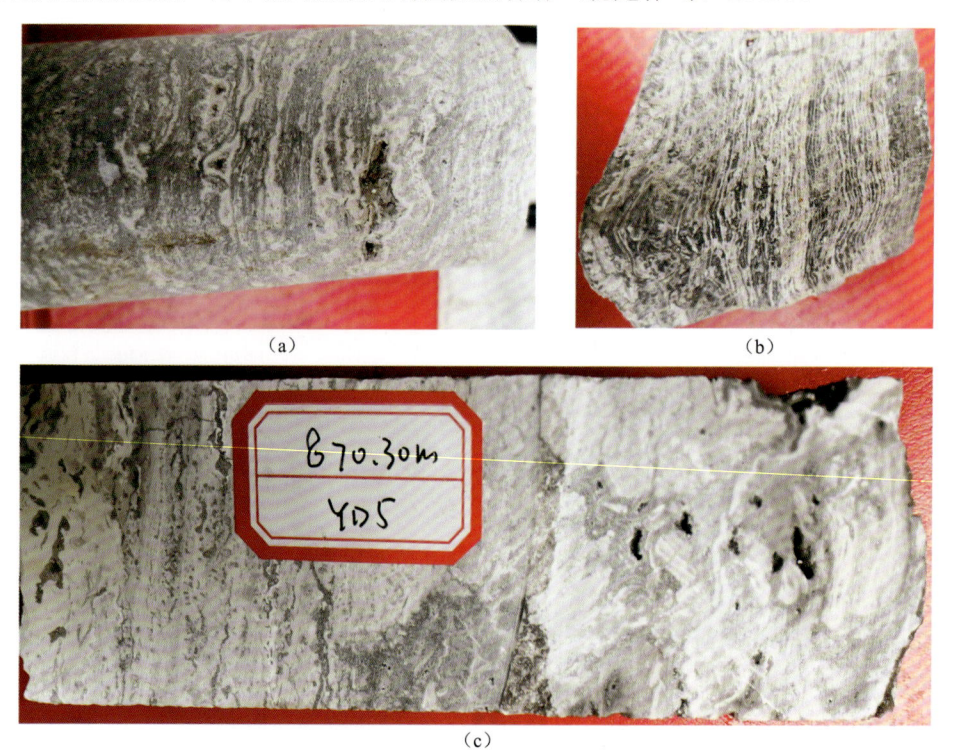

（a）　　　　　　　　　　　　　　（b）

（c）

图 2-11　宜地 5 井灯三段藻叠层云岩岩心照片

(a) 深灰色藻纹层溶孔白云岩，层状晶洞构造，851.6 m；(b) 灰色藻叠层石粉-细晶白云岩，828.86 m；
(c) 含溶孔深灰色藻叠层白云岩，左侧为斑马状构造，右侧为格架构造，870.30 m

### 1. 藻叠层白云岩

钻井岩心显示，藻叠层白云岩呈浅灰、白灰色，中层块状，由亮色贫微生物层和暗色富微生物层交替出现。纹层呈毫米级,形态多样,可呈微波状至柱状,各纹层起伏趋势基本一致(图 2-12)。横向上连续性好,呈层状展布,具有一定的起伏形态。藻叠层白云岩孔洞发育[图 2-12(d)、(g)],分布在灯三段的中上部。薄片微观显示,藻叠层间为粉晶白云石[图 2-12(c)]或少量泥晶白云石。其中粉晶白云石体积分数约为 20%,粒径为 0.04~0.10 mm。泥晶白云石含量少,体积分数一般不超过 10%。藻叠层间的粉晶或泥晶白云石常见不均匀重结晶或细晶,局部也见亮晶胶结物,向中心生长。镜下藻叠层白云岩通常也发育少量晶洞和晶间溶孔[图 2-12(d)、(g)]。晶洞呈串珠状,边缘为葡萄花边状的白云石,具有明显等厚环边的纹层结构,且沿纹层见溶蚀裂缝,孔洞中亮晶白云石充填,晶体明亮粗大,孔径最大可达 2 mm。

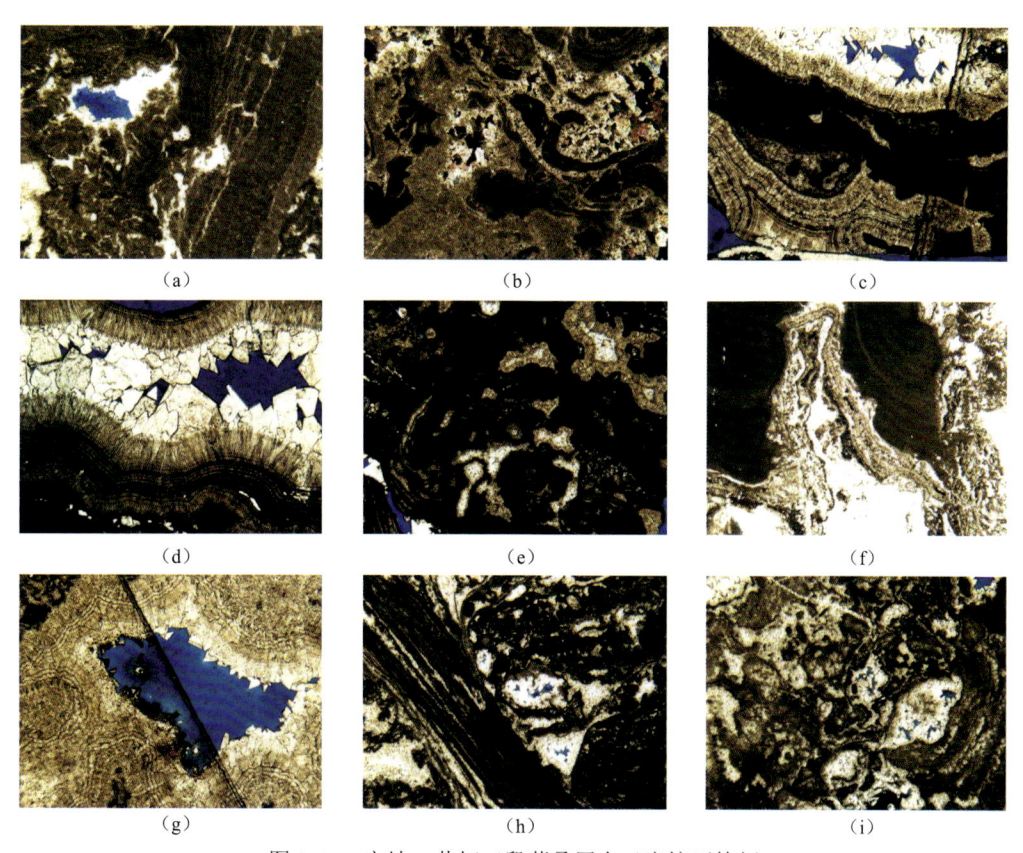

图 2-12 宜地 5 井灯三段藻叠层白云岩镜下特征

(a~b)深灰色藻叠层溶孔白云岩,为叠层状的丝状蓝细菌菌席,851.6 m,正交光 25 倍;(c)灰色藻叠层细-粉晶白云岩,828.86 m,单偏光 25 倍;(d)~(e)深灰色藻叠层溶孔白云岩,851.6 m,单偏光 25 倍;(f)深灰色藻白云岩,871.58 m,单偏光 25 倍;(g)~(h)深灰色藻叠层溶孔白云岩,870.30 m,单偏光 25 倍;(i)深灰色含溶孔亮晶藻叠层白云岩,928.9 m,单偏光 25 倍

### 2. 藻砂屑白云岩

藻砂屑白云岩呈砂屑颗粒结构(图 2-13)。颗粒主要为藻砂屑,少见核形石。藻砂屑大多为礁体被波浪打碎后形成,磨圆很差,部分原始结构保存好的藻砂屑可以观察到被打

碎前的藻黏结组构等。岩心上，藻砂屑白云岩颜色较暗，砂屑颗粒主要由泥-粉晶白云石组成，体积分数介于30%～90%，粒径一般介于0.08～0.30 mm。分选好，磨圆中等-差，多呈次棱角状-次圆状，内部结构较为均一。藻类形态多呈泡沫状或不规则形态，内部结构较为松散[图2-13（b）]。砂屑间由亮晶白云石[图2-13（a）、（b）]和粉晶白云石[图2-13（c）、（d）]胶结，体积分数介于12%～62%，粉晶白云石胶结物粒径介于0.05～0.14 mm。储集空间主要包括粒内溶孔、粒间溶孔和少量晶间溶孔等[图2-13（b）、（d）、（f）]，分布在灯三段中上部。孔隙分布不均匀，晶间溶孔多呈串珠状，孔径最大可达5 mm，孔洞边缘亮晶白云石颗粒胶结，晶体明亮粗大[图2-13（b）]。部分藻砂屑被溶蚀，发育粒内溶孔，个别藻砂屑全部被溶蚀，仅剩下边缘，面孔率可达16%[图2-13（f）]。

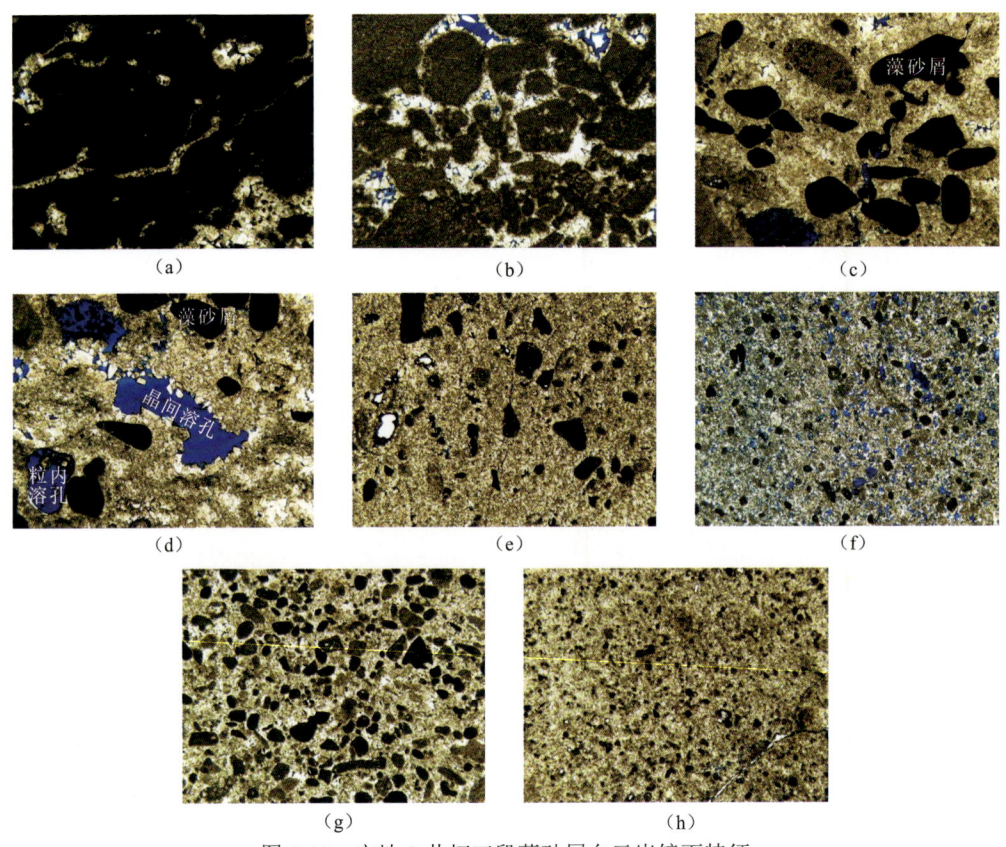

图2-13　宜地3井灯三段藻砂屑白云岩镜下特征

（a）灰色藻砂屑溶孔白云岩，砂屑间亮晶白云石胶结，903.6 m，正交光25倍；（b）浅灰色藻砂屑溶孔白云岩，粒屑间亮晶白云石胶结，920.8 m，单偏光25倍；（c）～（d）藻砂屑溶孔白云岩，藻砂屑含量约为30%，粒间粉晶白云石充填，含量约为38%，941 m，单偏光25倍；（e）含溶孔藻砂屑粉晶白云岩，953.55 m，单偏光25倍；（f）含溶孔藻砂屑粉晶白云岩，1 004.95 m，单偏光25倍；（g）灰色含溶孔藻砂屑白云岩，1 038 m，正交光25倍；（h）含溶孔藻砂屑粉晶白云岩，1 012.55 m，单偏光25倍

在砂屑表面常缠绕发育各种藻黏结结构[图2-13（a）、（b）]。对此有两种成因解释，一种是蓝细菌捕获这些砂屑使其沉积下来，另一种是砂屑形成后的环境适宜蓝细菌的繁殖并缠绕生长其上，无论是何种成因，都使砂屑颗粒的宏观识别变得更为困难。

## 3. 藻球粒白云岩

藻球粒白云岩是蓝细菌密集缠绕发育"造架成孔",具有格架构造的藻白云岩。通常呈藻球粒结构(图2-14),灰白色、浅灰色。岩心上可见溶孔呈串珠状发育[图2-14(a)～(c)]。藻球粒白云岩中藻球粒体积分数介于60%～85%,具有清晰的轮廓,形态简单,多呈球形、椭圆形,少数为纺锤状、麦粒状。球粒大小不等,粒径最大可达3.5 mm,最小仅为0.05 mm,一般以0.5～1.0 mm粒径最为常见。藻球粒多具有双层结构,藻球粒内为泥-粉晶白云石,部分中心为石英颗粒[图2-13(d)],粒屑间为粉晶白云石充填,粒径为0.04～0.10 mm,发生了不均匀重结晶作用形成细晶白云石[图2-14(f)]。储集空间主要包括粒内溶孔,其次为填隙物的晶间溶孔和晶洞,晶洞直径最大可达1.5 mm,局部孔洞边缘充填亮晶白云石颗粒[图2-14(h)],且向中心生长。

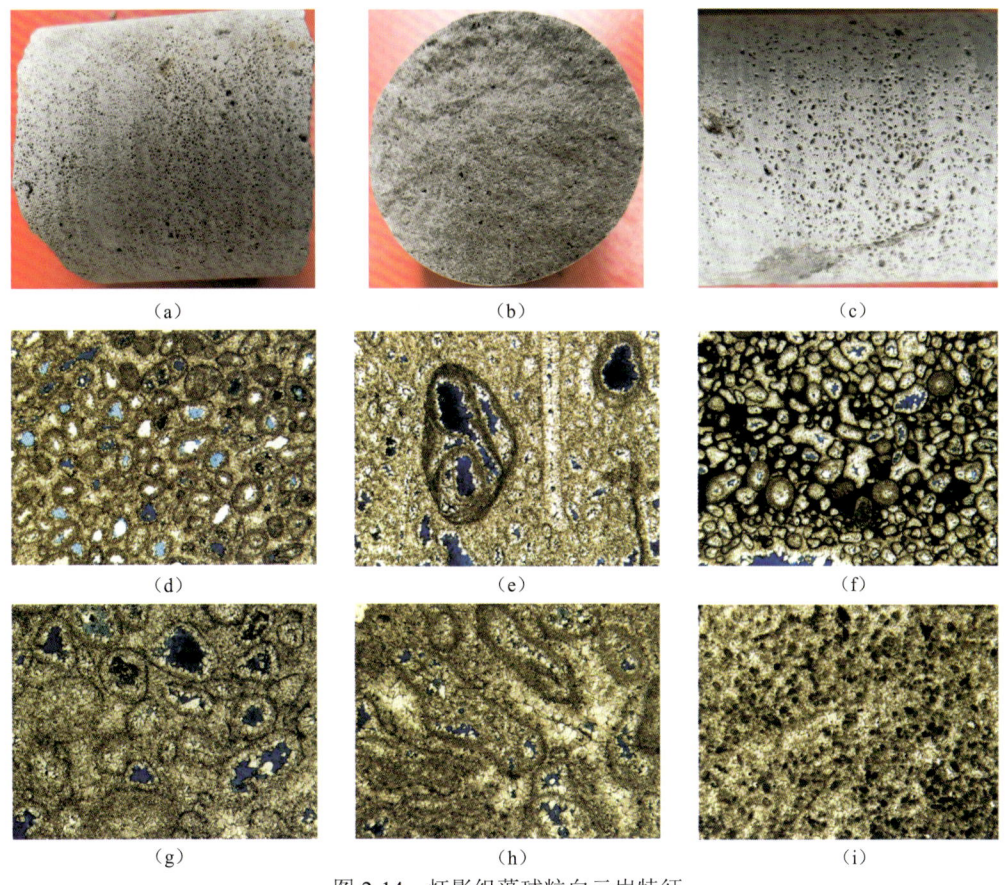

图2-14 灯影组藻球粒白云岩特征

(a)～(b)灰色藻球粒黏结格架溶孔白云岩,宜地5井,884.26 m,岩心;(c)灰色藻球粒黏结格架溶孔白云岩,宜地5井,890.76 m,岩心;(d)灰色藻球粒黏结格架溶孔白云岩,宜地5井,884.26 m,单偏光25倍;(e)灰色藻球粒黏结格架溶孔白云岩,球粒铸模孔形成于准同生溶解作用,宜地5井,890.76 m,单偏光25倍;(f)灰色藻球粒细晶溶孔白云岩,宜地5井,938.76 m,单偏光25倍;(g)深灰色藻球粒细晶溶孔白云岩,宜地5井,946.2 m,单偏光50倍;(h)灰色亮晶藻球粒溶孔白云岩,宜地5井,963.4 m,单偏光25倍;(i)纹层状亮晶胶结藻球粒白云岩,宜地3井,986.6 m,单偏光25倍

#### 4. 藻凝絮白云岩

藻凝絮白云岩也称为凝块状白云岩或凝块石，呈浅灰、白灰色，厚层块状，由肉眼可见的不规则层纹、若干个中小型斑杂状微生物黏结凝块和凝块间填隙物组成。凝絮相对贫微生物处为灰白色，相对富微生物处则颜色偏暗。岩心表面通常表现出云雾状、雪花状、疙瘩状或皱纹状特征，具有格架构造和丘形构造[图 2-15（a）]，主要分布在灯三段上部岩溶带中。显微镜下观察，藻类呈凝絮状分布，具有不规则、杂乱形态（图 2-15），藻内为粉晶白云石，体积分数介于 40%~80%，粒径介于 0.05~0.12 mm，局部重结晶成中-粗晶白云石[图 2-15（c）]；晶洞边缘少量亮晶白云石颗粒充填，白云石颗粒孔径最大可达 2.5 mm；储集空间主要包括少量微裂隙和晶间孔，裂隙具有多方向性。

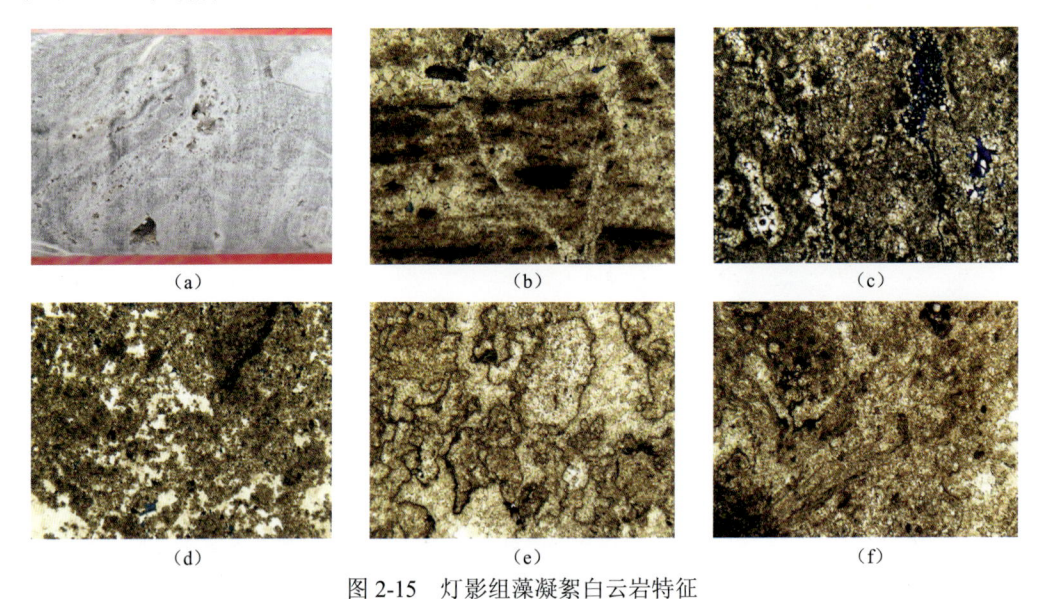

图 2-15 灯影组藻凝絮白云岩特征

（a）藻凝絮细粉晶白云岩，宜地 5 井，814.35 m，岩心；（b）藻凝絮细粉晶白云岩，宜地 5 井，814.35 m，单偏光 25 倍；（c）溶孔粉晶藻白云岩，宜地 3 井，842.3 m，单偏光 25 倍；（d）藻凝絮含硅质粉晶溶孔白云岩，宜地 3 井，847.5 m，单偏光 25 倍；（e）灰黑色藻凝絮粉晶白云岩，宜地 5 井，824.8 m，单偏光 25 倍；（f）深灰色藻凝絮溶孔白云岩，825.5 m，单偏光 25 倍

#### 5. 细-粉晶白云岩

细-粉晶白云岩在宜昌地区灯影组中广泛分布。细-粉晶白云岩矿物组分为白云石，体积分数一般超过 95%，粉晶颗粒和细晶颗粒直径分别为 0.03~0.05 mm、0.08~0.15 mm，大小均一，多为 0.05~0.08 mm（图 2-16）。粉-细晶白云石发生不均匀重结晶[图 2-16（d）]，局部可见少量有机质小斑块均匀分布，伴随黄铁矿共生。储集空间主要包括少量晶洞和微裂隙，晶洞分布不均匀，呈串珠状，直径最大可达 2.5 mm，晶洞边缘有少量亮晶白云石颗粒（5%）充填。

与灯影组白马沱段（灯三段）溶蚀孔洞形成于桐湾运动 II 幕类似，灯影组石板滩段（灯二段）储层与桐湾运动 I 幕构造作用密切相关。桐湾运动 I 幕造成中扬子区构造抬升，形成灯二段与灯三段间呈不整合接触。在灯二段顶部发育大气淡水溶蚀形成的渗流豆

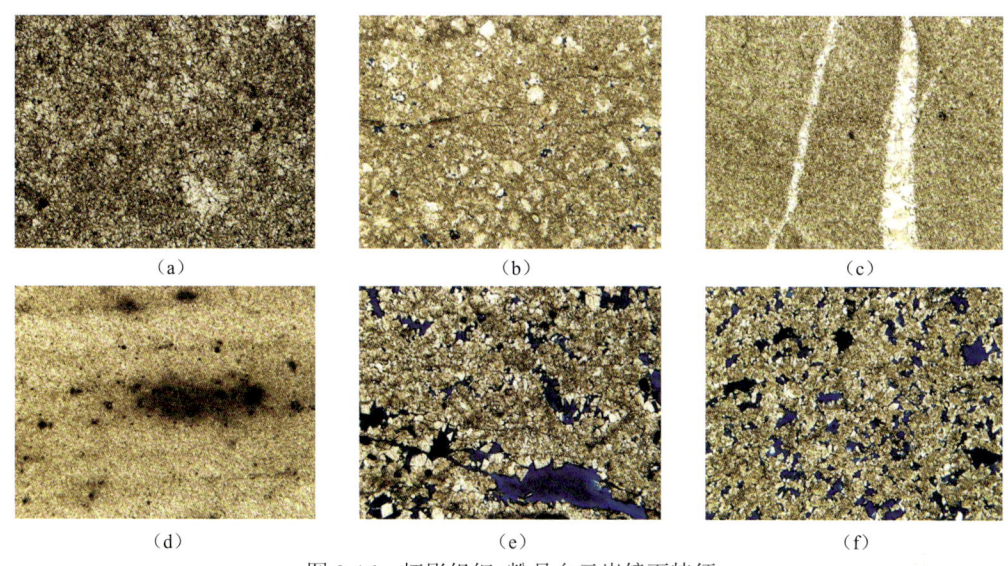

图 2-16 灯影组细-粉晶白云岩镜下特征

(a) 灰色粉晶白云岩，宜地 3 井，841.9 m，灯三段，单偏光 100 倍；(b) 灰色含晶洞粉晶白云岩，宜地 3 井，930.55 m，灯三段，单偏光 25 倍；(c) 深灰色粉晶白云岩，宜地 4 井，1 354.55 m，灯三段，单偏光 25 倍；(d) 深灰色粉晶白云岩，少量有机质小斑块均匀分布，伴随黄铁矿共生，宜地 4 井，1 463.6 m，灯三段，单偏光 25 倍；(e) 灰色含溶孔细晶白云岩，宜地 3 井，956.45 m，灯三段，单偏光 25 倍；(f) 深灰色细晶白云岩，宜地 5 井，987.9 m，灯影组，单偏光 50 倍

构造等地层抬升暴露标志。如在宜地 3 井 1 132～1 141.5 m 和宜地 4 井 1 504.9～1 506.9 m，由于桐湾运动 I 幕伴随大气淡水淋滤作用，在灯二段顶部形成含硅质细晶白云岩，在物性相对较差的细晶白云岩中，这些硅质大多被保存下来。含硅质细晶白云岩通常较破碎，裂隙多方向性发育，白云石间硅质胶结，硅质体积分数为 5%～30%，从白云石颗粒边缘向内第一世代为亮晶白云石，呈晶粒状分布在裂隙边缘，第二世代为石英颗粒，局部见硅质团块和宽 1～5 mm 的硅质条带，石英颗粒大小不等，粒径为 0.04～0.40 mm（图 2-17）。该类岩石储集空间主要为粒间孔，次要为微裂缝。

灯二段上部发育藻球粒亮晶白云岩、藻球粒细晶白云岩等藻类礁滩相储层（图 2-18）。藻类礁滩相储层厚度较薄（1 152.4～1 173.8 m）。亮晶白云岩中藻球团粒分布均匀[图 2-18(d)]，体积分数为 30%～50%。粒径为 0.1～0.2 mm，藻球粒内部为泥晶白云石；粒间亮晶白云石胶结或部分重结晶成细晶，粒径为 0.1～0.2 mm；有机质呈细小斑块状均匀分布，该类岩石储集空间不发育，仅在亮晶间见少量晶间孔。

藻类礁滩相储层之下为细-粉晶白云岩沉积层序。粉晶白云石粒径为 0.05～0.10 mm，部分重结晶成细晶白云石[图 2-18（e）]。细晶白云石中岩石普遍较破碎，裂隙多方向性发育，裂隙边缘被亮晶白云石充填[图 2-18（e）、(h)、(l)]。储集空间主要为少量晶间孔和微裂隙。极个别细晶白云岩还发育有少量晶洞。

灯二段中下部主要为含泥泥晶灰岩，具有层理构造。含泥泥晶灰岩实际上是由深灰色泥晶灰岩与亮晶灰岩互层[图 2-18（i）～（l）]，层厚不等，最厚可达 3.5 mm。其中灰白色的瘤状"眼球"主要由亮晶灰岩组成，泥质含量少，TOC 含量较低。灰黑色、包裹"眼球"部分主要由含泥灰岩和泥质灰岩组成。泥质含量高，TOC 含量较高，是灯二

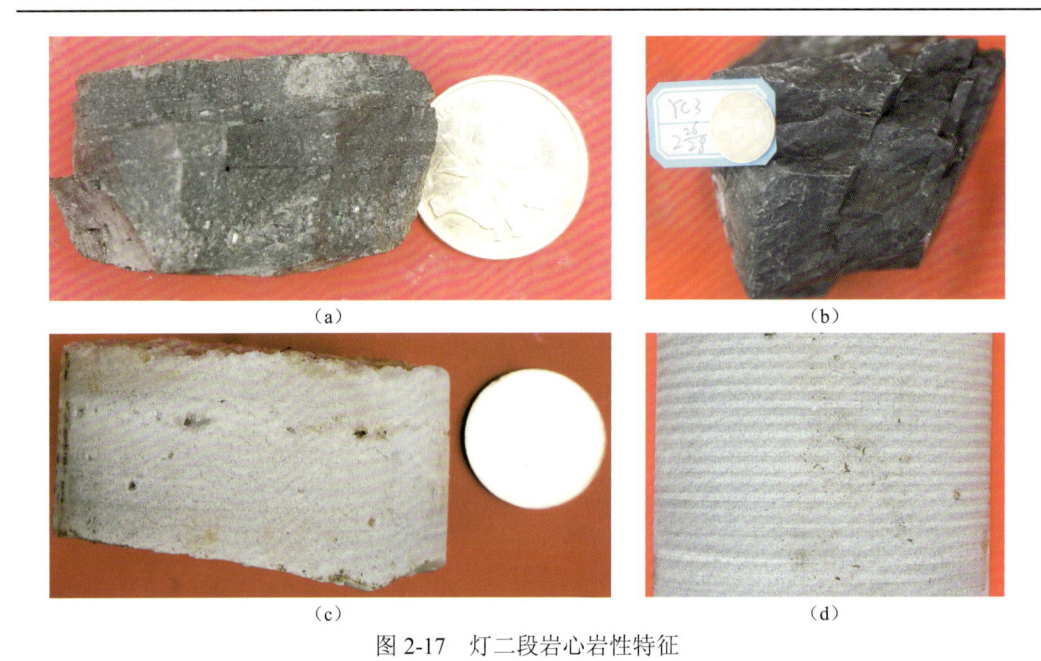

·38· 宜昌地区震旦系和下古生界天然气页岩气富集成藏与勘探实践

图 2-17 灯二段岩心岩性特征

(a) 深灰色粉晶灰岩，宜地 3 井，1 397.1 m；(b) 深灰色粉-泥晶灰岩，宜参 3 井，1 196.20 m；(c) 灰色藻球粒细晶白云岩，宜地 3 井，1 153.5 m；(d) 灰色含硅质细晶白云岩，宜地 3 井，1 141.75 m

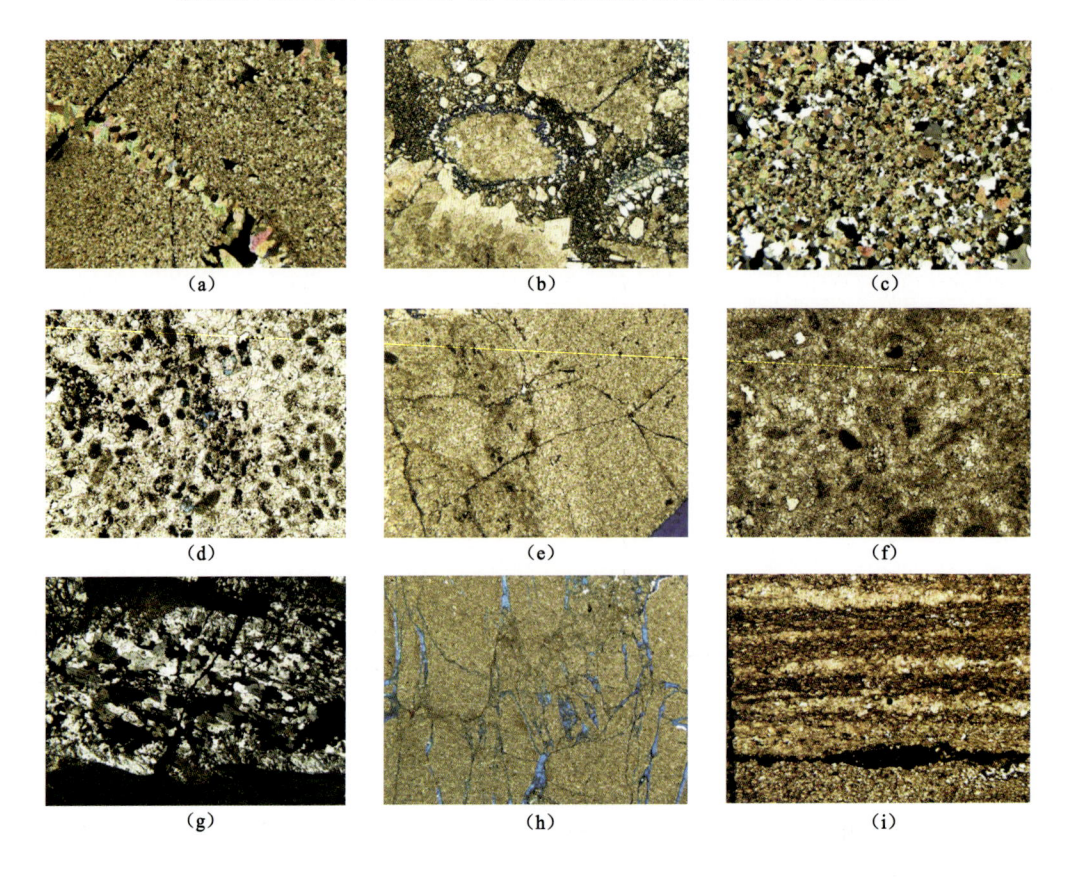

(j)            (k)            (l)

图 2-18　灯二段岩性及孔隙特征

(a) 灰色碎裂细晶白云岩，宜地 3 井，1 132.5 m，正交光 25 倍；(b) 灰色碎裂细晶白云岩，宜地 3 井，1 132.5 m，单偏光 25 倍；(c) 灰色含硅质细晶白云岩，宜地 3 井，1 141.75 m，正交光 25 倍；(d) 深灰色藻球粒亮晶白云岩，宜地 3 井，1 152.4 m，单偏光 50 倍；(e) 灰白色细-粉晶白云岩，宜地 3 井，1 188.1 m，单偏光 25 倍；(f) 深灰色藻球粒粉晶白云岩，宜地 4 井，1 542.45 m，单偏光 25 倍；(g) 碎裂硅质泥晶白云岩中硅质条带，宜地 4 井，1 504.95 m，正交光 25 倍；(h) 碎裂硅质泥晶白云岩中多方向性隙缝，宜地 4 井，1 504.95 m，单偏光 25 倍；(i)～(j) 深灰色粉晶灰岩，宜地 3 井，1 397.1 m，单偏光 25 倍；(k) 深灰色粉-泥晶灰岩，宜参 3 井，1192.8 m，单偏光 25 倍；(l) 深灰色粉-泥晶灰岩，宜参 3 井，1 194.50 m，单偏光 25 倍

段主要的生烃来源。岩石成分以粒径 0.01～0.10 mm 的粉晶方解石为主，体积分数约为 65%。其次是粒径小于 0.01 mm 的泥晶方解石，体积分数约为 35%，均呈层状富集。泥质为黏土矿物与泥铁质，与方解石混杂分布，部分呈层状富集，见少量有机质残体条带。岩石孔隙不发育，顺层发育的微裂隙和局部分布的晶间溶孔构成主要储集空间。

## （三）地球物理测井响应

除直接岩心观察外，利用特殊测井同样可以对碳酸盐岩储层进行解释。宜参 3 井斯伦贝谢（Schlumberger）地层微电阻率扫描成像（formation microscanner image，FMI）测量处理井段为 3 609～4 208 m，共 599 m，测量段地层为震旦系灯影组白马沱段—石板滩段地层。利用 FMI 资料进行沉积相分析，特别之处是能够对地层进行长井段连续的观察和描述，获得丰富的岩性、层理、剖面旋回等重要的岩石结构和沉积构造方面的信息，而沉积相分析的具体方法与常规地质分析完全相同。仅利用单井测井资料进行沉积相分析具有一定的不确定性，岩心的标定、录井资料的刻度及邻井测井资料的对比，对沉积相的划分和确定均有积极意义。

灯三段（白马沱段）岩性以浅灰色、灰色白云岩及含灰质白云岩为主，为台地边缘礁滩相。礁滩复合体主要发育砂屑白云岩，藻凝絮白云岩及藻叠层白云岩，溶蚀孔洞发育，以蜂窝状溶蚀孔洞及顺藻叠层溶蚀孔洞为主。FMI 图像上显示在顶部发育顺藻叠层溶蚀、蜂窝状溶蚀及顺裂缝溶蚀，垂向连续性好。中下部发育致密相夹薄层蜂窝状溶蚀相。

灯二段（石板滩段）上部为灰色、深灰色白云岩及含灰质白云岩，为台坪相沉积。台坪主要发育相对晶粒白云岩，溶蚀孔洞发育程度低，常见致密层发育。FMI 图像上仅见薄层溶蚀孔洞，以致密相为主。底部为深灰色、灰色云质灰岩，井眼扩径严重（图 2-19）。

利用宜页 1 井测井资料分析灯影组特征（图 2-19）。统计表明，灯三段和灯一段在测井上表现为"三高一低"，即自然电位、密度、中子补偿升高，电阻率降低、井径扩大等特征。在成像测井上由于溶蚀孔洞及充填物电阻率低，静态电成像测井图像一般表现为黑色-棕色高导特征，而围岩因电阻率高，电成像测井图像颜色较浅（图 2-20），多呈

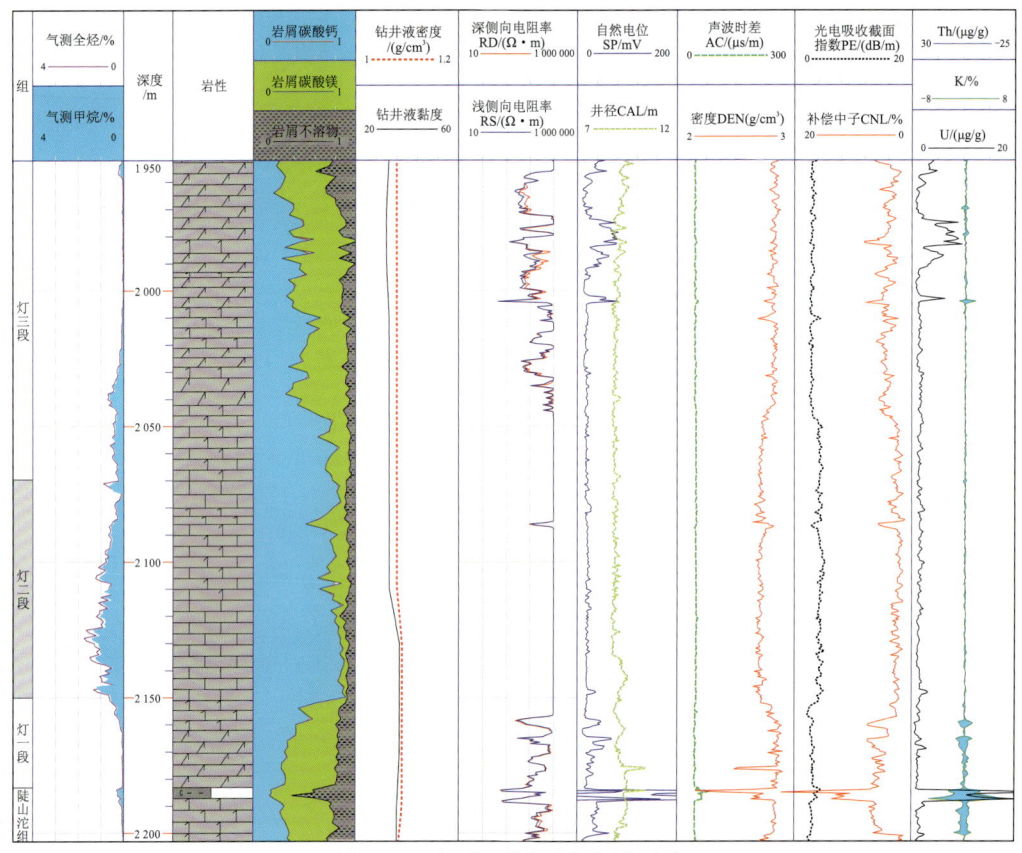

图 2-19  宜页 1 井灯影组测井响应

浅棕-亮黄色。在微观薄片中常见未被亮晶方解石充填的溶孔、溶洞和溶缝，或见由构造抬升形成的裂缝导致岩石角砾岩化，以及形成几期构造裂缝及其中充填常温包裹体的亮晶方解石。

（四）礁滩相的二维地震识别与分布

地震资料显示，宜昌斜坡地区寒武系底部为一套页岩，震旦系灯影组为白云岩，两者之间存在较大的波阻抗差，地震 $T_{\epsilon_1}$ 反射层相当于下寒武统底界面的反射，对应于下寒武统水井沱组低速泥岩与下覆震旦系灯影组高速灰岩之间的反射，地震剖面上主要表现为能量强、连续性好，是一组强反射同相轴。横向上具有较好的相似性，可以进行全区连续的对比追踪与解释。

对灯影组时间厚度参数提取属性开展地震相解释，宜昌斜坡灯影组的厚度区域分布不均匀，具有隆、凹相间格局（图 2-21）。井震对比研究表明，宜页 1 井位于斜坡带，宜参 1 井、宜参 3 井灯影组位于台地边缘相带局部隆起区，地层厚度较斜坡区大。台地边缘礁在地震剖面上在该区具有"顶部强振幅、内部低频、弱振幅、杂乱、透镜状"的反射特征。地震相与钻井岩心沉积相研究结果相匹配，宜昌斜坡灯影组沉积相模式与威尔孙的碳酸模式可以大致对比，沉积相带由西南向东北依次为斜坡-台地边缘（礁滩）-台内洼陷-开阔台地相的展布（图 2-22）。

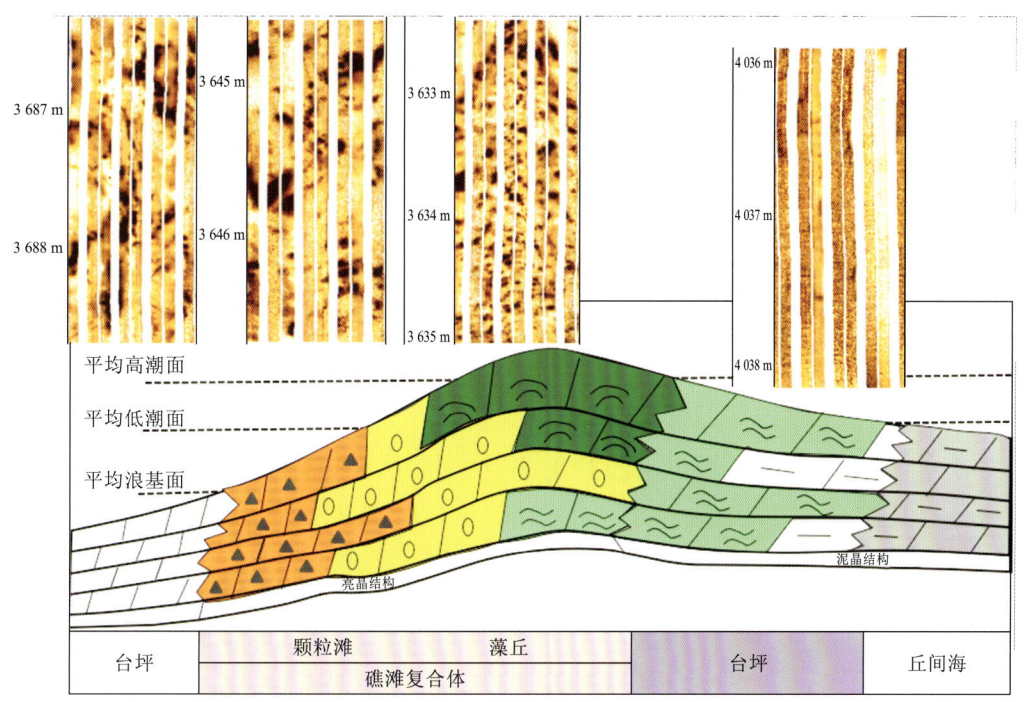

图 2-20　宜参 3 井测量段沉积相分析

据王文之等（2016），略有修改

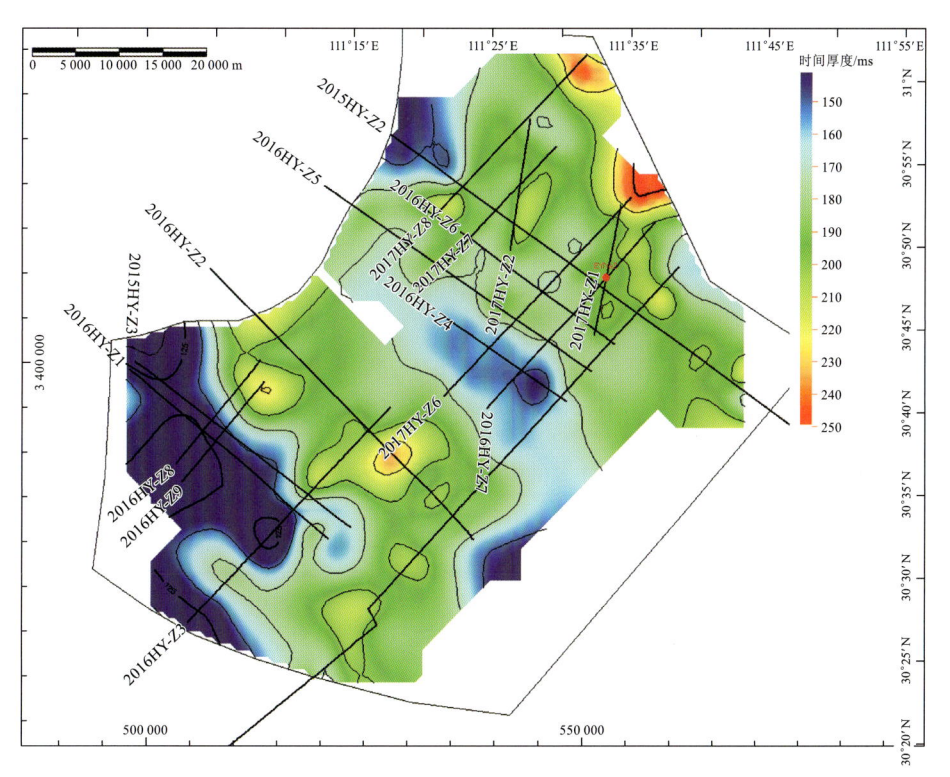

图 2-21　宜昌地区震旦系灯影组时间厚度图

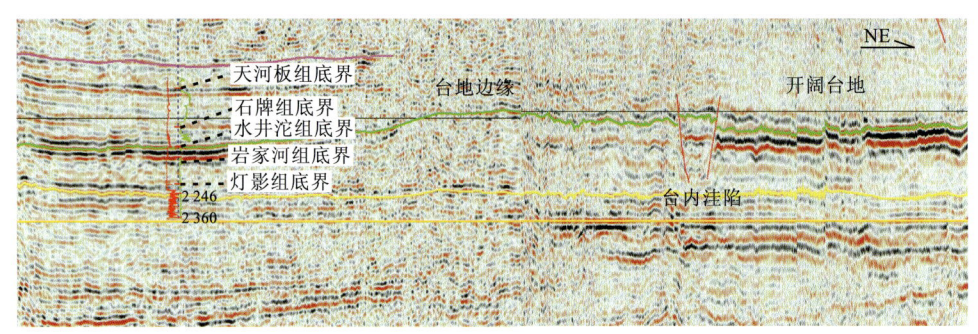

图 2-22 宜昌地区灯影组主测线地震相剖面图

测线水井沱组顶拉平

## 第二节 陡山沱组页岩气地质特征

### 一、页岩有机地化特征

（一）有机质类型

前人对宜昌九龙湾和晓峰陡山沱组页岩进行了有机质碳同位素分析，结果表明九龙湾剖面有机质的 $\delta^{13}C$ 约为 29.8‰（Jiang et al.，2010，2007；McFadden et al.，2008）、晓峰剖面有机质的 $\delta^{13}C$ 约为 28.8‰，干酪根碳同位素指示有机质类型以 $II_1$ 型（27.5‰~30‰）为主，往深水方向发育有少量 I 型（30‰~35‰）（黄籍中，1988）。宜页 1 井陡山沱组泥岩的干酪根镜检结果显示，其显微组分以腐泥组为主，质量分数为 85%以上，惰质组质量分数为 9%~13%，仅含有微量的镜质组。根据干酪根类型划分标准《透射光-荧光干酪根显微组分鉴定及类型划分方法》（SY/T 5125—2014）计算的类型指数为 70.5~82.0，表明干酪根以 $II_1$ 型（类型指数为 40~80）为主，少量为 I 型（类型指数≥80）（表 2-3）。此外，宜昌花鸡坡剖面中陡山沱组干酪根中的腐泥组+壳质组质量分数为 66.3%~77.0%，平均为 69.4%。镜质组质量分数相对较低，在 23.0%~34.3%，平均为 28.9%。干酪根类型指数显示其干酪根以 $II_1$ 型为主，仅 1 个样品为 $II_2$ 型（类型指数为 0~40）。因此，宜昌地区震旦系陡山沱组有机质类型以 $II_1$ 型为主，少量为 I 型。

表 2-3 宜页 1 井陡山沱组泥页岩干酪根显微组分

| 序号 | 样品编号 | 显微组分质量分数/% ||||| 干酪根类型指数 | 干酪根类型 |
|---|---|---|---|---|---|---|---|---|
| | | 腐泥组 | 树脂体 | 壳质组（不含树脂体） | 镜质组 | 惰性组 | | |
| 1 | BR1 | 88 | 0 | 0 | 0 | 12 | 76.00 | $II_1$ |
| 2 | BR2 | 89 | 0 | 0 | 1 | 10 | 78.25 | $II_1$ |
| 3 | BR3 | 91 | 0 | 0 | 0 | 9 | 82.00 | I |
| 4 | BR4 | 89 | 0 | 0 | 1 | 10 | 78.25 | $II_1$ |
| 5 | BR5 | 87 | 0 | 0 | 1 | 12 | 74.25 | $II_1$ |

续表

| 序号 | 样品编号 | 显微组分质量分数/% |  |  |  |  | 干酪根指数 | 干酪根类型 |
|---|---|---|---|---|---|---|---|---|
|  |  | 腐泥组 | 树脂体 | 壳质组（不含树脂体） | 镜质组 | 惰性组 |  |  |
| 6 | BR6 | 87 | 0 | 0 | 2 | 11 | 74.50 | II$_1$ |
| 7 | BR7 | 90 | 0 | 0 | 1 | 9 | 80.25 | I |
| 8 | BR8 | 89 | 0 | 0 | 2 | 9 | 78.50 | II$_1$ |
| 9 | BR9 | 85 | 0 | 0 | 2 | 13 | 70.50 | II$_1$ |

（二）有机质丰度

宜昌九龙湾剖面陡山沱组有机碳纵向分布特征可以划分为 A、B、C 和 D 4 段来讨论[图 2-23，据雍自权等（2012）修改]。A 段非黑色页岩段以白云岩为主，TOC 在 0.02%～0.18%，平均为 0.09%，A 段沉积时期九龙湾陡山沱组处于潮坪相沉积环境，有机质含量较少，生烃潜力非常差。B 段以黑色页岩为主，夹少量的白云岩，TOC 在 0.50%～2.48%，平均为 1.31%。随着南沱冰期后大陆拉张裂陷运动，全球海平面上升，此时九龙湾地区处于台内盆地的相对开阔的沉积环境。随着上升洋流带来了大量的富磷和有机盐，九龙湾生物群繁盛，有机碳含量升高，生烃潜力中等。C 段以白云岩为主，夹少量的黑色页岩，为潮坪相沉积环境。TOC 在 0.6%～2.3%，平均为 1.16%，生烃潜力中等。D 段为黑色页岩，此段页岩处于台内盆地闭塞的静水沉积环境，而此时庙河生物群繁盛，提供了丰富的有机质，生物繁盛和闭塞缺氧的沉积环境，有利于有机质的保存。因此 D 段的有机碳含量高，质量分数达 3.99%～14.17%，平均为 6.24%，生烃潜力极好。

区域上，钻井资料显示，宜页 1 井陡山沱组二段取心段的泥页岩 TOC 在 0.29%～1.72%，平均为 0.76%。暗色泥页岩段有机碳质量分数多在 0.7%以上，平均可达 1.2%。宜地 3 井陡山沱组暗色泥页岩段的 TOC 在 0.80%～2.53%，平均为 1.83%。宜地 4 井陡山沱组暗色泥页岩段的 TOC 在 0.73%～1.76%，平均为 1.1%。宜地 5 井陡山沱组暗色泥页岩段的 TOC 在 0.83%～2.05%，平均为 1.45%。秭地 1 井陡山沱组泥页岩有机碳质量分数为 0.72%～2.91%，集中在 1.29%～2.51%，平均为 1.63%。总体而言，宜昌地区陡山沱组 TOC 在 0.02%～14.17%，集中在 0.6%～1.8%，平均为 1.23%，且大部分样品有机碳含量满足下限值。纵向上，陡山沱组 B 段是富有机质页岩主要层位，有机碳含量高值区一般分布在陡山沱组中下部。平面上由黄陵隆起向东延伸，TOC 逐渐降低，但在黄陵隆起东南缘的宜地 3 井到宜地 5 井的两个井区范围内存在一个相对高值区，TOC 平均值可达 1.8%（表 2-4），表明在宜昌斜坡西北存在相对的低洼地带，有利于有机质富集保存。由黄陵隆起向西延伸，由于沉积水体的加深，TOC 呈升高的趋势，至鹤峰白果坪一带陡山沱组页岩 TOC 平均为 2.6%，一般为 1.0%～3.0%。往东至宜昌当阳复向斜一带以西地区 TOC 一般小于 0.5%（图 2-24）。

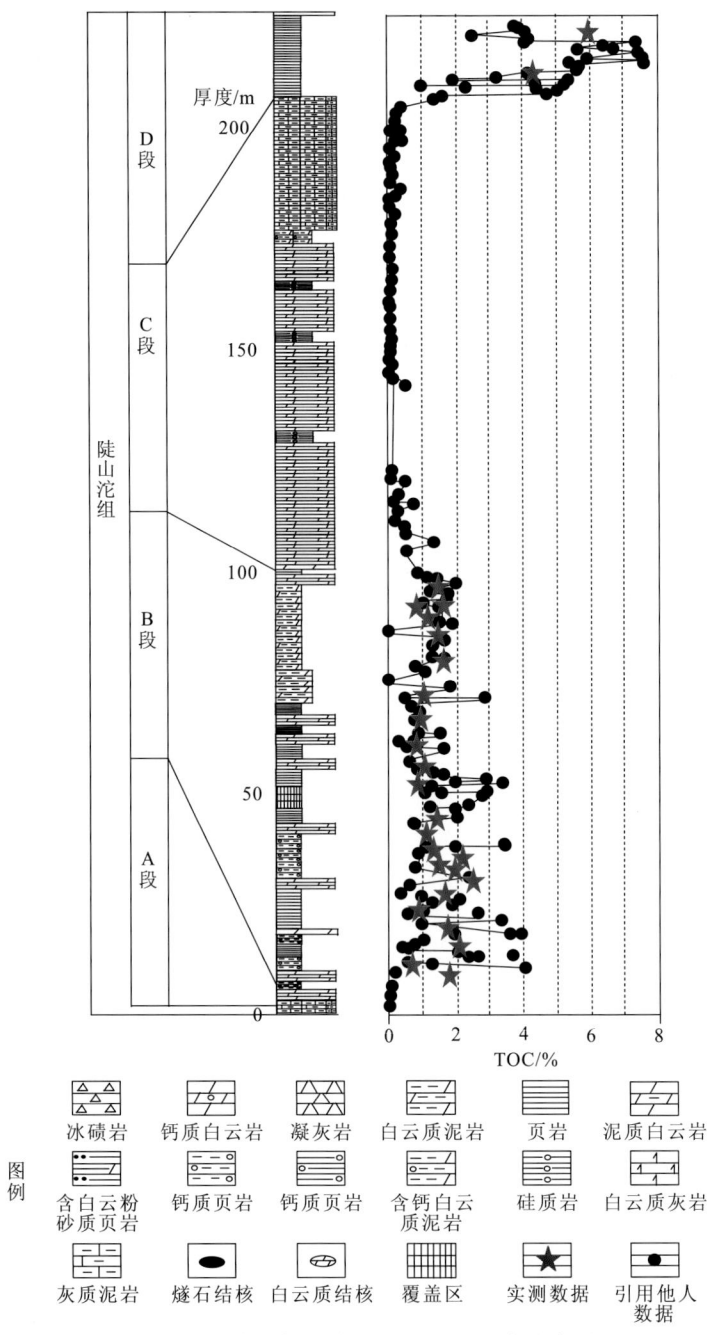

图 2-23 九龙湾剖面陡山沱组 TOC 纵向分布图

表 2-4 宜昌地区震旦系陡山沱组钻井实测 TOC 统计表

| 井号 | 井型 | 目的层 TOC［最小值～最大值/平均值（样点数）］/% |
| --- | --- | --- |
| 宜页 1 井 | 参数井 | 0.64～1.72/1.02（56） |
| 阳页 1 井 | 参数井 | 1.00～2.90/1.7（295） |

续表

| 井号 | 井型 | 目的层 TOC[最小～最大/平均值（样点数）]/% |
|---|---|---|
| 宜参 1 井 | 参数井 | 0.13～4.00/0.92（610） |
| 宜地 3 井 | 地质调查井 | 0.8～2.53/1.83（21） |
| 宜地 4 井 | 地质调查井 | 0.73～1.76/1.1（13） |
| 宜地 5 井 | 地质调查井 | 0.83～2.05/1.45（28） |
| ZK4 | 地质调查井 | 0.20～1.72/1.05（—） |
| 秭地 1 井 | 地质调查井 | 0.72～2.91/1.63（19） |
| 远地 2 井 | 地质调查井 | 0.36～2.32/1.23（16） |

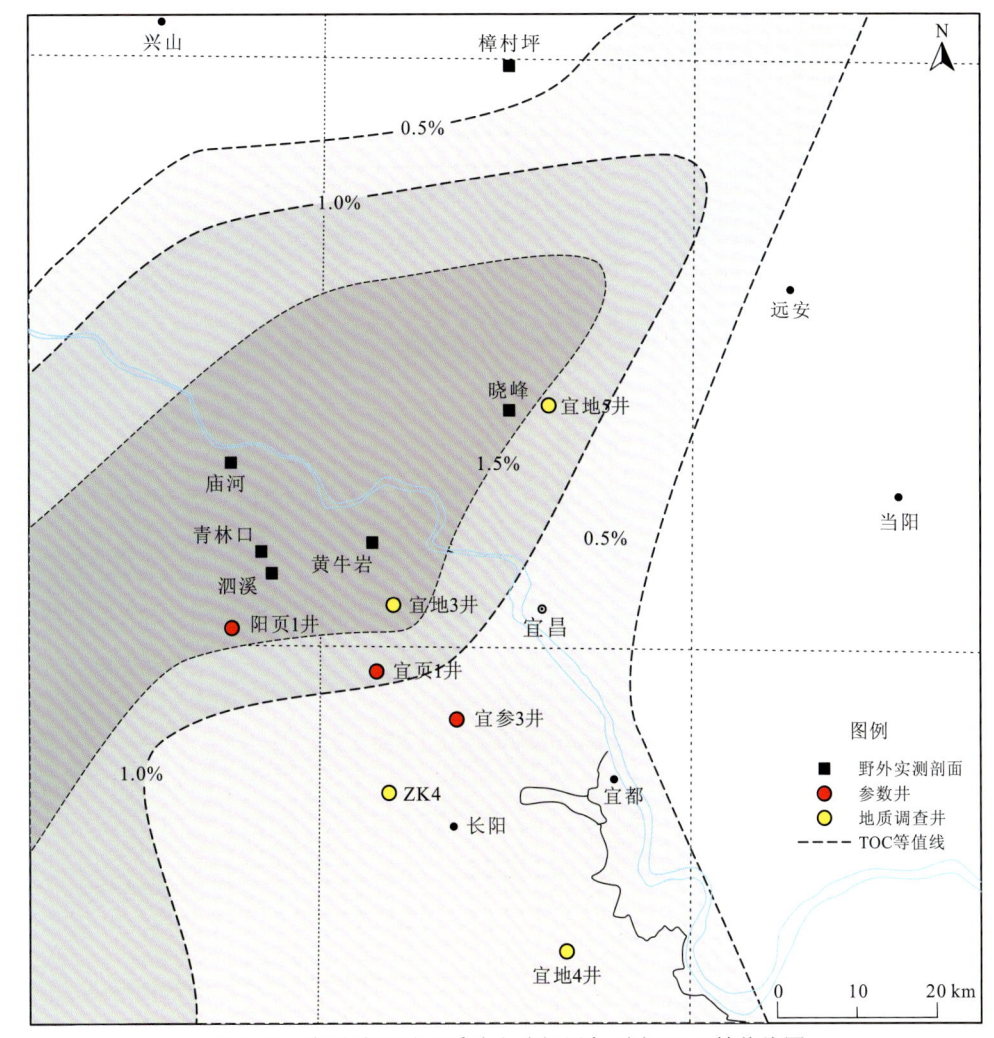

图 2-24 宜昌地区震旦系陡山沱组黑色页岩 TOC 等值线图

（三）有机质成熟度

从实钻结果来看，鄂西地区主要钻井的陡山沱组有机质镜质体反射率 $R_o$ 为 2.5%～

4.0%，平均为 3.3%，整体均呈过成熟阶段晚期。平面上黄陵隆起周缘为成熟度演化相对低值区，其中阳页 1 井、宜页 1 井、秭地 1 井和秭地 2 井等主要井的 $R_o$ 均低于 3.0%；由黄陵隆起向四周扩展，成熟度都呈升高的趋势，高值区多位于荆门—当阳复向斜和花果坪复向斜中心（表 2-5，图 2-25）。

表 2-5　宜昌地区震旦系陡山沱组钻井实测 $R_o$ 统计表

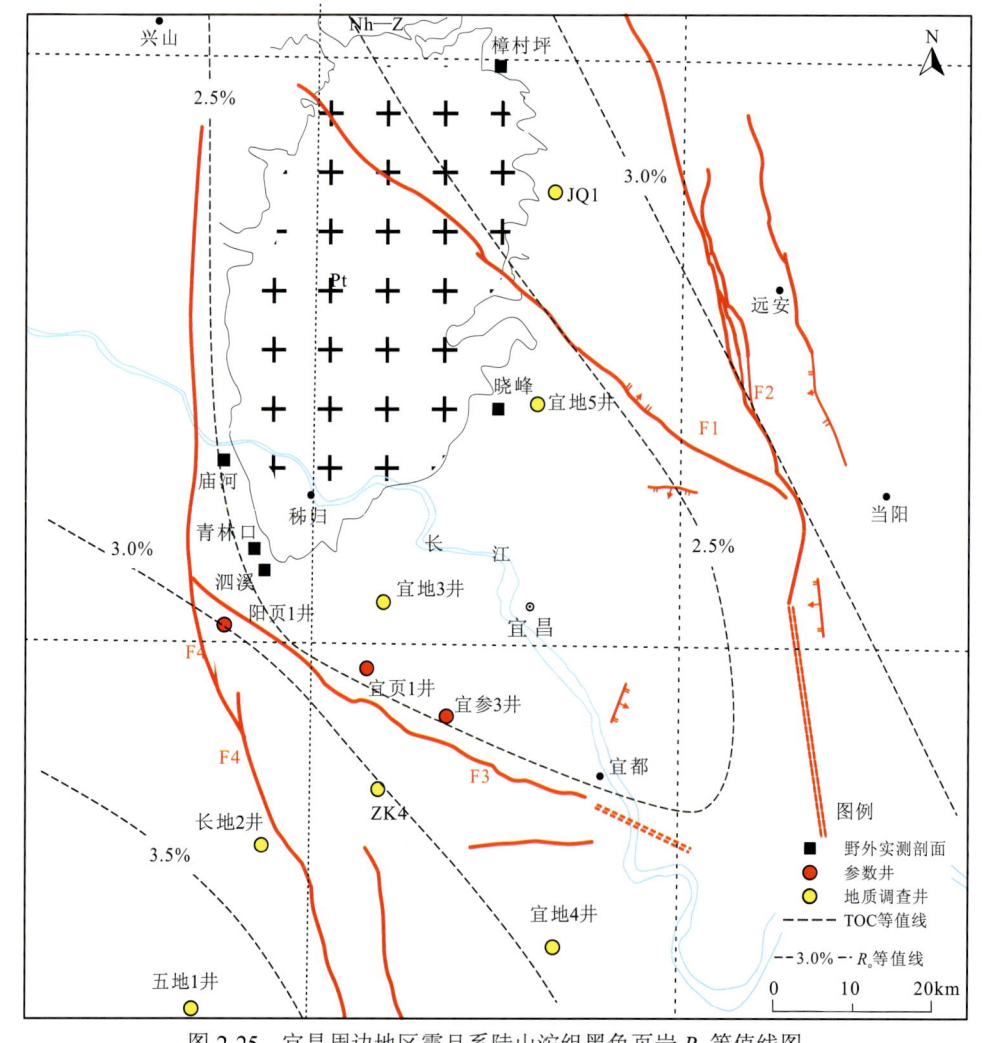

| 井号 | 井型 | 目的层 $R_o$（最小值～最大值/平均值）/% |
| --- | --- | --- |
| 阳页 1 井 | 参数井 | 3.0 |
| 五地 1 井 | 地质调查井 | >3.5 |
| 宜页 1 井 | 参数井 | 2.5～3.05/2.81 |
| 秭地 1 井 | 地质调查井 | 1.49～1.82/1.74 |
| 秭地 2 井 | 地质调查井 | 2.01～3.19/2.74 |
| JQ1 井 | 地质调查井 | 2.8 |

图 2-25　宜昌周边地区震旦系陡山沱组黑色页岩 $R_o$ 等值线图

## 二、页岩气储集特征

### (一)页岩矿物学特征

由宜页 1 井岩性描述可知,研究区内陡山沱组岩性主要为深灰色钙质泥岩、深灰色泥质白云岩、深灰色泥灰岩等。通过对陡山沱组 127 块样品进行全岩 X 衍射实验分析可知,矿物组成主要以石英、黏土矿物、碳酸盐矿物(方解石、白云石、文石)、长石(钾长石、斜长石)、黄铁矿等为主。据此对陡山沱组 5 个有利储层段泥页岩矿物组分特征进行统计与分析(表 2-6,图 2-26)。结果显示,宜页 1 井陡山沱组中矿物组分、含量变化不大,主要以碳酸盐矿物为主,平均质量分数均超过 50%,其次为石英、黏土矿物。其中,1 小层和 2 小层中石英、长石等脆性矿物含量相对较高,具有较好的脆性特征,是有利于压裂的优势层段(图 2-27)。

表 2-6　宜页 1 井陡山沱组全岩 X 衍射实验组分统计表

| 小层 | 深度/m | 样品个数 | 石英 | 长石 | 碳酸盐矿物 | 黏土矿物 |
|---|---|---|---|---|---|---|
| 1 | 2 237.5~2 284.0 | 41 | 11~29/17.6 | 1~10/4.5 | 49~84/66 | 3~14/10 |
| 2 | 2 284.0~2 305.5 | 21 | 7~28/15.8 | 1~12/5.1 | 51~79/65 | 8~18/10.8 |
| 3 | 2 305.5~2 346.0 | 40 | 11~27/17.4 | 1~12/3.4 | 54~79/67.3 | 4~16/9.5 |
| 4 | 2 346.0~2 361.0 | 16 | 14~28/19 | 1~5/1.9 | 54~77/68 | 3~16/9.1 |
| 5 | 2 361.0~2 375.3 | 9 | 11~32/18.4 | 1~7/3.3 | 56~82/67.3 | 2~12/7.8 |

组分质量分数(最小值~最大值/平均值)/%

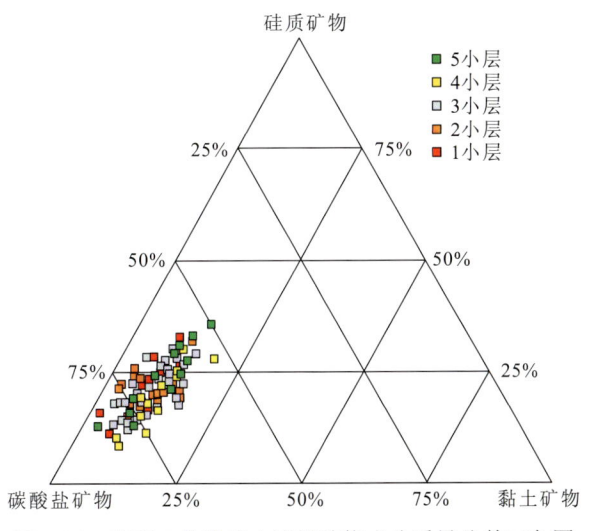

图 2-26　宜页 1 井岩陡山沱组矿物成分质量分数三角图

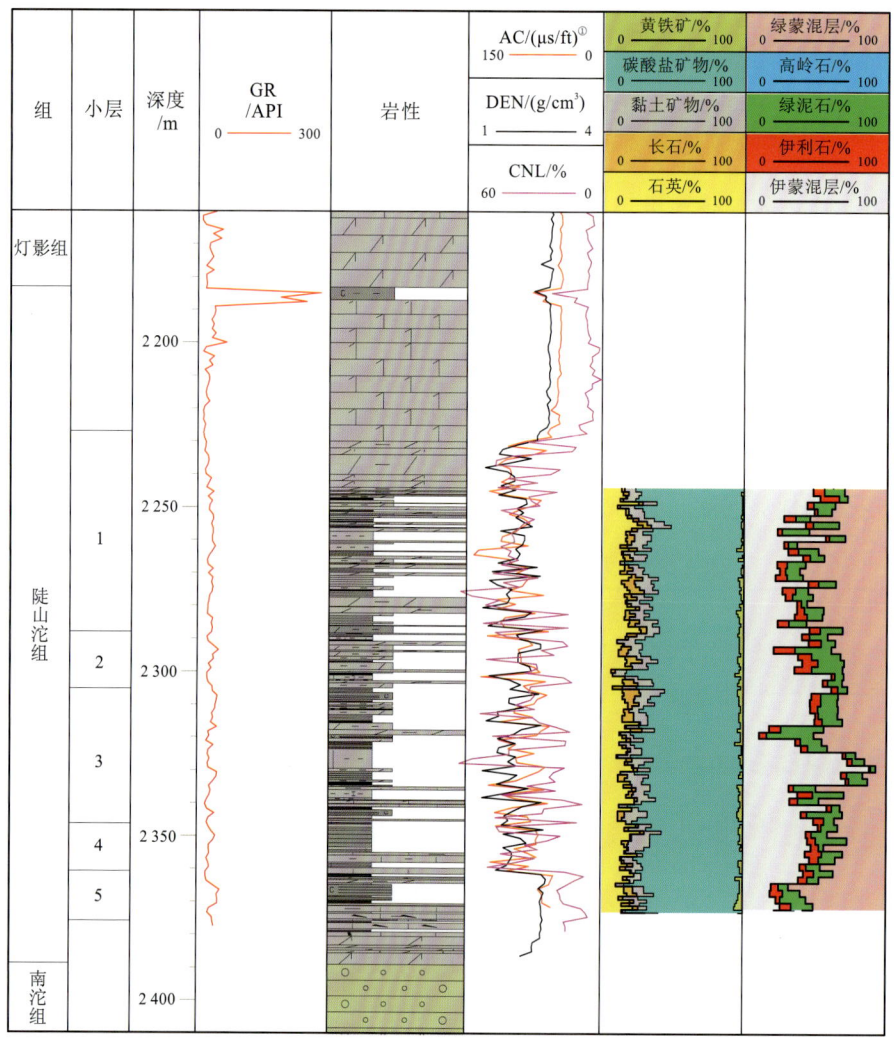

图 2-27　宜页 1 井岩陡山沱组矿物组分综合柱状图

### （二）页岩物性特征

根据宜昌黄陵隆起东北缘 JQ1 井样品测试结果，陡山沱组页岩的孔隙度为 1.24%～3.86%，大部分都在 2.0% 以上，集中于 2.0%～2.5%，平均为 2.32%。渗透率为 $0.4\times10^{-6}$～$904.1\times10^{-6}$ $\mu m^2$，平均为 $90.3\times10^{-6}$ $\mu m^2$（图 2-28）。宜页 1 井陡山沱组核磁测井结果显示，陡二段泥页岩总孔隙度为 0.68%～4.1%，有效孔隙度为 0.2%～3.0%，平均约为 1.6%。渗透率为 0～$194.0\times10^{-6}$ $\mu m^2$，大部分在 $0.5\times10^{-6}$ $\mu m^2$ 以下（图 2-29）。此外，天阳坪断裂以西的阳页 1 井核磁共振测井结果显示，储层标准 $T_2$ 谱谱峰多分布在 15～30 ms，$T_2$ 谱幅度高且分布较窄，有较短的拖曳现象，弛豫时间最高仅为 100 ms，说明岩性较致密，孔隙度较小。根据 $T_2$ 谱显示储层区间孔隙度多以 8 ms、16 ms、32 ms 的小孔径孔隙为主，计算的有效孔隙度在 0.34%～2.05%，渗透率在 0～$189\times10^{-6}$ $\mu m^2$。

---

① 1ft＝304.8 mm＝0.304 8 m。

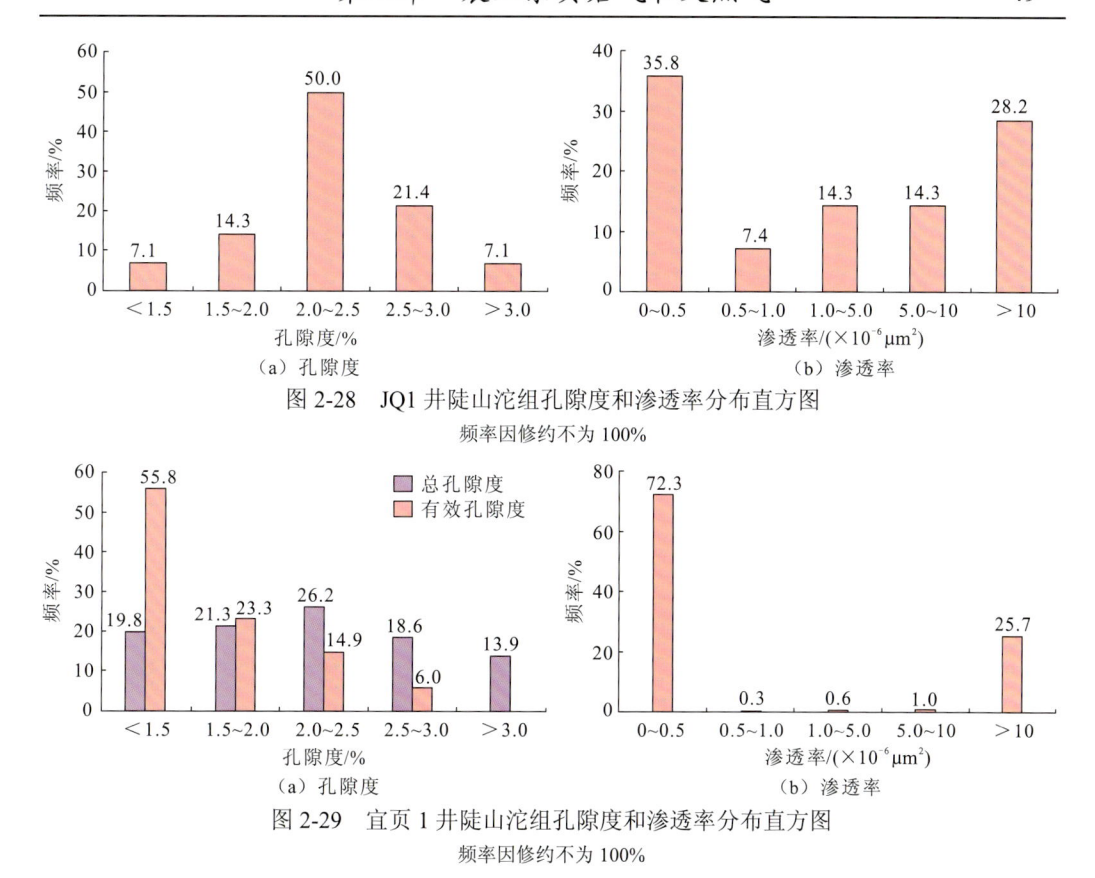

图 2-28 JQ1 井陡山沱组孔隙度和渗透率分布直方图

频率因修约不为 100%

图 2-29 宜页 1 井陡山沱组孔隙度和渗透率分布直方图

频率因修约不为 100%

总体来看，宜昌地区震旦系陡山沱组页岩的孔隙度和渗透率都较低，属于低孔低渗储层。宜页 1 井陡山沱组孔隙度直方图[图 2-29（a）]显示，页岩中的有效孔隙度多在 1.5%以下，与总孔隙度分布特征差异明显，表明页岩中存在较多的连通性较差或封闭的孔隙。从平面上而言，黄陵隆起东北缘 JQ1 井陡山沱组页岩的物性条件略优于东南缘的宜页 1 井和西缘的阳页 1 井。通过对比分析发现，三口井中有利页岩段的 TOC 和 $R_o$ 相近，而 JQ1 井中陡山沱组页岩中的石英矿物质量分数为 9.0%~52.0%，平均可达 29.7%，明显高于宜页 1 井（17.6%）和阳页 1 井（23.3%），似乎较多的石英矿物可能有利于无机孔隙的发育，具有更高的孔隙度。

（三）页岩储集空间类型

页岩孔隙类型多样，孔径大小分布范围广，有微米级孔，也存在很多纳米级孔，目前主要的页岩孔隙研究方法可分为：①定性表征方法，通过图像定性观察获取泥页岩中孔隙类型、形态特征及颗粒接触关系等信息；②定量表征方法，页岩孔径图像分析技术直观，特别在对孔隙形态学方面的研究具有优势，结合统计学方法还能获取孔隙度、孔径分布等定量信息，能够做到定性与定量评价相结合，扫描电镜是目前主流的页岩图像分析研究手段。

经氩离子抛光后的页岩样品扫描电镜观察显示，陡山沱组泥岩的孔隙发育程度差。

宜地 4 井陡山沱组页岩孔隙则主要包括粒间孔、晶间孔、铸模孔、溶孔及少量有机质孔（图 2-30）。矿物溶孔多为碳酸盐矿物和碎屑颗粒粒内溶孔，多呈不规则状，连通性较差。微裂缝较发育，缝宽 0.045~0.141 μm，连通性较差。黄铁矿晶粒之间的孔隙往往充填黏土矿物或有机质。陡山沱组页岩中的裂缝明显更为发育。宜地 4 井陡山沱组以顺层裂缝最为发育，缝宽 1~15 mm，密度可达 20 条/m，多被方解石充填，其形成可能与层间滑动作用有关。高角度裂缝次之，倾角在 40°~60°，最大密度为 8 条/m，大多被方解石等矿物充填，其成因主要与构造挤压有关。

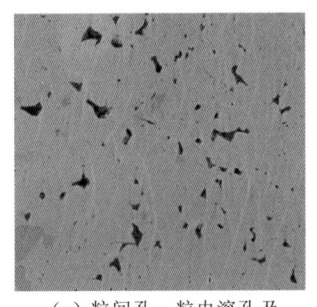

(a) 粒间孔、粒内溶孔及未被充填的微裂缝　　(b) 不规则状溶孔，部分被有机质充填　　(c) 溶孔中充填有机质，内部发育细小的海绵状孔隙

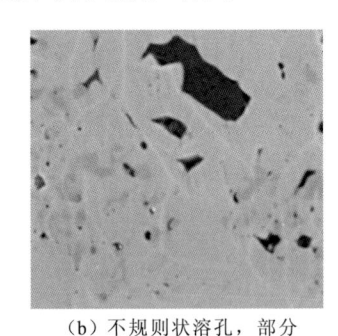

图 2-30　陡山沱组页岩孔隙类型

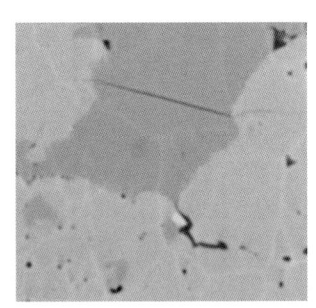

## 三、页岩气顶底板特征

区域调查结果显示，震旦系陡山沱组二段为富有机质页岩发育层段，是页岩气勘探的主力层系之一。仅对陡山沱二段而言，陡山沱组三段为顶板，岩性主要为硅质条带白云岩、灰质白云岩夹白云质页岩，厚度为 30~50 m，横向分布稳定，纵向上封堵能力较好。陡山沱组一段为底板，岩性主要为富含硅质的白云岩、藻纹层白云岩，厚度一般只有几米，俗称"盖帽白云岩"，横向分布稳定，但脉体发育，封堵能力较差。下伏南华系南沱组，岩性为冰碛泥砾岩，厚度为 60~100 m，横向分布稳定，纵向封堵较好。

根据宜昌斜坡带灯影组底界埋深，可推测出陡山沱组顶板埋深为 0~12.0 km，底板埋深为 0~12.5 km。靠近黄陵隆起周缘埋深逐渐减小，陡山沱组顶界主体埋深为 1.0~4.0 km，底界主体埋深为 1.5~4.5 km。

## 四、含气性特征

钻探过程中，综合地质录井在宜页 1 井陡山沱组发现两层录井油气显示（图 2-31）。自上而下，井深 2 245~2 320 m，厚 75 m，岩心为灰黑色白云质页岩，全烃 0.161↑1.561%，甲烷 0.127↑1.387%，钻井液相对密度为 1.10，黏度为 44 m$^2$/s，槽面无显示，现场解释为含气层。井深 2 321~2 374 m，厚 53 m，岩心为灰黑色白云质页岩，全烃 0.585↑1.745%，甲烷 0.531↑1.301%，钻井液相对密度为 1.12，黏度为 43 m$^2$/s，槽面无显示，现场解释为含气层。宜页 1 井陡山沱组取心深度段为 2 244~2 389 m，累计取心进尺 145 m，取心

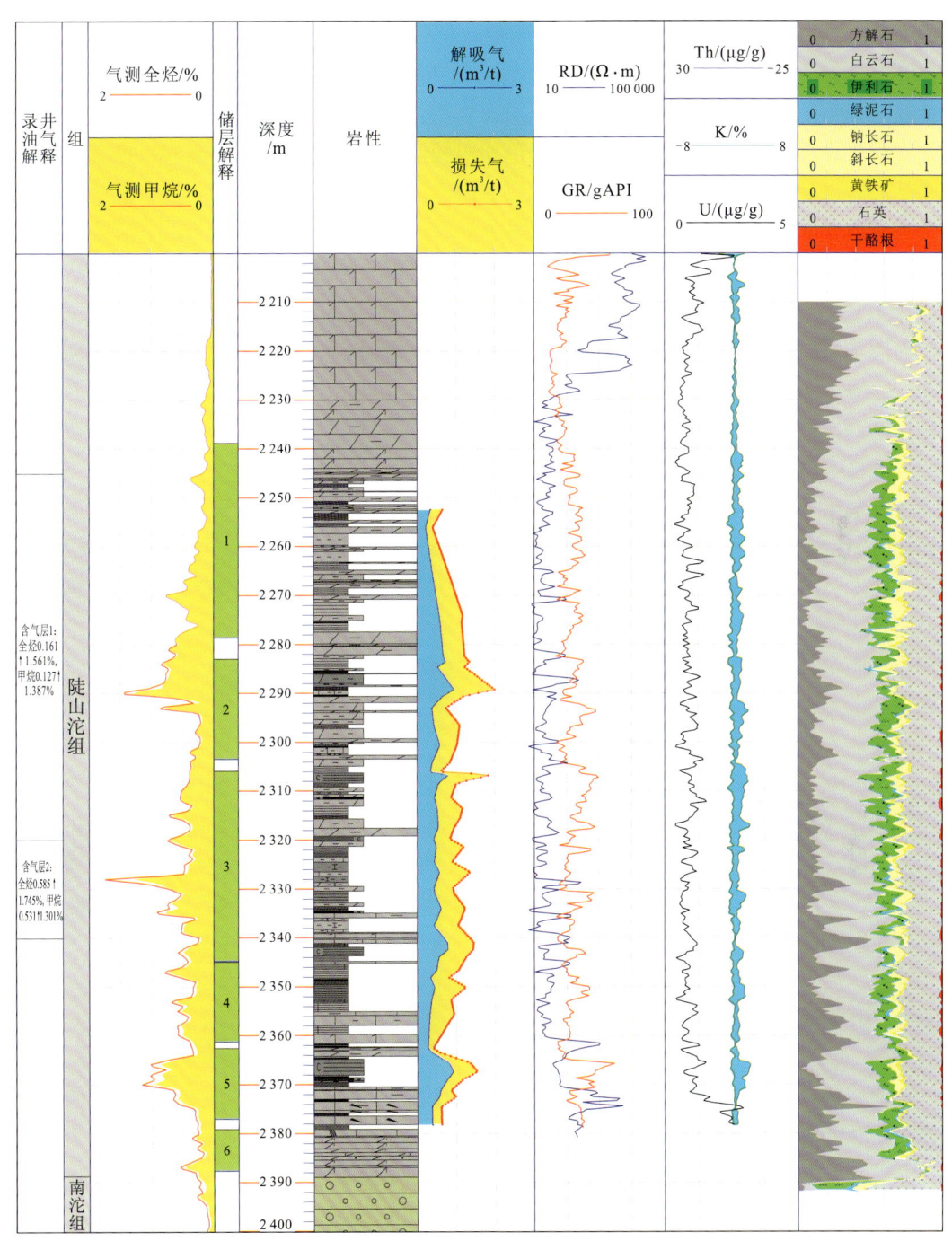

图 2-31 宜页 1 井陡山沱组综合柱状图

收获率为 96.97 m。采用焦石坝页岩气勘探示范区同实验室、同型号仪器、相同测试方法对陡山沱组47块泥质白云岩、白云质泥岩完成现场解吸,获得总含气量为0.394～2.00 m³/t,平均为 1.03 m³/t。其中井深 2 268～2 294 m 段(厚 26 m)页岩含气量为 1.2～2.0 m³/t,平均为 1.34 m³/t;井深 2 331～2 347 m 段(厚 16 m)页岩含气量为 1.04～1.33 m³/t,平均为 1.22 m³/t。统计表明，现场解吸的页岩含气量大于 1 m³/t 的厚度有 79 m，主要分布在井深 2 268～2 347 m，最大含气量为 2 m³/t，井深 2 289.25 m（图 2-31）。但宜页 1 井钻获的陡山沱组页岩层相对较破碎，泥质含量相对较高的页岩层段样品更为破碎，难以采集解吸样品，所以解吸的样品多为颜色相对较浅、较完整的泥质白云岩、白云质泥岩样品，这也是造成含气量相对较低的客观原因。

宜地 3 井位于宜昌市点军区土城乡朱家坪村，构造上属于黄陵隆起的东南缘，钻探目的为主探寒武系水井沱组页岩气、震旦系陡山沱组页岩气，兼探震旦系常规天然气。该井于 2017 年 1 月 10 日完钻，完钻井深 1 704 m。开钻层位为寒武系娄山关组，完钻层位为南华系南沱组，全井段取心，并完成对暗色页岩段岩心现场解吸试验及地球物理测井。宜地 3 井底部 27 m（1 636～1 663 m）岩心水浸试验气显强烈，现场解吸测得含气量为 0.74～2.07 m³/t，平均为 1.4 m³/t。现场利用解吸罐进行了点火试验，点火成功，火焰呈蓝色。

宜地 4 井位于宜都聂家河，气测录井结果显示井深 1 629～1 638 m 陡山沱组出现气测异常段，含气层厚度为 9 m。全烃体积分数为 0.18%～0.46%，其中以甲烷为主，体积分数为 0.16%～0.43%。钻井液密度为 1.04 g/cm³，黏度为 26 m²/s。采用 YSQ-III 型岩石解吸气测定仪（燃烧法）对宜地 4 井暗色页岩进行现场解吸测定，结果显示，30 个陡山沱组含碳质钙质泥岩的含气量总体偏低，多在 0.01 m³/t 以下，仅井深 1 830～1 885 m 段页岩含气量略高，为 0.18～0.28 m³/t。岩石含气性测定证明宜地 4 井陡山沱组中的气体为裂缝气。

宜地 5 井位于宜昌黄花上洋。陡山沱组 29 个样品的解吸气量（不包括损失气和残余气）为 0.10～1.73 m³/t，平均含气量为 0.61 m³/t。含气量大于 1.0 m³/t 的样品主要集中在井深 1 365～1 416 m 段的部分地层，而且表现为不连续。通过岩心观察和矿物组成分析：较高含气层段对应的岩性主要为深灰色白云质泥岩或泥质白云岩；陡山沱组二段下部黑色碳质页岩、含白云质碳质页岩的含气量反而较低，多数小于 0.5 m³/t。初步认为，宜地 5 井陡山沱组较低的含气量和较差的页岩气保存条件可能与地层中岩溶和裂缝普遍发育有关。

## 五、页岩气有利区优选与目标评价

宜昌地区页岩层系多，富有机质页岩形成的构造背景和古地理环境不同，页岩的有机地化和储层物性差别明显，既不同于国内成熟的页岩气勘探区，也不同于美国的主力页岩气勘探层系（表 2-7）。因此，宜昌地区页岩气的选区评价和储层评价不能照搬国内外已有的标准体系。选区评价与研究程度息息相关，而储层评价则与储层的品质紧密相关。

（一）选区评价单元划分与参数确定

根据自然资源部的《页岩气资源调查评价技术要求》（DZ/T 0379—2021）及国家标准《油气矿产资源储量分类》（GB/T 19492—2020），结合页岩气调查评价和勘探开发现状及鄂西页岩气资源潜力评价工作程度，将页岩气选区划分为 3 个级别（表 2-8），分别

## 第二章 震旦系页岩气和天然气

表2-7 宜昌地区不同页岩气储层的对比

| 主要评价指标 | 宜昌地区陡山沱组 | 宜昌地区水井沱组 | 宜昌地区五峰组—龙马溪组 | 焦石坝页岩气勘探示范区 | 美国主力页岩气藏 |
|---|---|---|---|---|---|
| 构造古地理背景 | 拉张盆地 | 稳定台地 | 挤压盆地 | 挤压盆地 | 稳定台地 |
| 岩石类型 | 钙质硅质页岩、硅质页岩、白云质页岩 | 钙质页岩、碳质页岩和硅质页岩 | 硅质页岩、富黏土质硅质页岩、泥质硅质页岩及富硅质泥质页岩 | 硅质页岩、钙质硅质页岩、黏土质硅质页岩及碳质页岩 | 硅质页岩、钙质页岩、碳质页岩及砂质页岩 |
| 含气页岩厚度/m | 115~136 | 65~86,优质段约35 | 30~40,优质段约20 | 30~80,优质段约40 | 一般大于30 |
| TOC/% | 优质段>1.0,平均2.23 | 优质段>3.0,平均3.63 | 优质段>2.0,平均3.25 | 优质段>2.0,平均3.58 | 大于1.0 |
| 有机质类型 | I-II₁型为主 | I-II₁型为主 | I-II₁型为主 | I型为主 | I-II₁型为主 |
| $R_o$(最小值~最大值/平均值)/% | 2.18~3.50/2.78 | 2.31~3.16/2.61 | 2.0~2.73/2.54 | 2.01~3.06/2.65 | 0.9~4.2/2.05 |
| 石英矿物体积分数(最小值~最大值/平均值)/% | 12~78/28 | 15~46/31 | 27~81/45 | 18~71/37 | 30~75/50 |
| 黏土矿物体积分数(最小值~最大值/平均值)/% | 10.2~12.2/11.6 | 7.0~54.5/34.5 | 16.7~60/46.6 | 16.6~62.8/40.9 | 25~48/35 |
| 孔隙度(最小值~最大值/平均值)/% | 0.2~3.0/1.86 | 0.5~9.1/2.13 | 0.98~8.8/3.98 | 1.17~8.61/4.87 | 2~12/5.2 |
| 渗透率(最小值~最大值/平均值)/(mD) | 0.0004~0.9/0.032 | 0.016~0.545/0.092 | 0.0005~2.22/0.44 | 多数小于0.3,平均0.16 | 0.001~2.0/0.049 |
| 含气量/(m³/t) | 0.39~4.8 | 0.16~5.58 | 0.15~3.33 | 0.63~9.63 | 1.7~9.91 |
| 埋藏深度/m | 1800~4000 | 1700~3500 | 1200~3500 | 2250~3500 | 1200~4100 |
| 平均压力系数 | 1.02 | 1.02 | 1.02 | 1.55 | 0.35~1.02 |

为页岩气远景区、页岩气有利区和页岩气目标区，对应于页岩气调查评价的地质调查、选区评价和产能评价三个阶段选区结果。其中远景区包含有利区，有利区包含目标区，每一个选区作为页岩气资源评价的一个评价单元。

表 2-8 页岩气选区评价参数体系

| 主要参数 | 远景区 | 有利区 | 目标区 |
| --- | --- | --- | --- |
| 工作程度 | 地质调查 | 选区评价 | 产能评价（预探） |
| 页岩面积/km² | ≥500 | ≥100 | ≥50 |
| 页岩品质 | 富有机质（TOC＞1%）页岩连续厚度≥20 m，$R_o$=1%～3% | | |
| 泥页岩埋深/m | 500～6 000 | 1 000～5 000 | 1 000～4 500 |
| 总含气量/（m³/t） | — | ≥1.0 | ≥1.5 或测试获工业气流 |
| 资源评价方法 | 类比法或体积法 | 体积法 | 静态法 |
| 资源量/储量等级 | 地质资源量 | 预测地质储量 | 控制地质储量 |

评价单元的划分以沉积盆地或构造边界为基础，以富有机质页岩层段或含气页岩层段为目标，综合运用页岩的空间展布、有机地化、岩石矿物、储集性能、保存条件、岩石力学和含气性等地质评价参数，采用多因素叠合的办法确定。综合考虑鄂西地区页岩气勘查现状和形势，结合北美地区，以及国内焦石坝、长宁—威远等页岩气田的勘探开发情况，提出宜昌地区选区评价参数如下。

（1）远景区：埋深为 500～6 000 m，有效面积≥500 km²，富有机质页岩（TOC≥1.0%）层段连续厚度大于 20 m，平均含气量大于 0.5 m³/t 或 $R_o$ 介于 1.0%～3.0%的分布区。

（2）有利区：埋深为 1 000～5 000 m，有效面积≥100 km²，含气页岩（页岩含气量≥0.5 m³/t）层段连续厚度大于 20 m，平均含气量≥1 m³/t 的分布区。

（3）目标区（勘查靶区）：埋深在 1 000～5 000 m，有效面积≥50 km²，页岩气（含气量≥1 m³/t 的页岩）层段连续厚度大于 20 m，平均含气量≥1.5 m³/t 的分布区。

根据国家市场监督管理总局和国家标准化管理委员会联合发布的《油气矿产资源储量分类》（GB/T 19492—2020），根据参数优选圈定的页岩气远景区、有利区和目标区，采用相应的资源量计算方法计算的页岩资源量分别与地质资源量、预测地质储量和控制地质储量相当（表 2-8）。

（二）有利区优选与目标评价

**1. 有利区优选**

依据构造特征以天阳坪断裂和雾渡河断裂为界，根据多因素叠合法，在宜昌斜坡带东南缘圈定出的夷陵—点军震旦系页岩气有利区一个（图 2-32）。

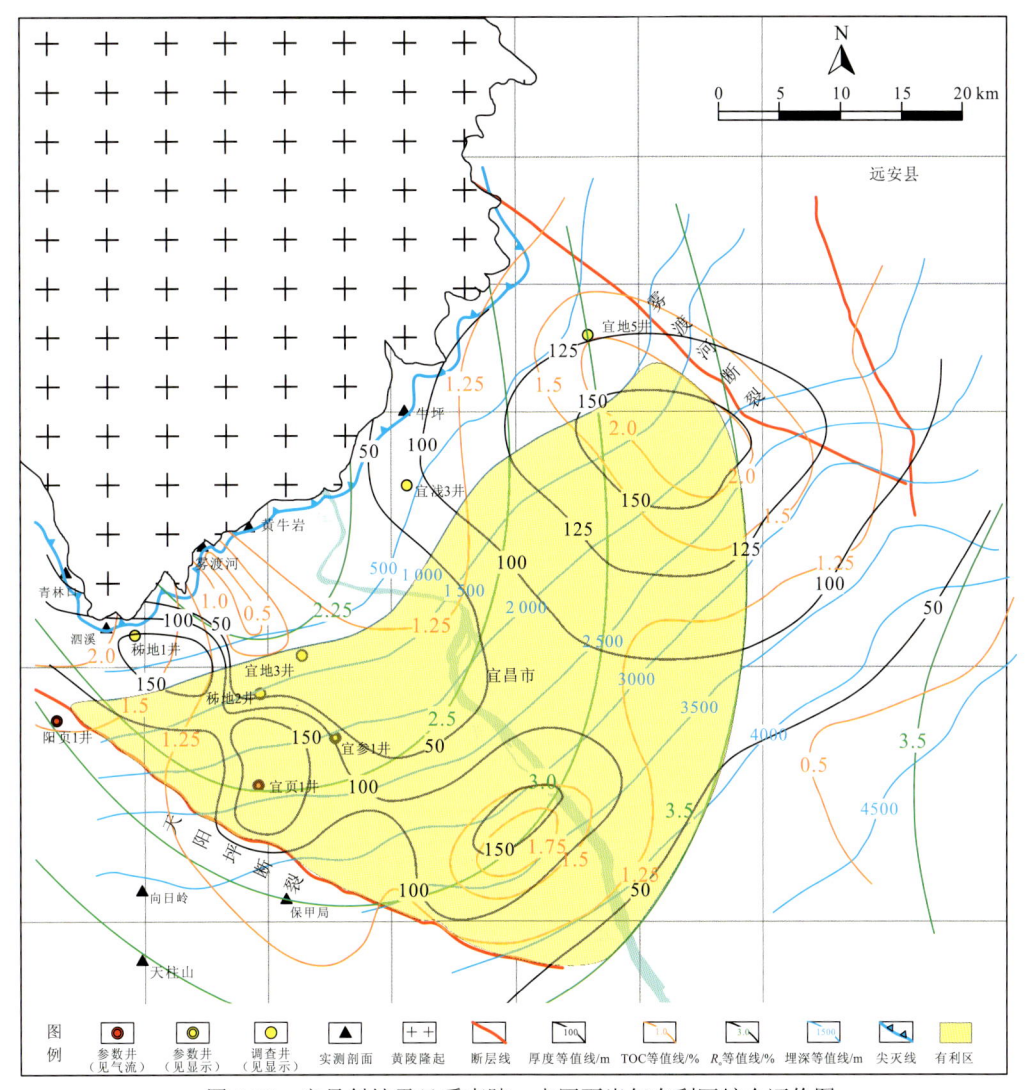

图 2-32 宜昌斜坡震旦系夷陵—点军页岩气有利区综合评价图

夷陵—点军有利区位于湖北省宜昌市市内，涉及宜昌市点军区、西陵区、夷陵区、伍家岗区、猇亭区和长阳土家族自治县。该有利区除西南靠近长阳为中低山地外，其他大部分为丘陵和平原，植被较为发育，海拔高度一般为 50～500 m。

夷陵—点军有利区构造上位于湘鄂西褶皱带北部的黄陵隆起区，位于背斜的南翼。该有利区西北边界为陡山沱组底界埋深 1 000 m 等值线，西南以天阳坪断裂为界，东北延伸至雾渡河断裂，东部以震旦系陡山沱组页岩 $R_o$=3.5% 为边界，面积合计为 1 290.08 km²。

区内钻穿震旦系陡山沱组页岩的参数井有宜页 1 井、阳页 1 井，地质调查井有秭地 2 井、宜地 3 井等。综合地表和钻井资料，区内震旦系陡山沱组页岩厚度为 50～150 m，含气量为 1.08～2.071 m³/t，平均大于 1 m³/t。页岩厚度区域上存在东北和南西两个厚度高值区。东北部临雾渡河断裂，其页岩厚度为 100～150 m。南西部临天阳坪断裂，其页岩厚度为 50～150 m；$R_o$ 具北低南高的展布特征，分布在 2.25%～2.50%。页岩 TOC 高值区分布于天阳坪断裂的东北侧及雾渡河的西南侧,分布在 1.25%~3.48%。陡山沱组埋深为 1 000~4 000 m,总体呈北浅南深的趋势。综合页岩埋深,富有机质页岩厚度、含气性或成熟度,夷陵-点军地区为震旦系页岩气有利区。

**2. 储层划分与评价**

为全面评价陡山沱组页岩气储层特征,依据宜页 1 井测井资料对震旦系陡山沱组页岩气储层进行了综合评价。根据 GR、TOC、孔隙度、含气量和脆性指数将宜页 1 井震旦系陡山沱组含气页岩划分为 6 层(表 2-9)。

表 2-9 宜页 1 井震旦系陡山沱组页岩气储层划分与评价

| 层 | 井段/m | 厚度/m | GR/gAPI | TOC/% | 有效孔隙度/% | 含气量/(m³/t) | 脆性指数/% | 评价 |
|---|---|---|---|---|---|---|---|---|
| 1 | 2 237.5~2 279.0 | 41.5 | 29.1 | 0.1~3.1/0.8 | 0.4~2.8/1.5 | 0.1~2.8/1.1 | 87.9 | 差 |
| 2 | 2 284.0~2 302.0 | 18.0 | 29.8 | 0.1~2.5/1.0 | 0.6~2.2/1.4 | 0.4~2.4/1.1 | 88.0 | 差 |
| 3 | 2 305.5~2 346.0 | 40.5 | 31.1 | 0.1~3.4/1.1 | 0.2~2.8/1.4 | 0.1~3.1/1.2 | 87.5 | 差 |
| 4 | 2 346.0~2 361.0 | 15.0 | 29.1 | 0.2~3.2/1.6 | 1.2~3.0/2.0 | 0.7~3.3/1.9 | 87.9 | 中 |
| 5 | 2 363.2~2 375.2 | 12.0 | 36.9 | 0.1~2.3/1.1 | 0.4~3.0/2.0 | 0.1~2.5/1.6 | 89.6 | 中 |
| 6 | 2 383.3~2 392.0 | 8.7 | 37.3 | 0.1~1.7/0.8 | 0.5~2.6/1.4 | 0.1~1.9/1.0 | 88.0 | 差 |

注:表中 TOC、有效孔隙度、含气量为最小值~最大值/平均值。

从宜页 1 井的测井结果来看,宜昌地区震旦系陡山沱组页岩以白云岩为主,局部夹薄层的钙质页岩、硅质钙质页岩及钙质硅质页岩,具有低伽马值、高白云石含量、非均质性强的特点。从 TOC 与含量的相关性分析来看,页岩的含气性与 TOC 关系明显(图 2-33),有机质热解应是页岩气的主要来源。对该井按照 2 m 间距等距离采样进行 TOC 测试,在井深 2 286~2 290 m、2 346~2 348 m、2 366~2 372 m 见 TOC>1%的富有机质页岩(硅质钙质页岩及钙质硅质页岩),TOC 最高为 1.76%。除顶部 2 286~2 266 m 井段的 TOC<0.5%外,其余井段 TOC 均分布在 0.5%~1%。全井段含气页岩 TOC 为 0.423%~1.729%,平均为 0.799%。TOC 不高可能是这口井陡山沱组页岩含气量不高的关键原因。宜页 1 井现场解吸气总含气量为 0.394~2.00 m³/t,平均为 1.03 m³/t。

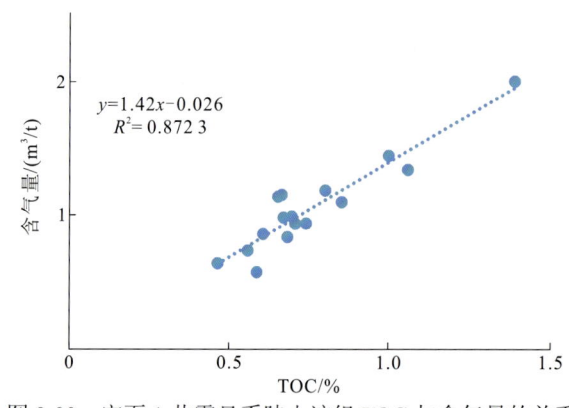

图 2-33 宜页 1 井震旦系陡山沱组 TOC 与含气量的关系

虽然 TOC 决定页岩的含气性，但据 Yang 等（2010）对秭地 1 井、秭地 2 井和阳页 1 井震旦系陡山沱组不同岩相类型页岩的孔隙特征的研究结果，陡山沱组的硅质页岩有机质最高，但混合质页岩的孔体积最高，其次是钙质页岩。从已有钻井资料可知，硅质含量最高的陡山沱组四段几乎不含气，硅质含量较高的陡山沱组底部页岩虽然含气，但不是含气量最好的层位，推测决定陡山沱组页岩纳米孔隙发育特点的有机质含量和有机质类型二者共同决定页岩的含气性。从页岩硅质含量和含气性特点的相关性来看，地层中过高的硅质成分可能与地层的热液活动有关，热液活动在造成有机质含量升高的同时，对有机质的孔隙产生破坏，不利于页岩气的储层。因此，硅质含量在一定程度上可能是决定页岩气储层品质的另一重要指标。

目前阳页 1 井地球化学指标相对较好，且已经压裂试气获得工业气流。阳页 1 井的陡山沱组页岩 TOC 分布在 0.18%～5.84%，集中于 1.02%～2.65%，平均为 1.78%。陡山沱组岩心解吸样 45 个，现场解吸气含气量为 0.02～2.21 $m^3/t$，损失气含气量为 0.07～2.73 $m^3/t$，总含气量为 0.12～4.8 $m^3/t$。本书将页岩 TOC>3%、含气量>4.0 $m^3/t$ 的地层作为陡山沱组页岩气的 I 类储层，0.5% 和 0.5 $m^3/t$ 作为页岩气储层 TOC 和含气量的下限。参考宜页 1 井、阳页 1 井、秭地 1 井、秭地 2 井、宜地 3 井、宜地 5 井震旦系陡山沱组二段页岩地球化学、储层物性和含气性统计结果，宜昌地区震旦系陡山沱组页岩气储层划分和评价参数如表 2-10 所示。

表 2-10　宜昌地区震旦系陡山沱组页岩气储层划分与评价参数

| 储层类型 | TOC/% | 硅质体积分数/% | 孔隙度/% | 含气量/($m^3/t$) |
| --- | --- | --- | --- | --- |
| I类 | ≥3 | 30～40 | ≥4.5 | ≥4.0 |
| II类 | 3～2 | 25～35 | 3.5～4.5 | 4.0～2.5 |
| III类 | 2～1 | 20～30 | 2.5～3.5 | 2.5～1.5 |
| IV类 | 1～0.5 | 15～25 | 1.0～2.5 | 1.5～0.5 |

按照上述储层划分与评价标准，宜页 1 井震旦系陡山沱组含气页岩厚度为 126 m，以 IV 类储层为主，累计厚度为 110 m。局部层段发育 III 类储层，累计厚度约为 15 m。宜昌地区震旦系陡山沱组页岩气的 I 类和 II 类储层主要见于宜页 1 井西北部的秭地 1 井、秭地 2 井和阳页 1 井一带。该地震旦系陡山沱组页岩气藏中，I 类和 II 类储层占含气页岩的 26%，III 类储层占比为 43%，证明宜昌斜坡主体为震旦系陡山沱组页岩气有利区，震旦系陡山沱组页岩气的勘探甜点位于宜昌斜坡西翼秭归、长阳一带。

## 六、页岩气资源潜力

（一）资源评价方法及实用性分析

常见的资源评价方法有类比法、概率体积法和静态法。远景区资源量缺乏计算参数，一般采用类比法进行。宜昌地区页岩气有利区的油气调查工作程度较高，有含气性资料，可选取概率体积法进行资源评价。概率体积法是根据含气页岩的厚度、面积、密度和含气量计算页岩气资源量的快速直接的评价方法。若页岩气目标区调查工作程度高，各类测井资料齐备，除概率体积法外，还可采用地质储量的静态法计算单井控制页岩气地质资源量，然后采用单井估算法计算评价区页岩气资源量。由于宜昌地区构造稳定、自然地理条件和勘探目标区页岩气地质条件优越，目前实施的评价井成井率为100%，本节资源量计算暂未考虑成井率，采用勘探目标区中已有评价井获得的相关参数的平均值进行资源量计算。

**1. 概率体积法**

概率体积法资源量计算公式为

$$Q = S \cdot H \cdot \rho \cdot T_{gas}/100$$

式中：$Q$ 为泥岩资源量；$S$ 为评价单元有效面积；$H$ 为页岩厚度；$\rho$ 为泥岩密度；$T_{gas}$ 为泥岩含气量。

评价单元有效面积：泥页岩埋深 1 000～5 000 m 为有效面积，扣除生态红线区、剥蚀区及埋深>5 000 m 区域后含气泥页岩有效面积。

页岩厚度：以富含有机质泥页岩为主的含气层段，内部可以有砂岩类、碳酸盐岩类夹层，有机碳达到起算标准（TOC>1.0%）的泥页岩累计厚度一般大于 30 m。通过蒙特卡罗法获得黑色页岩厚度 $Q_5$、$Q_{25}$、$Q_{50}$、$Q_{75}$、$Q_{95}$ 概率分布。

含气页岩的体积（$V=S \cdot H$）：采用已有的黑色页岩厚度资料，编制厚度等值线图，并将该图输入电脑，结合面积，通过三维建模分别获得江南区块和江北区块的黑色页岩的体积。

页岩密度：以岩石样品密度实测值（真密度）为代表，求取含气泥页岩层段不同深度采样点岩石密度测试值的算术平均值，作为本区页岩气资源量计算中页岩密度。该值为宜页 1 井测井均值。

泥岩含气量：采用已有钻井获得的实测含气量，通过蒙特卡罗法获得 $Q_5$、$Q_{25}$、$Q_{50}$、$Q_{75}$、$Q_{95}$ 概率分布。

**2. 静态法**

依据地质矿产行业标准《页岩气资源/储量计算与评价技术规范》（DZ/T 0254—2014），页岩气总地质储量为游离气、吸附气和溶解气的地质储量之和。当页岩层段中不含原油时则无溶解气地质储量。页岩气地质储量（资源量）为

$$G_z = G_x + G_y + G_s$$

式中：$G_z$ 为页岩气地质储量；$G_x$ 为吸附气地质储量；$G_y$ 为游离气地质储量；$G_s$ 为溶解气地质储量。

1）吸附气地质储量计算方法

计算页岩层段中吸附在泥页岩黏土矿物和有机质表面的吸附气地质储量时，采用体积法：

$$G_x = 0.01 A_g h \rho_y C_x / Z_i$$

式中：$A_g$ 为含气面积；$h$ 为有效厚度；$\rho_y$ 为岩石密度；$C_x$ 为吸附气含气量；$Z_i$ 为原始气体偏差系数。

## 2)游离气地质储量计算方法

计算页岩层段中储集在页岩基质孔隙和夹层孔隙中的游离气地质储量时,采用容积法:

$$G_y = 0.01 A_g h \varphi S_{gi} / B_{gi}$$

式中:$\varphi$ 为有效孔隙度;$S_{gi}$ 为含义饱和度;$B_{gi}$ 为原始页岩气体积系数,$B_{gi} = P_{sc} Z_i T / P_i T_{sc}$,$P_{sc}$ 为地面标准压力,$P_i$ 为原始地层压力,$T_{sc}$ 为地面标准温度。

## 3)溶解气地质储量计算方法

当页岩层段含有原油时,采用容积法计算溶解气地质储量,计算方法与常规油气相同,见《石油天然气储量计算规范》(DZ/T 0217—2005)的 5.3.1。计算公式为

$$G_s = 10^{-4} N R_{si}$$

式中:$N$ 为原油地质储量;$R_{si}$ 为原始溶解气油比。

### (二)夷陵—点军有利区页岩气资源潜力

#### 1. 评价参数选取

根据选区和选区评价结果,夷陵—点军震旦系页岩气有利区分布面积为 1 290.08 km²,埋深为 1 000~4 000 m,TOC>1%的暗色页岩厚度预测为 50~150 m。其中宜页 1 井实钻目的层陡山沱组厚 123 m;TOC 为 1.1%~8.42%,平均为 1.13%;$R_o$ 为 2.06%~2.66%,平均为 2.29%;现场解吸气含气量为 1.08~2.0 m³/t。宜参 1 井实钻目的层陡山沱组 TOC>1%页岩厚度为 118.19 m;TOC 1.3%~4.0%,平均为 1.92%;现场解吸气含气量平均为 2.07 m³/t。宜地 3 井实钻目的层陡山沱组厚 61 m;现场解吸气含气量为 1.04~2.07 m³/t,平均为 1.44 m³/t。岩石密度平均为 2.65 g/cm³;含气量取值依据参数井和地质调查井实钻结果,并参考阳页 1 井总含气量为 0.12~4.8 m³/t,本小节评价含气量为 1.08~2.07 m³/t。

#### 2. 资源评价方法和评价结果

根据勘查程度,采用概率体积法(含气量二维随机变量法)进行资源评价工作。$Q_{50}$ 页岩气地质资源总量为 5 946.90×10⁸ m³,地质资源丰度为 4.61×10⁸ m³/km²(表 2-11)。

表 2-11 震旦系夷陵—点军有利区页岩气资源评价参数赋值表

| 参数 | | $Q_5$ | $Q_{25}$ | $Q_{50}$ | $Q_{75}$ | $Q_{95}$ |
| --- | --- | --- | --- | --- | --- | --- |
| 体积参数 | 面积/km² | \multicolumn{5}{c}{1 290.08} | | | | |
| | 有效厚度/m | 158.21 | 130.73 | 95.87 | 72.18 | 28.85 |
| 含气量参数 | 总含气量/(m³/t) | 2.37 | 2.07 | 2.00 | 1.44 | 1.28 |
| 其他参数 | TOC/% | \multicolumn{5}{c}{2.0~3.0} | | | | |
| | 页岩密度/(t/m³) | \multicolumn{5}{c}{2.65} | | | | |
| | 可采系数/% | \multicolumn{5}{c}{15} | | | | |
| 地质资源量/(×10⁸ m³) | | 10 058.30 | 7 551.21 | 5 946.90 | 3 137.91 | 1 163.38 |
| 地质资源丰度/(×10⁸ m³/km²) | | 7.80 | 5.85 | 4.61 | 2.43 | 0.90 |

## 3. 资源深度分布特征

根据不同埋深对夷陵—点军区震旦系页岩气有利区资源进行了划分，分为1 000～2 000 m、2 000～3 000 m、3 000～4 000 m和4 000～5 000 m 4个资源深度分布类型，计算的本区资源量分别为 1 841.85×10$^8$ m$^3$、2 216.17×10$^8$ m$^3$、1 682.97×10$^8$ m$^3$ 和 205.89×10$^8$ m$^3$，其中，深度2 000～3 000 m的资源量最多，深度大于5 000 m资源量由于技术、经济尚未达到勘探开发要求而未纳入本次计算。

# 第三节　灯影组天然气地质特征

## 一、天然气储集特征

### （一）孔渗特征

灯影组整体为厚层白云岩，在宜昌地区发育台缘礁相储层和台内滩相储层，加之灯影组顶部岩溶作用极为发育，因此，灯影组是宜昌地区乃至中-上扬子区最重要的常规油气储层。

本书对宜地3井、宜地4井和宜地5井灯影组储层孔渗性特征进行研究，对灯影组碳酸盐岩储层系统钻取柱栓样，依据《岩石毛管压力曲线的测定》（SY/T 5346—2005）进行压汞测试，少部分样品由于柱栓存在裂缝，采用气测稳态法测试其孔隙度。灯影组取样35块，其中灯一段2块、灯二段15块、灯三段18块。

常规物性测试结果（表2-12）表明，灯三段孔隙度为2.2%～21.0%，平均为9.33%。孔隙度主要集中在2%～8%和8%～21%，分别占总样品数的44.4%和55.5%，孔隙度表现出单峰分布的特征，峰值为12%左右。灯三段渗透率介于0.004 3～17.53 mD，平均约为1.75 mD。渗透率主要集中在小于1 mD的区间内，占总样品数的66.67%，其次是1～20 mD，占总样品数的33.33%。个别样品由于裂缝发育，渗透率高达17.53 mD。从岩性上来看，样品岩性主要为溶孔白云岩，溶孔白云岩平均孔隙度为9.31%，平均渗透率为0.39 mD。藻类生物发育直接影响储层物性，溶孔发育，物性较好，反之亦然。总体上看，灯三段储层孔属于中-低孔中渗碳酸盐岩储层。

表2-12　宜地3井灯影组碳酸盐岩储层物性数据表

| 采样编号 | 渗透率/mD | 孔隙度/% | 深度/m | 岩性 | 层位 |
| --- | --- | --- | --- | --- | --- |
| D3-Φ01 | 0.003 6 | 0.50 | 826.70 | 溶孔白云岩 | 水井沱组 |
| D3-Φ02 | 0.004 3 | 4.10 | 844.95 | 溶孔白云岩 | 灯三段 |
| D3-Φ03 | 0.019 8 | 3.70 | 854.65 | 溶孔白云岩 | 灯三段 |
| YD3J-17 | 1.440 0 | 4.12 | 857.95 | 灰色白云岩 | 灯三段 |
| YD3J-16 | 0.563 0 | 5.83 | 898.95 | 灰色白云岩 | 灯三段 |

续表

| 采样编号 | 渗透率/mD | 孔隙度/% | 深度/m | 岩性 | 层位 |
|---|---|---|---|---|---|
| D3-Φ04 | 0.200 7 | 12.00 | 906.10 | 溶孔白云岩 | 灯三段 |
| D3-Φ05 | 0.107 4 | 6.45 | 913.50 | 藻黏结溶孔白云岩 | 灯三段 |
| D3-Φ06 | 2.330 0 | 17.40 | 920.85 | 溶孔白云岩 | 灯三段 |
| D3-Φ07 | 17.530 0 | 8.00 | 931.85 | 含溶孔鲕粒白云岩 | 灯三段 |
| D3-Φ08 | 0.018 0 | 9.60 | 947.75 | 溶孔白云岩 | 灯三段 |
| D3-Φ09 | 0.167 5 | 6.97 | 951.80 | 溶孔白云岩 | 灯三段 |
| D3-Φ10 | 0.005 5 | 2.20 | 964.45 | 含溶孔砂屑白云岩 | 灯三段 |
| D3-Φ11 | 2.520 0 | 8.51 | 979.60 | 纹层状白云岩 | 灯三段 |
| D3-Φ12 | 0.009 7 | 10.77 | 1 001.95 | 砂屑白云岩 | 灯三段 |
| YD3J-14 | 0.190 0 | 4.85 | 1 002.15 | 灰白色白云岩 | 灯三段 |
| D3-Φ13 | 0.224 8 | 20.10 | 1 004.95 | 含溶孔粉晶白云岩 | 灯三段 |
| D3-Φ14 | 0.015 0 | 11.40 | 1 011.60 | 溶孔白云岩 | 灯三段 |
| D3-Φ15 | 2.290 0 | 10.90 | 1 018.90 | 灰色砂屑白云岩 | 灯三段 |
| D3-Φ16 | 3.910 0 | 21.00 | 1 034.25 | 灰色砂屑白云岩 | 灯三段 |
| D3-Φ17 | 22.090 0 | 16.00 | 1 047.45 | 致密灰岩 | 灯二段 |
| D3-Φ18 | 0.064 8 | 11.70 | 1 061.35 | 灰白色细晶白云岩 | 灯二段 |
| YD3J-12 | 0.567 0 | 10.70 | 1 069.95 | 灰白色砂屑灰岩 | 灯二段 |
| D3-Φ19 | 1.220 0 | 2.40 | 1 071.80 | 纹层状溶孔白云岩 | 灯二段 |
| D3-Φ20 | 0.004 4 | 1.20 | 1 088.00 | 灰色砂屑白云岩 | 灯二段 |
| D3-Φ21 | 18.460 0 | 5.80 | 1 115.40 | 溶孔白云岩 | 灯二段 |
| D3-Φ22 | 105.004 0 | 16.30 | 1 125.25 | 灰色岩溶角砾岩 | 灯二段 |
| D3-Φ23 | 0.032 0 | 6.80 | 1 150.38 | 灰白色粉晶溶孔白云岩 | 灯二段 |
| D3-Φ24 | 0.006 4 | 0.80 | 1 153.50 | 灰色砂白云岩 | 灯二段 |
| D3-Φ25 | 0.187 0 | 1.40 | 1 173.8 | 灰白色含溶孔白云岩 | 灯二段 |
| YD3J-8 | 0.005 7 | 1.07 | 1 276.55 | 灰色砂屑灰岩 | 灯二段 |
| D3-Φ26 | 0.005 6 | 0.10 | 1 373.55 | 灰色泥晶白云岩 | 灯二段 |
| D3-Φ27 | 0.009 6 | 3.37 | 1 377.50 | 深灰色泥质条带灰岩 | 灯二段 |
| YD3J-7 | 0.004 1 | 3.05 | 1 382.65 | 灰色砂屑灰岩 | 灯二段 |
| D3-Φ28 | 0.021 3 | 1.20 | 1 405.80 | 深灰色泥晶灰岩与亮晶灰岩互层 | 灯二段 |
| D3-Φ29 | 0.005 4 | 0.10 | 1 440.00 | 灰色细晶白云岩 | 灯一段 |
| D3-Φ30 | 0.438 6 | 1.97 | 1 449.25 | 灰色纹层状白云岩 | 灯一段 |
| YD3J-6 | 0.043 7 | 2.30 | 1 457.75 | 灰白色白云岩 | 陡四段 |
| D3-Φ31 | 0.004 0 | 0.70 | 1 460.00 | 纹层状细晶白云岩 | 陡三段 |
| YD3J-4 | 0.004 5 | 1.25 | 1 483.66 | 灰色鲕粒灰岩 | 陡三段 |

灯二段的孔隙度为 0.1%~16.3%，平均约为 5.46%。孔隙度主要集中在小于 6% 的区间内，占总样品数的 66.67%。渗透率为 0.004 1~105.004 mD，平均约为 9.85 mD。渗透率主要集中在小于 0.2 mD 的区间内，占总样品数的 66.67%。灯二段储层局部受溶孔和裂缝的影响，个别样品孔隙度高达 16.3%，渗透率高达 105 mD。

灯一段测试数据较少，孔隙度为 0.1%~1.97%，平均约为 1.035%，渗透率为 0.005 4~0.438 6 mD，平均约为 0.222 mD，属于低孔低渗储层，溶孔和裂缝不发育。

根据《碳酸盐岩储层精细描述方法》（SY/T 6286—1997）油气储层评价方法中圈闭评价阶段储层评级方法（表 2-13），总体来看，灯三段属于中-低孔低渗碳酸盐岩储层，灯二段属于低孔特低渗碳酸盐岩储层，而灯一段属于特低孔特低渗碳酸盐岩储层（表 2-12）。

表 2-13 碳酸盐岩储层类型划分标准

| 划分依据 | 划分标准 | | | | |
|---|---|---|---|---|---|
| 厚度/m | >10 | 5~10 | 2~5 | 1~2 | <1 |
| | 特厚层 | 厚层 | 中厚层 | 薄层 | 特薄层 |
| 孔隙度/% | >20 | 12~20 | 4~12 | <4 | |
| | 高孔 | 中孔 | 低孔 | 特低孔 | |
| 渗透率/mD | >100 | 10~100 | 1~10 | <1 | |
| | 高渗 | 中渗 | 低渗 | 特低渗 | |
| 孔隙 $D1$/mm | 0.1~2 | 0.01~0.1 | <0.01 | — | |
| | 粗孔 | 细孔 | 微孔 | — | |
| 洞穴 $D2$/mm | >100 | 10~100 | 5~10 | 2~5 | |
| | 巨洞 | 大洞 | 中洞 | 小洞 | |
| 喉道宽度/半孔 $D3$/mm | >0.001 | 0.000 2~0.001 | 0.000 03~0.000 2 | 0.000 03 | |
| | 大喉 | 中喉 | 小喉 | 微喉 | |
| 裂缝开度/mm | >100 | 5~100 | 1~5 | 0.1~1 | <0.1 |
| | 巨缝 | 大缝 | 中缝 | 小缝 | 微缝 |

根据对宜地 3 井灯影组储层的观察结果，灯影组储层在岩性上为鲕粒灰岩、砾屑灰岩，滑塌构造发育，属于典型台缘浅滩-台缘斜坡相沉积。井深 836~1 243 m 灯三段共厚 407 m，为厚层溶孔状泥晶-粉晶白云岩，溶孔极为发育。溶孔包括晶间溶孔、粒内溶孔、晶间溶孔、缝合线溶孔等。溶孔沿层面分布，多见不规则长椭圆状溶孔，表现出表生岩溶作用的特点。部分溶孔中可见沥青，表明该层段发生过大规模的油气充注。灯一段为一套鲕粒白云岩、粒屑白云岩，为浅滩相沉积环境，属高能相带。灯一段孔隙度最大为 11.00%，平均为 8.26%，渗透率最大为 $7.72\times10^{-3}$ μm$^2$，平均为 $3.66\times10^{-3}$ μm$^2$。灯三段为厚层白云岩，孔隙度最大为 6.40%，平均为 3.60%，渗透率平均为 0.41 mD，属于低孔特低渗储层。

## （二）储层孔隙结构特征

**1. 毛管压力曲线特征**

根据宜地 3 井的毛管压力曲线形态特征，将其划分为三种类型（图 2-34）。

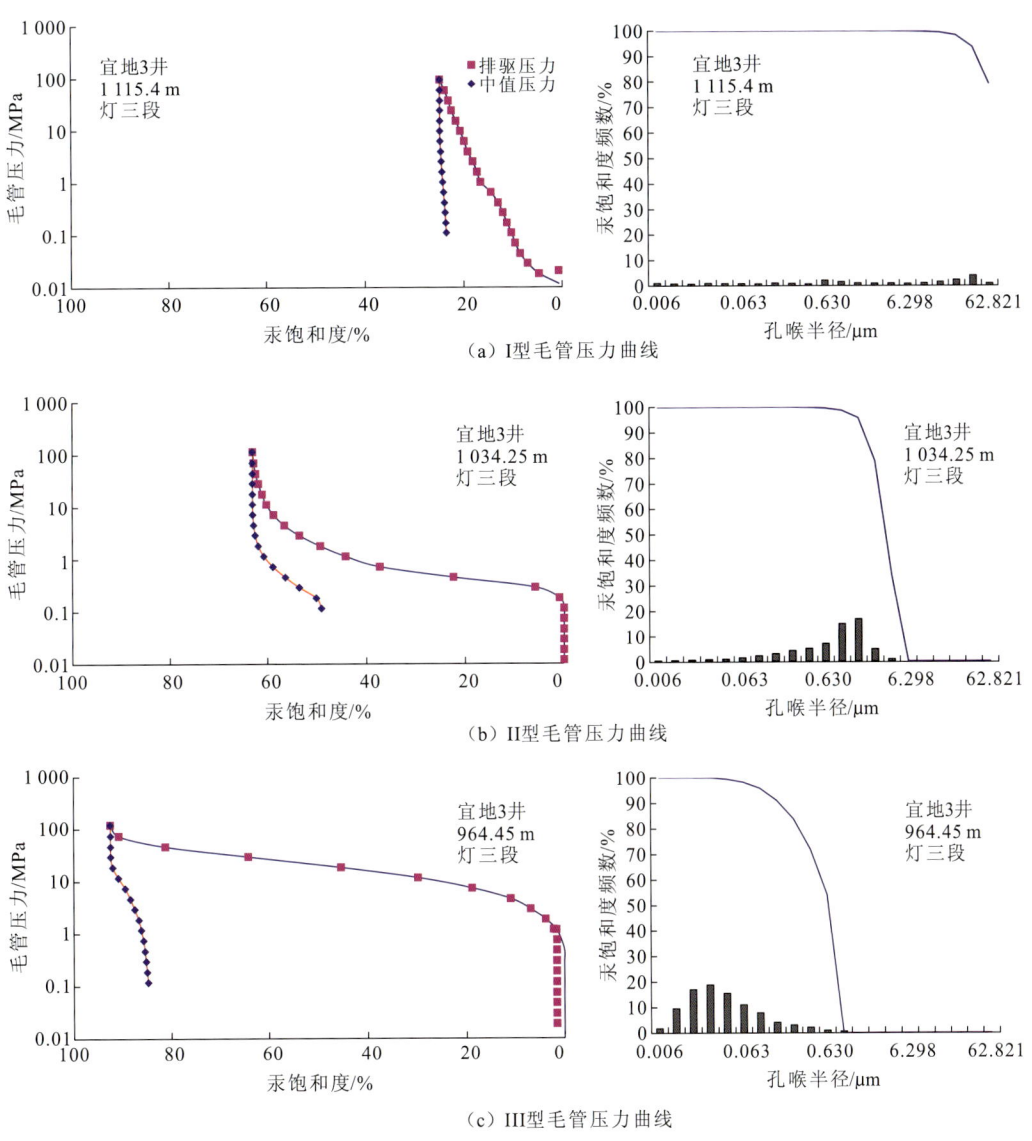

图 2-34 宜地 3 井典型压汞压力曲线特征图

I 型毛管压力曲线：特征是具特低排驱压力、较低的中值压力、较高的汞饱和度（66%～90%），喉道宽度为大喉，曲线上见又低又平的角度段，基本上是样品含有裂缝裂纹或溶孔造成的[图 2-34（a）]。

II 型毛管压力曲线：特征是具中等排驱压力、中等的中值压力、中等汞饱和度（50%～

80%），喉道宽度为中-小喉，少平坦段或低角度段，分选较差[图2-34（b）]。

Ⅲ型毛管压力曲线：特征是具高排驱压力、低汞饱和度（10%~50%），一般未达到中值，喉道宽度为微喉，曲线形态高陡，分选差[图2-34（c）]。

上述三类毛管压力曲线在灯影组第一段和第三段所测样品中均有出现，但比例不同。其中，灯三段Ⅰ型毛管压力曲线6块，样品溶孔均发育，岩性也以细晶和砂屑云岩为主，储层物性较好。Ⅱ型毛管压力曲线8块，溶孔较发育。Ⅲ型毛管压力曲线1块，样品溶孔均不发育，以粉晶和灰质白云岩为主，物性较差。灯二段Ⅰ型毛管曲线4块，样品溶孔均发育，储层物性较好。Ⅱ型毛管曲线1块，样品溶孔和裂缝发育。Ⅲ型毛管压力曲线不发育。

**2. 孔隙结构参数分析**

对于低渗透性储层（渗透率小于1 mD），仅利用孔隙度和渗透率数据无法正确评价储层的性质，必须研究岩石的孔隙结构。储层的储集性能很大程度上是由储层的孔隙结构控制的。储层的孔隙结构越好，储集性能就越好（表2-14）。

表2-14 灯影组压汞参数统计表

| 压汞参数 | 灯三段 | 灯二段 |
| --- | --- | --- |
| 饱和度中值压力/MPa | 1.14~75.9/24.6 | — |
| 排驱压力/MPa | 0.01~2.0/0.38 | — |
| 孔喉半径>0.075 μm占比/% | 8.45~66.81/34.42 | 8.58~49.63/24.19 |
| 孔喉半径>0.2 μm占比/% | 2.48~62.4/27.01 | 8.32~43.17/20.25 |
| 平均孔喉半径/μm | 0.079~21.77/5.23 | 1.19~4.78/2.5 |
| 50%孔喉半径/μm | 0.01~0.643/0.183 | — |
| 喉道分选系数 | 1.72~5.33/4.04 | 3.62~5.68/4.82 |
| 孔喉歪度 | 0.95~2.8/1.81 | 1.81~2.07/1.9 |

注：表中数值为最小值~最大值/平均值。

（1）饱和度中值压力（$P_{c50}$）。灯三段测到饱和度中值压力为1.14~75.90 MPa，平均为24.6 MPa。主要是因为Ⅱ型毛管压力曲线较多，裂缝不发育，故数值偏大。灯二段$P_{c50}$未测出，因为均未达到50%的汞饱和度。

（2）排驱压力（$P_d$）。灯三段排驱压力为0.01~2.00 MPa，平均为0.38 MPa，总体较小，储层物性好。

（3）最大孔喉半径。分别统计孔喉半径>0.075 μm和孔喉半径>0.2 μm的占比。灯三段孔喉半径>0.075 μm的孔隙占比为8.45%~66.81%，平均为34.42%；孔喉半径>0.2 μm的孔隙占比为2.48%~62.4%，平均为27.01%。灯二段孔喉半径>0.075 μm的孔隙占比为8.58%~49.63%，平均为24.19%；孔喉半径>0.2 μm的孔隙占比为8.32%~

43.17%，平均为 20.25%。比较而言，灯三段孔喉半径>0.075 μm 和孔喉半径>0.2 μm 的孔隙占比均比灯二段多。表明灯三段整体孔喉较大，储层物性较好。

（4）平均孔喉半径（$R$）：灯三段平均孔喉半径为 0.079～21.77 μm，平均为 5.23 μm；灯二段平均孔喉半径为 1.19～4.78 μm，平均为 2.5 μm。根据喉道分级标准，灯三段和灯二段均属于粗喉道，且灯影组第三段平均孔喉半径较灯二段明显偏大，主要是由溶孔因素造成的。灯二段最大孔喉半径平均值小，反映其岩性致密。

（5）喉道分选系数：按喉道分选系数评价标准，灯三段喉道分选系数为 1.72～5.33，平均为 4.04，分选差；灯二段喉道分选系数为 3.62～5.68，平均为 4.82，同样分选较差。

（6）孔喉歪度。孔喉歪度表示孔喉频率分布的对称参数，反映众数相对的位置，众数偏粗孔喉一端称粗歪度，偏于细孔喉端为细歪度。表示喉道分布相对于平均值来说是偏于大喉或偏于小喉。好的储集岩的孔喉歪度为正值，大多在 0.25～1，而差的储集岩孔喉歪度则都是负值。灯三段孔喉歪度为 0.95～2.80，平均为 1.81；灯二段孔喉歪度为 1.81～2.07，平均为 1.9。两层系孔喉歪度系数接近。

**3. 孔隙结构评价**

据孔隙结构分类评价原则，即以中值喉道半径为主要因素，结合孔径大小、孔与喉的组合关系，将碳酸盐岩孔隙结构划分为好、较好、中等、差 4 类（表 2-15）。

表 2-15 孔隙结构评价标准表

| 评价参数 | 差 | 中等 | 较好 | 好 |
| --- | --- | --- | --- | --- |
| 中值孔喉半径/μm | <0.024 | 0.024～0.2 | 0.2～1.0 | >1.0 |
| 平均孔喉半径/μm | <10 | 10～100 或 100～1 000 | 10～100 或 100～1 000 | 100～1 000 |
| 喉道组合类型 | 微孔微喉 | 粗孔小喉细孔小喉 | 粗孔中喉细孔中喉 | 粗孔大喉 |

综上所述，灯三段储层的孔隙度统计峰值约为 12%，渗透率主要集中在小于 1 mD，平均饱和度中值压力为 24.6，平均排驱压力为 0.38 MPa，平均喉道半径为 1.81 μm，饱和度中值平均孔喉半径为 5.23 μm，溶孔发育，总体上以粗孔微喉为主，储层连通性差，需要施加地层改造。灯二段储层的孔隙度主要集中在小于 6%，渗透率平均约为 11.07 mD，渗透率主要集中在小于 $0.2\times10^{-3}$ μm$^2$，平均喉道半径为 2.5 μm，总体上以中微喉为主，属差结构类型。

（三）储集空间类型

碳酸盐岩储层分类受到岩相、成岩、构造、流体等多方面的控制，根据储层成因机理、主要储集空间类型和岩石特征将碳酸盐岩储层分为礁滩型储层、岩溶型储层、裂缝性储层、白云岩储层 4 种类型。根据灯三段的研究结果，宜昌地区灯影组的储集空间主要有溶孔、颗粒溶孔和微裂缝等。

## 1. 溶孔

根据溶洞直径，溶孔可划分为小洞（2～5 mm）、中洞（5～20 mm）、大洞（>20 mm）三类。其中大洞涵盖的范围太广，从 20 mm 到几十米，没有体现出孔洞和洞穴的差异。

溶孔（晶洞）是灯三段主要的原生孔隙空间，主要发育在藻砂屑白云岩、藻叠层白云岩及藻球粒白云岩中，少量见于细晶白云岩（图 2-35）。岩心中晶洞呈串珠状，孔径最大可达 2.5 cm[图 2-35（a）]。镜下观察，孔洞内多期充填亮晶白云石或硅质胶结，白云石向中心生长，晶体明亮粗大，孔径最大可达 5 mm，个别晶洞内被有机质-白云石、有机质-石英-白云石、有机质-白云石-方解石等多期充填[图 2-35（f）]。

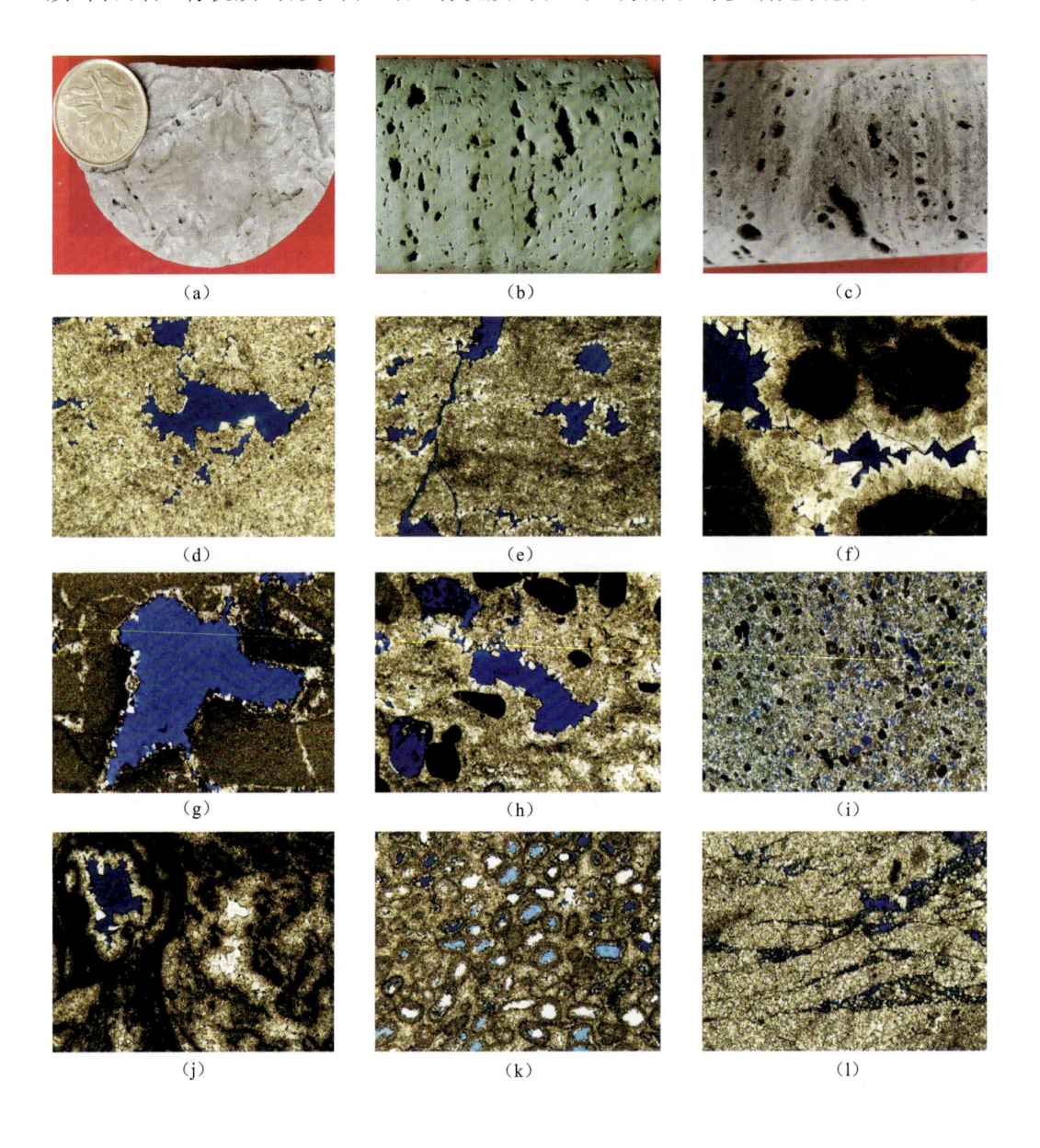

（a）

（b）

（c）

（d）

（e）

（f）

（g）

（h）

（i）

（j）

（k）

（l）

（m） （n） （o）

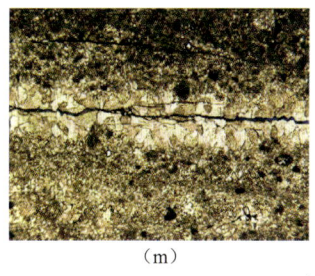

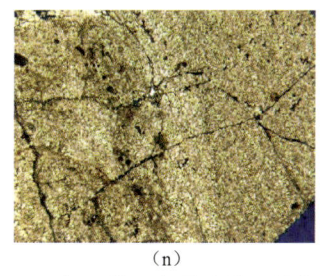

图 2-35 灯三段（白马沱段）储集空间

(a) 灰色藻黏结白云岩中晶洞，孔径最大可达 2.5 cm，宜地 3 井，844.82 m，岩心；(b) 溶孔藻砂屑白云岩中晶洞，呈串珠状顺层展布，孔径最大可达 5 mm，宜地 3 井，920.8 m，岩心；(c) 深灰色溶孔藻白云岩中晶洞，宜地 5 井，871.58 m，岩心；(d) 深灰色细晶溶孔白云岩中晶洞，宜地 5 井，762.5 m，单偏光 25 倍；(e) 灰色藻黏结白云岩中晶洞+晶间孔，孔洞边缘亮晶或硅质胶结，宜地 3 井，844.82 m，单偏光 25 倍；(f) 含溶孔藻球粒藻砂屑白云岩中晶间孔+晶洞，孔径最大可达 5 mm，局部见晶间溶孔，宜地 3 井，882.35 m，单偏光 25 倍；(g) 溶孔藻砂屑白云岩中晶洞+晶间孔，宜地 3 井，920.8 m，单偏光 25 倍；(h) 藻砂屑溶孔白云岩中粒间孔+晶洞，宜地 3 井，941 m，单偏光 25 倍；(i) 含溶孔粉晶藻砂屑白云岩中粒内孔+晶洞，宜地 3 井，1 004.95 m，单偏光 25 倍；(j) 深灰色溶孔藻白云岩中晶洞，宜地 5 井，871.58 m，单偏光 25 倍；(k) 灰色藻球粒黏结格架溶孔白云岩，宜地 5 井，884.26 m，单偏光 50 倍；(l) 灰色碎裂晶白云岩中微裂缝，宜地 3 井，1 125.25 m，单偏光 50 倍；(m) 灰色粉晶白云岩中微裂缝，宜地 3 井，1 108.9 m，单偏光 25 倍；(n) 灰色含溶孔碎裂细晶白云岩中微裂缝，宜地 3 井，1 188.1 m，单偏光 25 倍；(o) 深灰色含角砾碎裂粉晶白云岩中微裂隙，宜地 4 井，1 372.05 m，单偏光 50 倍

**2. 颗粒溶孔**

颗粒溶孔包括粒内溶孔、粒间溶孔和晶间（溶）孔，其中粒内溶孔是主要类型。

粒内溶孔为颗粒内部被部分溶解后的产物，孔隙形态多为椭圆状，孔径介于 0.2～0.8 mm，多被沥青、白云石和石英等半-全充填，连通性一般。主要分布于灯三段中上部的藻凝絮白云岩和藻叠层白云岩中[图 2-35（i）和（k）]。孔隙边缘呈港湾状，是藻类及其原始孔隙溶蚀扩大形成。藻砂屑白云岩、纹层状白云岩中针孔状溶孔（镜下鉴定为粒间溶孔、晶间溶孔）发育[图 2-35（a）和（b）]，少见裂缝，为藻类腐烂之后产生气体留下的气泡孔。原生孔隙多被亮晶白云石胶结，后期受同生期大气淡水选择性溶蚀，是现今孔隙的主要来源。

粒间溶孔为粒内孔溶蚀扩大、粒间白云石胶结物被溶蚀形成的孔隙。主要溶蚀粒间中细晶粒状白云石，溶蚀强烈时，可溶蚀白云石甚至颗粒边缘，使颗粒边缘呈港湾状或锯齿状，孔隙边缘常有溶蚀圆滑的现象和胶结物的残余部分。分布于砂屑云岩中，连通性较好[图 2-35（f）和（g）]。

**3. 微裂缝**

裂缝是碳酸盐岩重要储集空间，也是主要的渗流通道之一。在宜昌地区灯三段中、下部的粉-细晶白云岩中，岩心可同时观察到溶孔、洞和裂缝组合的存在，表现为岩心破碎、含角砾、裂缝发育、溶孔局部发育。镜下观察，白云石具有碎裂结构，其中的微裂缝宽度一般约为 0.1 mm，形态不规则，洞壁不平整，多被沥青和白云石半-全充填[图 2-35（l）]，此外裂缝还具有多方向性发育的特点[图 2-35（l）和（n）]。亮晶白云石呈晶粒状沿裂缝两侧分布[图2-35（m）]，可以推测微裂缝通常形成于在亮晶白云石胶结之后。

宜昌地区灯三段的微裂缝大部分表现出多方向性，部分裂缝被有机质充填。裂缝作为主要储集空间，同时还伴随少量晶间孔，推测微裂缝形成可能与有机酸性流体有关。灯三段微裂缝主要是成岩裂缝[图2-35（1）]，同时还具有明显的溶蚀缝特点[图2-35（o）]，而构造缝较少[图2-35（m）]。总之，这些裂缝既可以作为油气储集空间，也可以成为渗滤通道，纵横交错构成裂缝网时，更是良好的储集空间。

与灯三段相比，灯二段孔隙不发育，孔隙类型相对简单，主要包括原生粒间孔隙、晶间孔和微裂缝，具有以下特点。

（1）原生粒间孔隙主要是发育于细晶云岩中，且经历了早期亮晶白云石胶结和后期石英充填，孔隙空间较小。

（2）晶间孔，主要位于藻类礁滩相中，部分细晶-粉晶云岩也发育，孔径较小，一般小于0.3 mm，最大可达1 mm，多为溶蚀作用形成。

（3）微裂缝，灯二段微裂缝较发育，多顺层分布，具有多方向性特点。缝宽0.02 mm，未充填或泥铁质充填。灯二段微裂缝主要是成岩裂缝，同时还具有明显的溶蚀缝特点。灯二段泥晶云岩、泥晶灰岩发育的微裂缝作为天然气的重要储集空间。

宜参3井特殊测井揭示了灯二段、灯三段纵向储层分布特征（图2-36）。依据宜参3井录井显示及高分辨率FMI图像特征，灯三段岩性以浅灰色、灰色白云岩及含灰质白云岩为主，纵向上3 609～3 740 m发育顺藻叠层溶蚀及蜂窝状溶蚀。3 740～3 800 m主要发生蜂窝状溶蚀和顺裂缝溶蚀，垂向连续性好。3 800～4 020 m发育致密层夹薄层溶蚀。灯二段上部为灰色、深灰色白云岩及含灰质白云岩，在4 020～4 208 m发育致密层，仅见薄层溶蚀孔洞，底部为深灰色、灰色云质灰岩，井眼扩径严重。

（四）储层控制因素

灯三段储层以礁滩体储层为主。礁滩体储层的发育主要受控于沉积微相和储集体的抬升溶蚀等因素。其中沉积微相控制了岩石的岩性和结构，从而控制了岩石原生孔隙的发育。生屑滩、粒屑滩由于颗粒支撑作用形成大量的粒间孔，虽然大部分孔洞为灰泥、生物碎屑和多期方解石充填、半充填，但仍有1%～3%残余孔隙被保存，同时为组构的选择溶蚀奠定了基础。在宜昌西部灯影组礁滩相带不同井位、野外剖面均发现有反映高能量藻凝絮白云岩、藻叠层白云岩、藻砂屑白云岩的礁滩沉积体系。另外，由于微地貌、水动力条件的细微差异，局限台地内可形成较多类型不同的点滩（如内碎屑滩、绵层状藻/砂屑滩、藻黏结颗粒滩和鲕粒滩）沉积体。从宜地3井、宜地4井和宜地5井不同岩性物性统计来看，与礁滩体建造相关的藻凝絮白云岩、藻叠层白云岩、藻砂屑白云岩孔隙度要明显高于泥-粉晶白云岩、细晶白云岩。灯影组第三段岩性以浅灰色、灰色白云岩及含灰质白云岩为主，为台地边缘礁滩相。礁滩复合体主要发育砂屑白云岩、藻凝絮白云岩及藻叠层白云岩，溶孔发育，以蜂窝状溶孔及顺藻叠层溶孔为主，垂向连续性好；

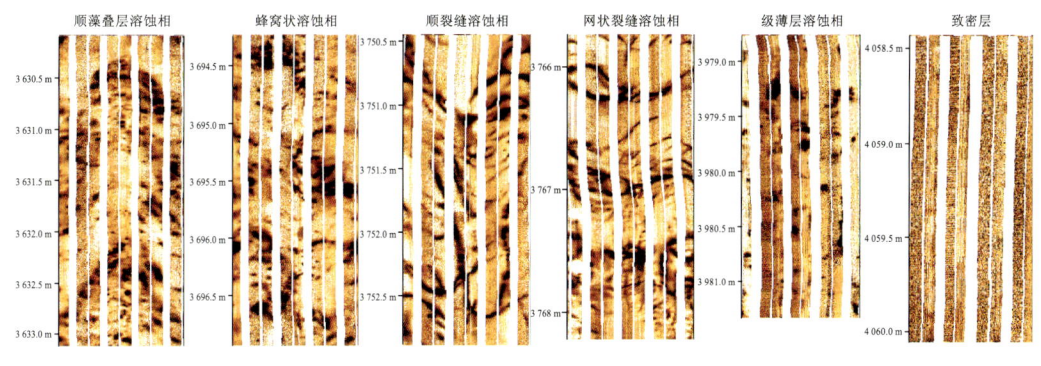

（a）成像测井溶蚀相识别

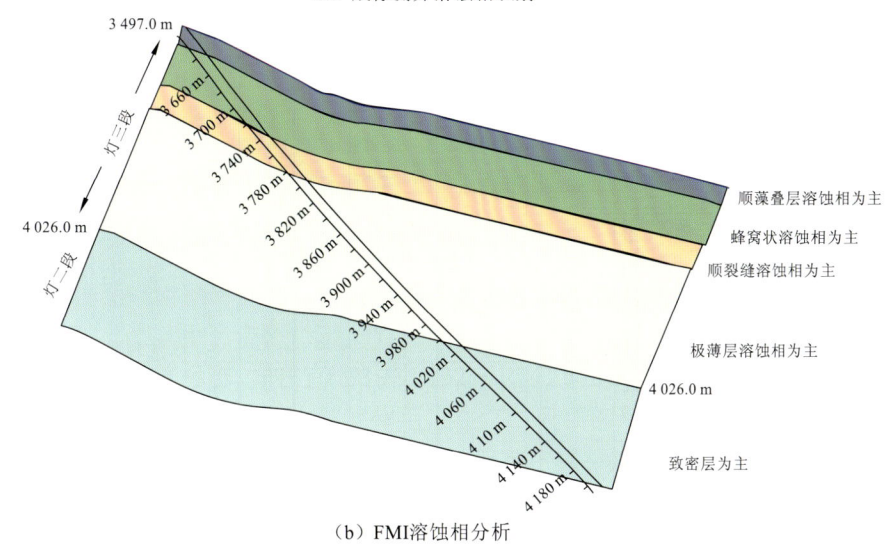

（b）FMI溶蚀相分析

图 2-36 宜参 3 井灯影组储层 FMI 图像特征

中下部发育致密相夹薄层蜂窝状溶蚀相。灯影组第二段上部为灰色、深灰色白云岩及含灰质白云岩，为台坪相沉积。台坪主要发育相对晶粒白云岩，溶孔发育程度降低，常见致密层发育，少见薄层溶蚀孔洞。

不同沉积微相控制不同岩性的分布特征，丘核微相主要沉积高能且质纯的藻凝絮白云岩及藻叠层白云岩，丘坪微相主要堆积层状分布的藻叠层白云岩及藻纹层白云岩，浅滩环境以藻屑白云岩及砂屑白云岩发育为主，而潟湖及滩间海环境沉积相对低能的泥晶白云岩及泥质白云岩，不利于原始孔隙的发育。岩性差异为储层后期形成提供了物质基础，而不同岩性形成于不同的沉积环境，因此沉积相直接控制了储层的发育位置和分布范围，是储层孔隙发育的物质基础。

早期暴露蜂窝状溶蚀是形成优质孔洞层的重要因素。中扬子区灯影组地层年代老、埋深大，多期成岩作用是导致储层非均质性强及储层复杂的主要原因，成岩作用是储层最终形成及赋存的关键。宜昌地区灯影组直接形成孔隙的成岩作用或产生有利于孔隙形成与演化的成岩作用主要为早成岩期组构选择性溶蚀作用。早成岩期组构选择性溶蚀作用发生于桐湾运动 II 幕时期，区内基底整体抬升，海平面的相对下降可能造成短暂的同生期大气淡水岩溶成岩环境，使礁滩复合体形成的古地貌高部位露出海面。在潮湿多雨的气候下，受到富 $CO_2$ 的大气淡水的淋滤，选择性地溶蚀了稳定矿物组成的颗粒或第一期方解石脉体胶结物，形成粒内溶孔、铸模孔和粒间溶孔；大气淡水淋滤又可沿着裂缝、残留原生孔发生非选择性溶蚀作用，形成溶缝和溶孔，从而形成优质孔洞层。该期岩溶作用在先期渗透层的基础上对灯三段地层进行改造，藻凝絮白云岩和颗粒白云岩主要形成花斑状分布的孔洞和层状分布的大型溶洞，藻叠层白云岩主要形成顺藻层分布的溶孔和溶缝，孔洞多被塑性角砾充填，构成囊状或海绵状溶蚀系统。该期岩溶作用主要受高能相带控制，具有明显的层控性，对灯三段储层影响明显。多期构造破裂作用所形成的裂缝改善了储层的渗流条件，增加了储层和微观孔隙结构的连通性。

此外不同岩溶地貌区，碳酸盐岩的储集性能各异，成藏组合也不同：岩溶高地溶孔发育，但遮挡不足；岩溶高地边缘和斜坡区，是有利的储集成藏带；岩溶洼地区，孔洞多被充填、连通性差。

## 二、天然气成藏特征

上震旦统灯影组储层是世界上最老的油气储层之一，在我国华南广泛分布于川东、鄂西及下扬子等地区。这一储层往往具有成岩时代久远、演化历史复杂、非均质性差分布规律极为复杂等特点，因此，该储层的研究难度较大，勘探成功率不高。

### （一）含气性分析

采用气测录井、非常规解吸方法，目前已在宜昌地区宜页1井、阳页1井、宜地3井、宜地4井和宜参3井见到良好天然气显示（表2-16）。

表 2-16  宜昌地区灯影组天然气显示

| 井名 | 类型 | 含气量 | 详细描述 |
| --- | --- | --- | --- |
| 宜页1井 | 天然气 | 气测全烃0.477%～1.741% | 灯二段纹层灰岩见气，3层累计22 m全烃均大于1%，气测全烃为0.477%～1.741% |
| 阳页1井 | 天然气 | 气测全烃最高为1.89% | 灯二段深灰色灰岩全烃异常值大于1%的地层累计厚40.5 m |
| 宜地3井 | 天然气 | 现场解吸气为1.34～2.43 m³/t | 灯二段纹层灰岩现场解吸气为1.34～2.43 m³/t |
| 宜地4井 | 沥青 | — | 灯一段内部粗晶白云岩及灯四段顶部粗晶白云岩均见沥青充填 |
| 宜参3井 | 天然气 | 气测全烃为0.477%～1.741% | 灯影组二段纹层灰岩见气，3层累计22 m全烃均大于1%，气测全烃为0.477%～1.741% |

#### 1. 宜页 1 井

宜页1井在井深1 948～2 183 m钻遇灯影组，斜厚265 m。从井深2 020 m开始出现气测升高现象。宜页1井灯影组钻获3层含气层，累计厚度为51.0 m，全烃值为0.477%～

1.741%,平均为 1.028%,气测甲烷含量为 0.461%~1.419%,平均为 0.915%(表 2-17)。全烃含量大于 1%深度段分布在 2 102~2 148 m,对应于灯影组中部石板滩段下部深灰色灰岩,累计厚度达 46 m。

表 2-17 宜昌地区灯影组油气水显示统计表

| 井名 | 井段/m | 厚度/m | 岩性 | 钻时/(min/m) | 全烃/% | 甲烷/% | 相对密度 | 黏度/s | 槽面显示 | 现场解释 |
|---|---|---|---|---|---|---|---|---|---|---|
| 宜页1井 | 2 037~2 042 | 5 | 灰色灰质白云岩 | 9↑12 | 0.44↑0.71 | 0.372↑0.648 | 1.08 | 33 | 无 | 含气层 |
| | 2 095~2 107 | 12 | 深灰色含白云质灰岩 | 11↑13 | 0.64↑1.24 | 0.585↑1.088 | 1.09 | 37 | 无 | 含气层 |
| | 2 114~2 148 | 34 | 深灰色灰岩 | 11↑15 | 0.69↑1.74 | 0.507↑1.419 | 1.09 | 37 | 无 | 含气层 |
| 宜参3井 | 3 990~4 000.00 | 10 | 灰色泥质白云岩 | 8.9↓8.5 | 0.10↑0.02 | 0.01↑0.02 | 1.14 | 52 | 无 | 裂缝含气层 |
| | 4 037~4 040.00 | 3 | 深灰色泥岩 | 15.5↓17.2 | 0.15↑0.03 | 0.13↑0.01 | 1.14 | 52 | 无 | |
| | 4 083~4 095.00 | 12 | 深灰色泥质白云岩 | 30.1↓16.8 | 0.57↑0.06 | 0.54↑0.05 | 1.14 | 52 | 无 | 弱含气层 |
| | 4 118~4 155.00 | 37 | 灰色含灰白云岩 | 16.2↑35.6 | 1.40↑0.26 | 1.38↑0.22 | 1.14 | 48 | 无 | 裂缝气层 |
| | 4 157~4 193.00 | 36 | 深灰色灰岩、白云质灰岩 | 16.2↑29.1 | 1.48↑0.31 | 1.47↑0.26 | 1.16 | 47 | 无 | |
| | 4 198~4 209.00 | 11 | 深灰色含泥灰岩 | 13.3↓12.6 | 0.70↑0.33 | 0.67↑0.17 | 1.18 | 54 | 无 | 弱含气层 |
| | 4 213~4 225.00 | 12 | 深灰色含泥灰岩 | 28.4↑16.1 | 0.52↑0.18 | 0.48↑0.15 | 1.35 | 72 | 无 | |
| | 4 258~4 263.00 | 5 | 深灰色灰岩 | 24.1↓23.9 | 0.63↑0.31 | 0.58↑0.29 | 1.35 | 80 | 无 | |

## 2. 宜地 3 井

由于灯三段失返,宜地 3 井综合地质录井未能有效获取气测异常。但在井深 1 243~1 328 m 处钻获灯影组石板滩段时,岩心浸水试验具有剧烈气泡,特别是下部 46 m(1 380~1 426 m)更为强烈。采用页岩气解吸相同的方法对石板滩段岩心进行罐装气体收集分析,解吸气含气量介于 1.34~2.43 cm³/g,残余气于 2.36~3.48 cm³/g 显示出较高的含气量。

## 3. 宜参 3 井

宜参 3 井钻遇灯影组对应顶底深度为 3 497~4 331 m,斜厚为 834 m,对应垂深为 3 217.92~3 880.76 m,垂厚为 662.84 m。其中灯一段和灯三段含气性较差,灯二段含气性较好。宜参 3 井灯二段现今埋藏垂深为 3 648.42~3 837.40 m(表 2-17),垂厚为 188.98 m。气测录井显示(图 2-37),全烃值为 0.02%~1.48%,平均为 0.384%。其中 3 739.2~3 763.89 m 深度段全烃含量大于 1%。气测甲烷含量为 0.01%~1.472%,平均为 0.35%。宜参 3 井气测录井全烃除检测到甲烷外,还检测到乙烷和丙烷,其含量分别可达 0.008 5%和 0.015 2%。

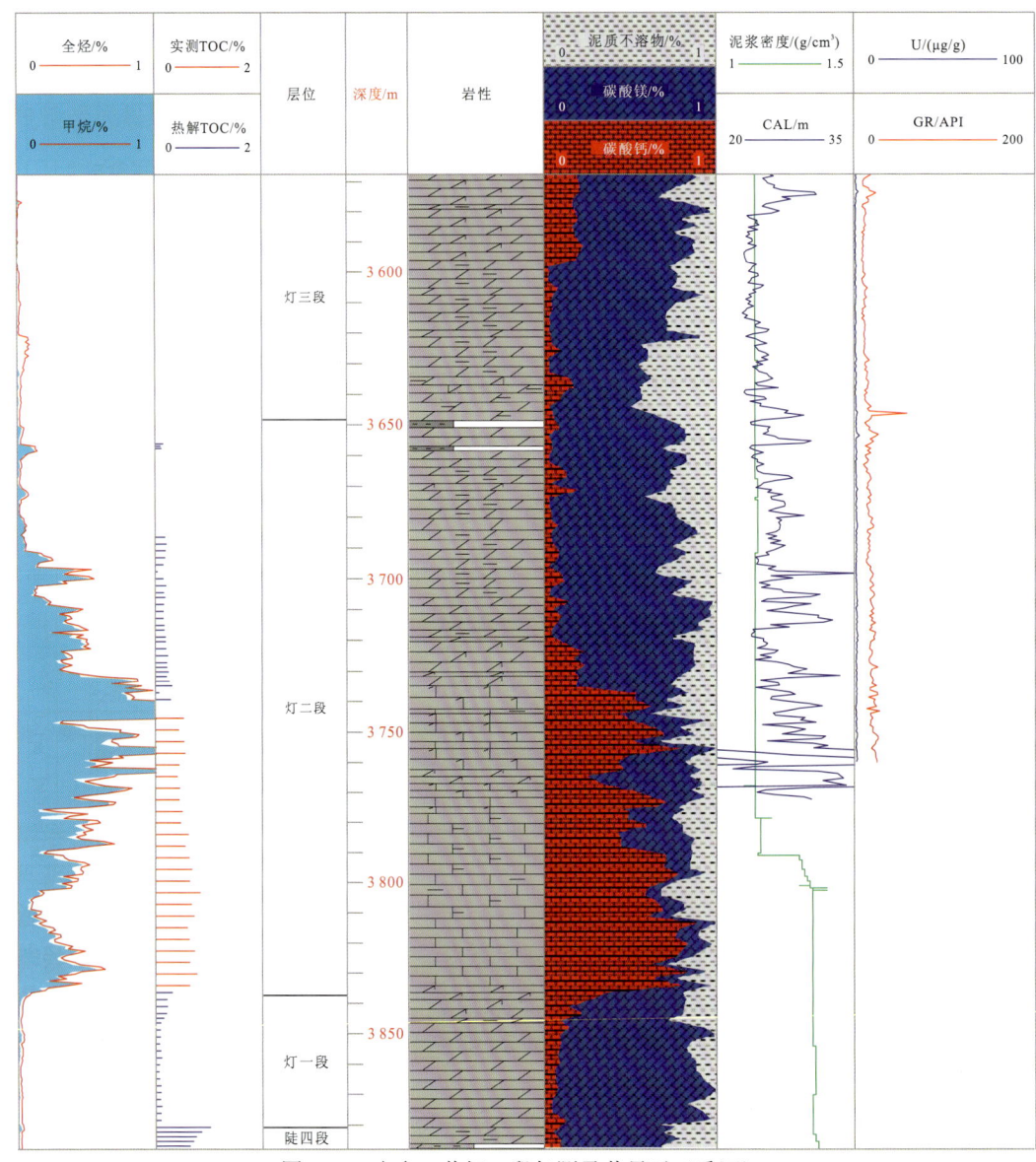

图 2-37 宜参 3 井灯二段气测录井显示（垂深）

## （二）天然气组分及同位素特征

### 1. 取样及分析测试方法

气样采用 0.9 L 内壁涂氟铝合金气体采样瓶采取。现场取气时用气体多次排气冲洗。在地表压裂井口管汇台先后采集天然气样品 6 个，取气时井口压力为 1.00~1.99 MPa，取气层位为灯二段压裂产气段，深度为 4 039~4 271 m。在测试流量计处，用玻璃瓶利用排水法收集 2 组灯二段压裂气样品，取气时井口压力为 0.49~0.763 MPa。气样保存、运输时瓶体倒置密封并保留底水。对所采集的气样测试分析气体组分、气态烃碳组成等。

气体成分分析和气体碳同位素组成分析均由中国油田化工股份有限公司江汉油田分公司勘探开发研究院石油地质测试中心完成。气体组分分析用配备有热导检测器和火焰离子化检测器的 Agilent6890N 气相色谱仪测定，所用色谱柱为 HP-PLOT Q 型高效毛细管柱（30 m×0.25 mm×0.25 μm），用氦气作为载气。升温程序：起始温度 35 ℃保持 5 min，以 5 ℃/min 速率升至 150 ℃，然后以 10 ℃/min 速率升至 270 ℃，保持 2 min，恒温至无色谱峰流出。火焰离子化检测器和热导检测器被分别用来监测有机气体和无机气体，加装内标用来定量气体的成分，进样量为 0.5 mL，精度为 2%。

气体碳同位素分析采用 Thermo DELTAV Advantage 同位素比质谱仪和 Trace GC Ultra 气相色谱仪。升温程序：以 3 ℃/min 速率由初始 35 ℃升温至 70 ℃，保留 5 min，后以 10 ℃/min 速率升温至 280 ℃，保留 10 min。用氦气作为载体，每个气样重复测试 3 次，分析精度为±0.3‰，同位素数据按国际标准换算成维也纳 Pee Dee 箭石标准（Vienna Pee Dee Belemnite，V-PDB）。

**2. 灯二段气体组分特征**

宜昌地区宜参 3 井灯二段天然气化学组成分析结果如下。天然气组分甲烷含量高，体积分数为 88.37%~95.53%，平均为 93.81%；$C_2H_6$ 体积分数为 0.35%~0.42%，平均为 0.39%；含微量的丙烷，体积分数平均为 0.02%，未检测到 $C_{4+}$ 以上组分，天然气干燥系数（$C_1/C_{1-5}$）平均为 0.995，属典型的干气。灯二段天然气还含有数量不等的非烃气体，包括 $N_2$、$CO_2$ 等，其中 $N_2$ 体积分数为 2.78%~10.38%，平均为 4.63%。$CO_2$ 体积分数为 0.71%~2.01%，平均为 1.16%，未检测到 $SO_2$ 和 $H_2S$，天然气气体密度约为 0.63 g/cm$^3$。

**3. 灯二段烷烃气碳同位素特征**

宜参 3 井灯二段天然气中甲烷碳同位素（$\delta^{13}CH_4$）为-32.21‰~-26.51‰，平均为-29.34‰。乙烷碳同位素（$\delta^{13}C_2H_6$）为-24.44‰~-16.04‰，平均为-20.158‰。

研究区灯二段天然气中的 $\delta^{13}C_1$ 普遍小于-20‰，指示其是典型的热演化有机成因气。这在 $\delta^{13}C$ 系列特征上也有同样表现。宜昌地区震旦系灯影组天然气 $\delta^{13}C$ 系列总体上表现出正 $\delta^{13}C$ 系列特征，是典型的有机成因气。需要注意的是，与高石梯地区和磨溪地区的寒武系和震旦系类似，宜昌地区寒武系页岩气来自水井沱组，震旦系页岩气来自陡山沱组，上部和下部气源岩的页岩气（天然气）同位素发生了倒转，但中部灯影组石板滩段常规气却不倒转（图 2-38）。对此的解释有两种。一种解释是开放体系早期的天然气无法聚集和保留下来。类似的情况也出现在西加拿大盆地，阿尔伯塔地区外缘山脉上泥盆统勒迪克（Leduc）组生物礁灰岩的气样为正序（$\delta^{13}CH_4$=-30.8‰，$\delta^{13}C_2H_6$=-25.8‰），上覆石炭系裂缝性储层天然气（$\delta^{13}CH_4$=-36.5‰，$\delta^{13}C_2H_6$=-38.6‰）和下伏中泥盆统的霍恩河（Horn River）页岩气（$\delta^{13}CH_4$=-27.6‰~-34.5‰，$\delta^{13}C_2H_6$=-32‰~-34.9‰）碳同位素都发生倒转。Tilley 等（2013）推测主要原因是这种裂缝型系统形成的封闭体系中，气体混合作用下会造成烃类碳同位素的倒转。勒迪克组具有异常高的孔隙度和渗透率，是一个开放的体系，前期的天然气易散失，无法聚集，所以不能导致同位素的倒转。另外一种解释是更高的成熟度也可以使碳同位素回到正序。即随着成熟度的增加，碳同位素演化会出现同位素正序、后反转、再倒转,最后回到正序4个阶段,如四川盆地威远气田常规气同位素不倒转的原因是其成熟度更高。但还有人,如Tilley等(2011)认为封闭体系下,同位素演化可以划分为同位素反转前阶段、反转阶段和反转后阶段,其中反转后阶段主要是地层水参与了反应,它的发展趋势是回到正序。如威远气田下部常规气的热成熟度比页岩气表现得更高,是因为发生了构造抬升造成水溶气脱溶成藏,由部分TSR作用及没有早期烃类的残留所致。宜昌地区震旦系灯影组自印支运动以来长期处于单斜构造中,难以形成封闭的构造圈闭,长期处于生烃—缓慢逸散的过程,早期的天然气无法聚集,而单纯的后期油裂解不会发生同位素倒转。因此,宜昌地区常规天然气同位素不倒转的主要原因不是成熟度更高,而是由于常规储集层是一个更开放的体系。

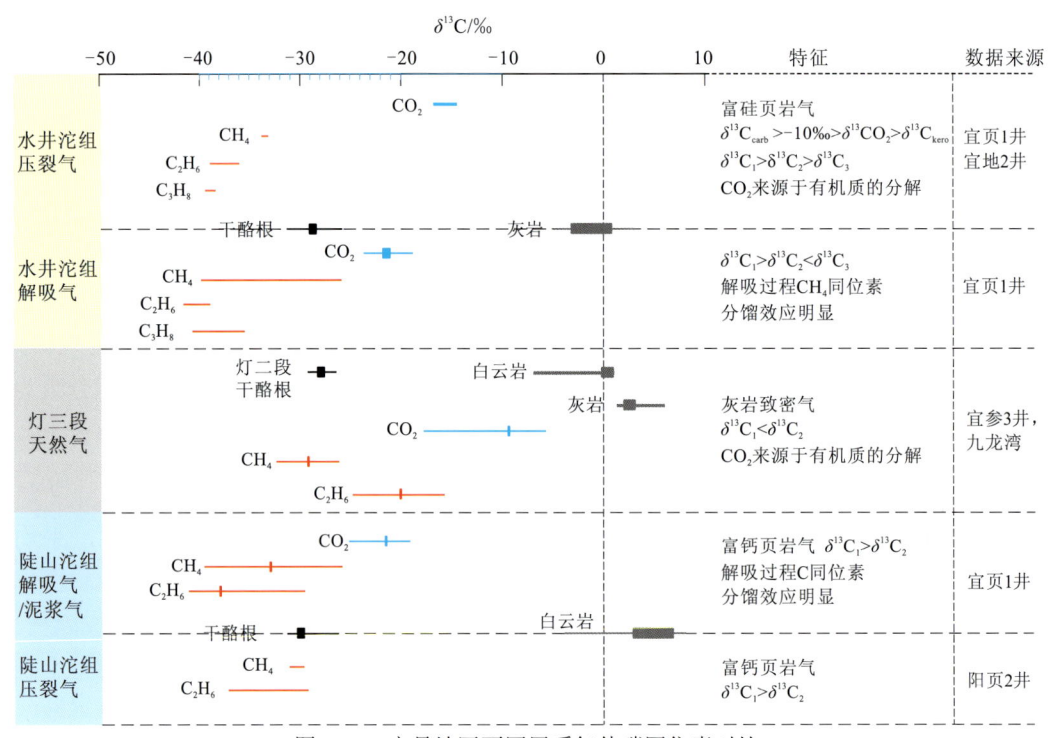

图 2-38 宜昌地区不同层系气体碳同位素对比

### 4. $CO_2$ 的碳同位素

灯二段 $CO_2$ 的碳同位素($\delta^{13}CO_2$)为-17.48‰~-5.68‰,平均为-9.366‰。戴金星等(1995)通过对我国天然气的研究,认为有机成因的天然气 $\delta^{13}CO_2$ 为-8‰~-39‰,主值在-12‰~-17‰。宜昌地区灯二段天然气中 $CO_2$ 体积分数为0.71%~2.01%,平均为1.16%;$CO_2$ 的碳同位素($\delta^{13}CO_2$)为-17.48‰~-5.68‰,平均为-9.366‰。研究区自中生代以来岩浆活动不发育,$CO_2$ 来源于地幔的可能性不大,但灯影组本身就为碳酸盐岩地层,广泛发育有碳酸盐岩地层可能会对研究区的 $CO_2$ 有贡献。陈孝红等(2016b)对峡东地区灯影组上震旦系岩石、生物、层序和碳同位素地层进行了系统取样、分析和研究,结果显示灯影组石板滩段50个碳酸盐岩样品的 $\delta^{13}C$ 平均值为2.52‰,其中灯二

段下部薄层灰岩的 $\delta^{13}C$ 为 5.97‰~1.25‰，通常为 2‰~3‰，且在灯二段底部最大可达 5.97‰。灯二段中部厚层块状白云岩的 $\delta^{13}C$ 为 0~1‰，至灯三段底部厚层块状粉晶白云岩的 $\delta^{13}C$ 由 1.02‰迅速下降至-7‰，发生了碳同位素的明显负偏离。按照戴金星等（1995）的分类原则，结合研究区天然气和碳酸盐中的 $\delta^{13}CO_2$ 特征，可以看出灯二段天然气样品的指示为典型的有机成因气，为有机质热脱羧酸作用形成，碳酸盐岩地层对研究区的 $CO_2$ 并无贡献。

### （三）生储盖组合划分与评价

在四川盆地和中扬子地区，灯影组天然气勘探的目的层系主要是灯三段（白马沱段，对应四川盆地灯四段），以其连片储层厚度大、岩溶孔隙高、下寒武统页岩生烃充注度高等特点引人关注。目前较为成功的代表主要为四川盆地内威远气田和资阳气藏及乐山—龙女寺古隆起油气富集带。

灯二段岩性以含泥灰岩、泥质灰岩、泥晶灰岩为主，在四川盆地被作为较差烃源岩对待，在油气系统中起到"隔层"作用。而在中扬子地区，长期以来其油气地质含义一直模糊不清，宜昌地区灯影组常规油气地质发现，揭示宜昌地区不仅具有良好的页岩气勘探潜力，还具有一定的天然气勘探前景。

**1. 生油层**

震旦系陡山沱组和寒武系水井沱组两套常规富有机质页岩烃源岩已被广泛了解，但灯二段是否可作为生油层较少有论述。

灯影组石板滩段是台内凹陷较深水沉积，成分上主要为方解石加少量泥质。结构组分上粉晶方解石与亮晶方解石呈互层状，层厚不等，少量有机质条带和斑块零星顺层分布。目前不同学者对碳酸盐能否作为生油层的 TOC 指标认识不一。傅家谟等（1982）建议碳酸盐生油岩的有机质丰度下限为 0.1%~0.2%。刘宝泉等（1985）根据华北地区中上元古界和下古生界碳酸盐岩的研究，认为碳酸盐生油岩有机质丰度下限为 0.05%。陈义才等（2002）估算出 TOC 限值为 0.03%~0.06%。然而饶丹等（2003）、张水昌等（2002）、夏新宇等（2000）等认为烃源岩平均 TOC 下限指标应主要由实际情况的类比来确定，对于海相工业性烃源岩，包括泥岩和碳酸盐岩，TOC 应大于 0.5%，在高-过成熟区可降到 0.3%，否则有机质丰度不会成为油气勘探评价中的一个限定因素。宜参 3 井井深 4 155~4 270 m 灯二段 24 个泥晶灰岩样品的 TOC 实测表明，有机质丰度为 0.406%~0.834%，平均为 0.585%（表 2-18），达到了海相商业性烃源岩 TOC 不小于 0.5%的指标，具备作为海相工业性烃源岩的条件。

表 2-18 宜参 3 井灯影组二段暗色泥灰岩 TOC

| 深度/m | TOC/% | 深度/m | TOC/% |
| --- | --- | --- | --- |
| 4 155 | 0.526 | 4 215 | 0.628 |
| 4 160 | 0.434 | 4 220 | 0.673 |

续表

| 深度/m | TOC/% | 深度/m | TOC/% |
| --- | --- | --- | --- |
| 4 165 | 0.537 | 4 225 | 0.631 |
| 4 170 | 0.548 | 4 230 | 0.834 |
| 4 175 | 0.444 | 4 235 | 0.664 |
| 4 180 | 0.406 | 4 240 | 0.716 |
| 4 185 | 0.448 | 4 245 | 0.592 |
| 4 190 | 0.438 | 4 250 | 0.623 |
| 4 195 | 0.502 | 4 255 | 0.725 |
| 4 200 | 0.464 | 4 260 | 0.637 |
| 4 205 | 0.609 | 4 265 | 0.77 |
| 4 210 | 0.553 | 4 270 | 0.634 |

灯影组石板滩段烃源岩分布广泛。刘丹等（2014）在四川盆地乐山—龙女寺古隆起周缘的威远—资阳地区及高石梯—磨溪构造带的灯影组储层中发现了原生-同层沥青，推测其形成于烃源岩成熟过程中，是未运移出的重质馏分逐渐转变而来，可以很好地判识烃源岩的有效性。魏国齐（2017）研究认为灯影组富藻的泥质碳酸盐岩具有较好的生烃潜力。高石梯—磨溪地区井下样品虽也以低 TOC 为主，但部分层段有机质也具有较高的丰度。统计显示 TOC 大于 0.2%的样品占 31.3%，其中 TOC 在 0.2%~0.5%的样品占 54.4%，TOC 在 0.5%~1.0%的样品占 31.8%，TOC 大于 1.0%的样品占 13.8%。干酪根碳同位素值介于-32.8‰~-23.8‰，平均为-29.7‰，有机质类型属腐泥腐殖型。此外，对从岩石中富集出的藻类的热模拟试验显示，其最大总产气率为 3 471 L/t（藻）。对富藻白云岩的热模拟结果显示，总产气率为 3 471 L/t（岩石），可见过成熟富藻白云岩中仍然具有较高生烃潜力。薄片分析结果显示，显微镜下富藻云岩中存在大量原生沥青，表明富藻云岩也具备生气潜力。

上述分析表明，宜昌地区灯二段暗色泥灰岩 TOC 较四川盆地高石梯—磨溪地区富藻的泥质碳酸盐岩高，且灯二段暗色泥灰岩与水井沱组富有机质页岩具有相似的结构组分，且灯二段暗色泥灰岩有机质丰度在 0.406%~0.834%，平均为 0.585%，是该层系海相工业性烃源岩。

**2. 碳酸盐岩储层**

灯影组作为碳酸盐岩储层，钻遇厚度达 829.00 m，以灰白色、浅灰色灰质白云岩、含灰白云岩为主，全烃最大为 1.48%，甲烷最大达 1.47%。宜参 3 井在灯影组取心显示，石板滩段发育灰色-深灰色鲕粒灰岩，发育水平层理、丘状层理、滑塌构造等，滩体在横向上尖灭形成自封闭，形成优质天然气储层。

**3. 盖层**

由于灯二段孔隙度平均为3%~4%，渗透率主要集中在小于0.2 mD（见本章第三节），属于低孔特低渗储层，可以形成自封闭盖层。结合灯二段暗色泥灰岩为烃源岩，宜昌地区灯二段（石板滩段）中的天然气属于自生自储的碳酸盐岩气藏。Tanine 等（1983）研究指出，成岩作用能在致密岩层内形成"成岩圈闭"。成岩圈闭可在漫长的成岩过程的各个阶段形成，包括早期（埋藏前）、中期（埋藏期）和晚期（埋藏后）阶段。因而成岩作用有可能把各类致密的碳酸盐岩变成有封闭性的"储渗岩体"，能有效组织油气运移并发生聚集而成为油气藏。类似的油气藏目前已知的有四川盆地下二叠统阳新组灰岩工业气层，孔隙度平均为1%（罗志立 等，2000）。四川盆地涪陵地区中二叠统茅口组一段泥质灰岩，TOC 平均为0.9%，义和1井、焦石1井等获工业气流（姚威 等，2019）。

致密自生自储碳酸盐岩中天然气主要来自酸解气和吸附气。原始沉积的碳酸盐软泥及其软泥水中含大量的溶解有机质及颗粒有机质，尽管环境动荡和强烈的氧化作用等影响可使之消散，但碳酸盐的快速固结作用和许多沉积颗粒本身就是有机质体，使这种氧化破坏作用不可能完全彻底。这些碳酸盐有机矿物被埋藏以后，一方面在生物化学作用下，生成部分 $CH_4$ 为主的气体，这些气体除扩散消失外，也被封存于碳酸盐矿物晶间隙或包裹于矿物颗粒之中，这部分气体以干气为特征。另一方面随着埋藏加深和热力作用加强，矿物包裹的有机质（如进入碳酸盐岩结构的脂肪及蛋白质）发生热解向烃类转化，致使碳酸盐岩颗粒中的酸解气含量增加，这种成因的气体以湿气为主。需要注意的是，碳酸盐岩矿物的晶格空间是一定的，包裹酸解气的能力也是有限的。姚威等（2019）对四川盆地涪陵地区二叠纪茅口组茅一段的泥灰岩样品进行了酸解气和吸附气的组分及碳同位素测试，认为酸解气的脱气体积是吸附气的数倍到几十倍。罗志立等（2000）对四川盆地下二叠统阳新组致密灰岩、震旦系致密白云岩的束缚水含量、孔隙度及喉道比表面的测试表明，致密灰岩中束缚水膜厚度平均为 0.015 66~0.018 96 μm，且随着孔隙度变小，水膜厚度变薄。这一厚度远小于中值孔隙半径 $r_{50}$，说明在生烃的致密碳酸盐岩微孔喉系统中，并没有被束缚水所充满，而是有更多的剩余空间储集了天然气。宜参3井针对灯影组第二段进行测试时采用了酸化压裂等措施，注入的酸液使灯影组第二段泥灰岩中的碳酸盐岩被大量溶蚀，同时矿物晶格和不连通孔隙中的酸解气得以释放，所以酸化措施后的产气井产出的天然气是酸解气和吸附气的混合。

**（四）油气成藏演化史**

宜昌地区经历了长期、复杂的构造运动，多期成藏演化阶段。本小节对宜地3井灯三段顶部白云岩进行流体包裹体研究。该白云岩呈泥晶结构，白云岩缝洞或裂缝中充填晚期方解石及白云石矿物。部分微裂缝中含轻质油，显示较强浅蓝色的荧光，并可见部分晶间微裂缝中充填黑褐色的沥青（晚于块状晶方解石），无荧光显示。岩内主要发育二期次的油气包裹体。第一期次油气包裹体发育于缝洞或裂缝方解石（或白云石）充填期间，丰度低[油气包裹体（grain with oil inclusions, GOI）丰度为±1%]，包裹体成群或零星状分布于缝洞或裂缝方解石内,呈褐色、深褐色的液烃包裹体(沥青包裹体)。第二期次油气包裹体发育于缝洞或裂缝方解石充填期后,发丰度较高[GOI 丰度为±(3%～4%)],包裹体沿缝洞或裂缝方解石内的微裂隙带成带状分布,主要为呈褐色、深褐色的液烃包裹体(沥青包裹体),个别视域内见少量呈深灰色的气烃包裹体发育。含烃盐水包裹体盐度划分为低盐和高盐两组,低盐包裹体零星分布在方解石脉中,均一温度为 173 ℃,盐度为 5.53%(NaCl 质量分数)。高盐包裹体盐度为 22.71%～23.11%,均一温度为 79～80 ℃、91 ℃和 102～109 ℃。对比邻井宜页 1 井热演化史,宜昌斜坡带灯影组油气成藏大致经历加里东晚期原生油藏形成阶段、海西期—印支期持续埋藏生烃阶段、燕山期—喜山期油气调整改造与外源油气天然气充注阶段等(图 2-39)。

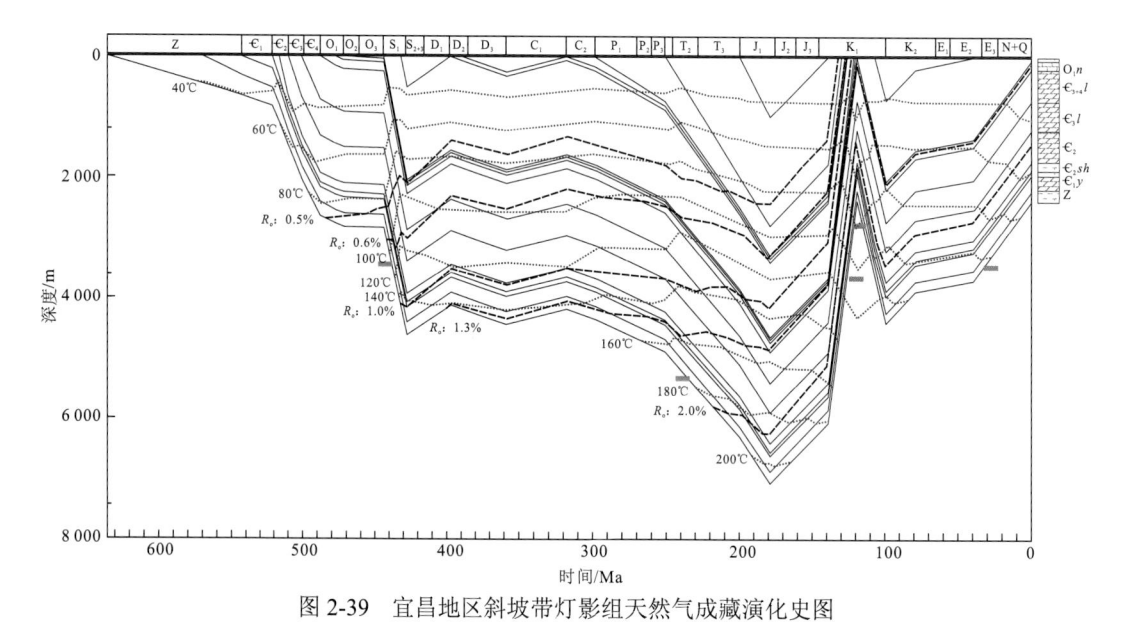

图 2-39 宜昌地区斜坡带灯影组天然气成藏演化史图

## 第四节 宜参 3 井灯影组天然气试气测试

### 一、井位部署与实施

宜参 3 井钻探的目的是主探震旦系灯影组常规天然气,兼探震旦系陡山沱组致密气和寒武系石龙洞组—天河板组天然气,获取宜昌斜坡震旦系—寒武系天然气地质和工程评价参数。宜参 3 井的主要任务是:①探索震旦系灯影组台地边缘礁滩相储层发育特征及含油气性;②验证地震波组的地质属性及圈闭的有效性;③取全、取准岩心、录井、测井、测试等基础资料,为研究该区震旦系台地边缘礁滩地震沉积及储层发育模式和油气成藏规律提供基础数据。

## （一）井位部署依据

宜参 3 井位于陡山沱组水井沱组烃源岩发育区，有机质成熟度适中，天然气供应充足，邻区油气显示丰富，生烃地质条件较好。

宜昌斜坡地区陡山沱组有机质类型主要为 I、$II_1$ 型，少量为 $II_2$ 型，有机质来源以海相藻菌类为主。泥页岩 TOC 为 0.9%～2.5%，平均为 1.65%，尤其是位于深水区的黄陵隆起西侧秭归—兴山一带 TOC 较高，约为 2.0%，井区周围 TOC 为 1.5% 以上，生烃物质基础好。陡山沱组泥页岩成熟度平均为 2.5%，处于过成熟生气阶段。水井沱组为一套灰黑-黑色页岩、碳质泥页岩夹深灰-灰黑色薄层灰岩和灰岩透镜体，在台缘下斜坡与下伏岩家河组或灯影组呈假整合接触。平面上，陡山沱组厚度变化大，宜昌北部地区，呈由西向东变薄趋势。整体来看，两套烃源岩热演化程度适中。宜昌地区震旦系多口探井油气显示良好，宜页 1 井，钻遇灯影组出现气测升高现象，气测录井显示全烃体积分数为 0.477%～1.741%，平均为 1.028%；气测甲烷体积分数为 0.461%～1.419%，平均为 0.915%。宜地 3 井于震旦系灯影组获天然气发现，点火成功，证实该地区天然气供应充足，邻区油气显示丰富，成藏地质条件较好（图 2-40）。

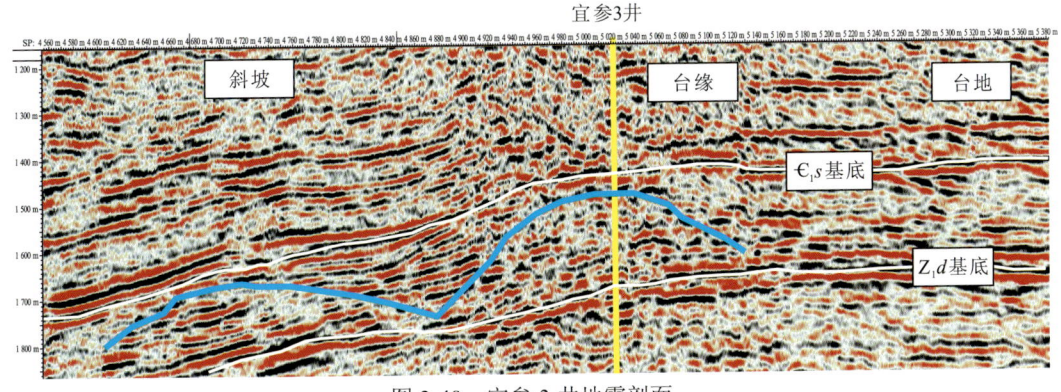

图 2-40 宜参 3 井地震剖面

宜参 3 井位于灯影组台地边缘储集相带，岩溶作用较强，规模岩溶缝洞型储层发育，圈闭落实可靠。

在二维地震剖面上，灯影组礁滩体具有典型丘状反射特征，丘状反射体内部表现为杂乱发射，反射体外缘同相轴连续并表现为上倾超覆于丘体之上（图 2-40）。宜地 3 井、宜参 1 井钻揭礁滩相良好的岩溶缝洞型储层证实边缘滩相发育规模岩溶储集体，圈闭落实。拟部署井灯影组圈闭位于台缘相带，西侧由水井沱组页岩形成侧向封堵，北侧由基底逆断层和与之相关而形成的间湾沉积形成封堵，东侧由非均质性台内滩及开阔台地沉积形成封堵。圈闭边界条件落实可靠。邻井宜页 1 井层位标定引层，井震关系匹配较好，正演结果与地震剖面特征相似性大于 90%，圈闭解释方案合理，圈闭有效性较高（图 2-41）。

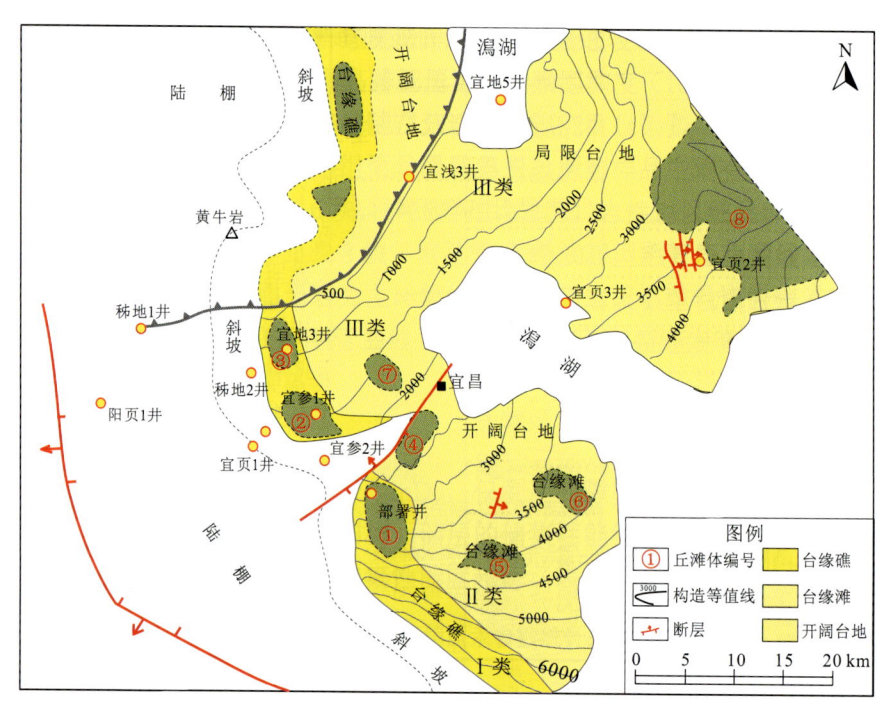

图 2-41　宜昌地区灯影组圈闭综合评价

井区灯影组台缘相带长期处于油气运移指向区，多期油气充注，成藏地质条件有利。

加里东晚期、海西期—印支期，陡山沱及水井沱组大规模生烃，充注于震旦台缘浅滩中。燕山运动早期，黄陵基底逐步隆升，油气藏调整、改造，诸多灯影组剖面及井下见到大量的沥青。燕山运动中晚期、喜山运动早期，宜昌斜坡带发育天阳坪逆冲推覆断裂，宜昌斜坡位于断裂下盘，可能在前期生烃中心的基础上，上斜坡热演化程度逐渐增大，形成多期油气充注，灯影组台缘滩具有较好"源""储""位"三元油气成藏结构，成藏地质条件有利，为继承性的原生气藏（图 2-41）。

井区主成藏期后，晚期构造活动集中在上盘，下盘保存条件较好。

宜昌斜坡带发育近南北向及北西向方向断裂，这些断裂不仅规模巨大、具多期活动特征，而且多构成了次级构造单元的划分边界。晚三叠世后的燕山运动成为影响湘鄂西地区油气保存条件的最主要构造运动。燕山运动中晚期，仙女山断裂发生早期走滑及后期的伸展活动，由于其距离宜昌斜坡带较远，断裂发育少。喜山运动早期，天阳坪逆冲推覆断裂改造宜昌斜坡区，使其分割为断裂上、下盘，断裂改造作用强，断裂下盘因此而深埋。此外，下寒武统水井沱组泥页岩烃源岩生烃基础优越，构成了区域上优质烃源岩层，但也是主要目的层灯影组良好的区域盖层，保存条件较好，使前期充注的油气藏得以保存，后期调整改造较弱。

优选宜参 3 井位于湖北省宜昌市点军区联棚乡（表 2-19）。

## 第二章　震旦系页岩气和天然气

### 表 2-19　宜参 3 井钻井基础数据表

| 项目 | 内容 | | | | | | |
|---|---|---|---|---|---|---|---|
| 基础信息 | 井号 | 宜参 3 井 | 井别 | 参数井 | 井型 | 定向井 | 设计井深/m　4 600 |
| 地理位置 | 湖北省宜昌市点军区联棚乡联棚村西南部 | | | | | | |
| 构造位置 | 中扬子黄陵隆起宜昌斜坡区 | | | | | | |
| 钻探目的 | 1. 主探震旦系灯影组台地边缘礁滩相储层发育特征及含油气性，兼探寒武系天河板组—石龙洞组，灯一段至陡山沱组致密气；评价震旦系、寒武系勘查潜力，为该区进一步深化研究提供基础资料<br>2. 取全、取准录井、测井、测试等基础资料，为研究该区储层的变化、油气富集规律提供基础数据<br>3. 验证地震波组的地质属性、储层预测的有效性，为该区地震资料的解释和储层预测技术的提高提供依据 | | | | | | |
| 井口复测坐标 | 纵坐标（X） | | 3 387 544.89 | | 横坐标（Y） | | 19 520 335.04 |
| 井口地面 | 地面海拔/m | 240.0 | 补心海拔/m | 247.5 | 补心高/m | 7.5 | 井口层位　白垩系下统五龙组 |
| 钻井信息 | 开钻日期 | | 2019 年 1 月 27 日 | | 一开日期 | | 2019 年 3 月 5 日 |
| | 二开日期 | | 2019 年 3 月 20 日 | | 三开日期 | | 2019 年 5 月 12 日 |
| | 完钻日期 | | 2018 年 7 月 27 日 | | 完井日期 | | 2018 年 8 月 17 日 |
| | 施工队号 | | 50807JH | | 完钻井深/m | | 4 573 |
| | 完钻层位 | | 震旦系下统陡山沱组 | | 压裂段长/m | | 513 |
| | 油套阻位/m | | 4 546.86 | | 人工井底/m | | 4 546 |
| | 完井方式 | | 套管完井 | | | | |

### （二）井位情况

**1. 地质条件**

部署井位周边出露地层为白垩系五龙组，主要为浅灰、浅灰绿夹紫红色厚层含钙质细粒岩屑砂岩，局部为含砾粗砂岩。地层产状较为平缓，为 6°～8°，构造简单稳定，无明显断层，保存条件好。宜参 3 井灯影组底界埋深为 3 259 m，水井沱组底部埋深约为 2 642 m。

**2. 地表条件**

部署井位目标位于文佛山自然保护区之下，山高路陡，道路狭窄，不易到达。目标北东 1.08 km 文佛山脚下山谷河漫滩之上，表面为一片林地和菜园，地面高差约为 2 m，经平整场地可形成占地面积约为 75 m×125 m 的稳定开阔平台，适合钻井机械架设与安装。该地距离宜昌高速公路点军收费站约 10 km，距离村村通公路约 700 m。后者为机耕道，经加固后可通行。

**3. 地下目标情况**

开孔层位均为白垩系五龙组二段，目的层位为震旦系灯影组，兼有寒武系石龙洞组、天河板组等常规天然气层，终孔层位为震旦系陡山沱组页岩。结合页岩气调查井宜页2井、宜页1井的区域地质调查、二维地震等资料，综合判断穿越地层主要有白垩系、下古生界志留系—寒武系，新元古界震旦系灯影组和陡山沱组（部分）。

### 4. 风险分析

由于宜昌地区震旦系常规天然气勘探程度相对较低，井控程度低，断层对油气成藏的影响程度难以精细刻画。宜参3井虽部署在震旦系最为有利的台缘边缘礁滩相带上及宜昌斜坡带中部缓坡带的构造高部位，但由于该区经历了多期的构造变动，井区台地边缘相带控制的岩性圈闭可能向上倾方向存在保存风险，此外，宜昌地区经历的多期构造活动也可能影响圈闭的油气充满度。

在工程施工方面，一方面部署井位位于继承性隆起发育区，且烃源岩供烃充足，可能局部存在超压，具有井喷风险。另一方面井位处受多期挤压应力作用影响，局部可能裂缝发育。另外，寒武系娄山关组碳酸盐岩层可能存在溶洞风险，可能存在井漏现象。

## （三）钻完井工程

### 1. 工程概况

宜参3井位于宜昌市点军区联棚乡联棚村西南部，是一口大斜度定向钻探参数井。设计井深4 600 m，实际完钻井深4 573 m。井眼轨迹方面，灯影组顶井深3 497 m，井斜为29.51°，方位为202.30°，垂深为3 218 m，闭合距为1 088.55 m。井底井深为4 573 m，井斜为42°，方位为194.12°，垂深为4 064.27 m，闭合距为1 748.64 m（表2-19）。

### 2. 钻井施工难点与对策

宜参3井是一口参数定向井，不可预见的因素较多。一是井区所在地紧邻宜昌市水源保护区，环保压力大。二是区内物探程度低，邻井资料少，地层预测困难，因此宜参3井地层垂深与设计可能存在较大差别。三是白垩纪不整合覆盖在志留系页岩之上，钻遇多套储层，不排除含浅层气的可能，井控工作压力大。钻井过程的施工难点主要如下。

（1）该井为参数井，不可预见性因素多，井控风险大。

（2）定向工作量大，定向时摆工具面困难，定向托压严重。

（3）二开、三开钻进，稳斜井段长，对井眼清洁难度大，对泥浆要求高。

（4）三开存在破碎带，水井沱组存在薄弱垮塌地层，钻进过程中易出现垮塌、地层鳖漏、卡钻。

（5）三开井段地层主要为页岩气目的层，岩性以泥岩、白云岩为主，裂缝发育，发生井漏的可能性特别大，可钻性差。

（6）该井靠近水库，环保压力较大，生活用水、工业用水处理工序较为烦琐，对健康、安全和环境（health，safety and environment，HSE）保护要求较高，完井现场环保要求高。

（7）区域勘探程度低，靶点预测难度大。稳斜段因靶点下移，井斜多次调整，多次定向调整，井眼轨迹控制较难。

（8）为充分揭示油气层，做好油气层保护，要求控制泥浆密度，尽可能走泥浆密度下限，导致该井三开井段多处垮塌，井眼多处扩径，导致扩径以下井段起下钻困难，易有卡钻事故发生，电测易遇阻。

参数定向井钻井施工存在较多困难，导致固井施工同样存在较多难点。

（1）一开干法固井，固井过程中存在井漏风险。

（2）三开存在扩径井段，影响固井胶结质量。

（3）三开钻井过程存在轻微漏失，产层固井存在井漏风险。

（4）三开井下复杂，起下钻困难，固井过程存在环空不畅、堵环空可能。

（5）三开段地层出现多次垮塌，井眼轨迹差，下套管摩阻较大。

（6）完井4 200 m以下未进行电测，无井径数据，水泥量计算需加大附加值。

针对施工过程面临的诸多困难，施工队使用一开空气钻、一开干法固井、混合钻头+螺杆、随钻震击器、高性能水基泥浆钻井等新工艺、新技术，提高全井机械钻速和钻井时效，收到了良好的效果。

（1）应用了高性能水基泥浆体系（甲基聚合物钻井液+聚氨甲基聚合物钻井液），在润滑性能上比油基泥浆更好，为防止井下故障提供有力保障。

（2）定向下入中天随钻测井（logging while drilling，LWD）定向仪器，在满足定向施工的同时，提供随便钻伽马数据，为找准地层提供支持。

（3）应用了KPM1633DFST型牙轮/聚晶金刚石复合片（polycrystalline dlamond compact，PDC）混合钻头，该钻头兼具牙轮钻头的稳定性和PDC钻头的攻击性，可以在复杂岩性条件下大幅度提高机械钻速，减缓定向托压，提高定向效率，减少定向工作量，同时复合钻进机械钻速也优于牙轮。

（4）随钻下入同心旋转冲击器，稳斜段定向钻进过程中有效防止钻具黏卡，缓解定向托压。

（5）随钻下入随钻震击器，一旦发生卡钻事故，可第一时间进行震击解卡。

## 二、宜参3井综合地质评价

（一）地层简述

宜参3井开孔层位位于白垩系五龙组，自上而下依次钻遇：白垩系下统五龙组、石门组；志留系下统龙马溪组；奥陶系上统五峰组、临湘组、宝塔组、庙坡组；奥陶系中统牯牛潭组、大湾组；奥陶系下统红花园组、分乡组、南津关组；寒武系上统三游洞群、覃家庙群；寒武系中统石龙洞组、天河板组、石牌组；寒武系下统水井沱组；震旦系灯影组、陡山沱组，完整揭示了宜昌斜坡带南部地层沉积序列。各岩石地层单位的厚度、岩性与设计一致。岩性电性组合特征与邻井宜参1井、宜参2井相似，对比性较好（表2-20）。

表 2-20　宜参 3 井实钻地层与邻井对比表

| 地层 | 宜参 1 井 顶深/m | 宜参 1 井 底深/m | 宜参 1 井 厚度/m | 宜参 3 井 顶深/m | 宜参 3 井 底深/m | 宜参 3 井 厚度/m | 宜参 2 井 顶深/m | 宜参 2 井 底深/m | 宜参 2 井 厚度/m |
|---|---|---|---|---|---|---|---|---|---|
| 五龙组 | — | — | — | 7.5 | 1 067.9 | 1 060.4 | 30.0 | 169.0 | 139.0 |
| 石门组 | 20.0 | 91.0 | 71.0 | 1 067.9 | 1 320.1 | 252.2 | 169.0 | 624.0 | 455.0 |
| 龙马溪组 |  |  |  | 1 320.1 | 1 393.6 | 73.4 |  |  |  |
| 五峰组 |  |  |  | 1 393.6 | 1 398.8 | 5.2 |  |  |  |
| 临湘组 |  |  |  | 1 398.8 | 1 416.2 | 17.4 |  |  |  |
| 宝塔组 |  |  |  | 1 416.2 | 1 431.8 | 15.7 |  |  |  |
| 庙坡组 | — | — | — | 1 431.8 | 1 433.7 | 1.8 | — | — | — |
| 牯牛潭组 |  |  |  | 1 433.7 | 1 460.2 | 26.5 |  |  |  |
| 大湾组 |  |  |  | 1 460.2 | 1 523.0 | 62.8 |  |  |  |
| 红花园组 |  |  |  | 1 523.0 | 1 575.4 | 52.4 |  |  |  |
| 分乡组 |  |  |  | 1 575.4 | 1 608.8 | 33.4 |  |  |  |
| 南津关组 |  |  |  | 1 608.8 | 1 763.6 | 154.7 |  |  |  |
| 三游洞群 | 91.0 | 718.0 | 627.0 | 1 763.6 | 2 274.9 | 511.3 | 624.0 | 1 374.0 | 750.0 |
| 覃家庙群 | 718.0 | 1 244.0 | 526.0 | 2 274.9 | 2 790.7 | 515.8 | 1 374.0 | 1 940.0 | 566.0 |
| 石龙洞组 | 1 244.0 | 1 340.0 | 96.0 | 2 790.7 | 2 937.0 | 146.3 | 1 940.0 | 2 098.0 | 158.0 |
| 天河板组 | 1 340.0 | 1 427.0 | 87.0 | 2 937.0 | 3 028.9 | 91.9 | 2 098.0 | 2 197.0 | 99.0 |
| 石牌组 | 1 427.0 | 1 608.0 | 181.0 | 3 028.9 | 3 216.2 | 187.2 | 2 197.0 | 2 432.8 | 235.8 |
| 水井沱组 | 1 608.0 | 1 617.0 | 9.0 | 3 216.2 | 3 222.7 | 6.5 | 2 432.8 | 2 482.0 | 49.2 |
| 灯三段 | 1 617.0 | 1 996.0 | 379.0 | 3 222.7 | 3 654.0 | 431.3 | 2 482.0 | 2 697.0 | 215.0 |
| 灯二段 | 1 996.0 | 2 212.0 | 216.0 | 3 654.0 | 3 838.8 | 184.8 | 2 697.0 | 2 871.0 | 174.0 |
| 灯一段 | 2 212.0 | 2 236.0 | 24.0 | 3 838.8 | 3 873.9 | 35.2 | 2 871.0 | 3 005.0 | 134.0 |
| 陡四段 |  |  |  | 3 873.9 | 3 888.4 | 14.5 | — | — | — |
| 陡三段 | 2 261.5 | 2 474.0 | 212.5 | 3 888.4 | 3 964.5 | 76.1 | 3 005.0 | 3 147.9 | 142.9 |
| 陡二段 |  |  |  | 3 964.5 | 4 064.3 | 99.8 | — | — | — |

## （二）测录井资料处理与综合解释

### 1. 测井

宜参 3 井进行了 6 次测井施工，其中中完测井 1 次，中途测井 1 次，完井测井 1 次，工程测井 3 次。在五龙组—龙马溪组井段 1 059～1 396 m、庙坡组—南津关组井段 1 447～1 660 m、灯影组井段 4 062～4 189 m 扩径较严重，牯牛潭组—覃家庙群井段 1 780～2 707m、2 771～2 897 m 井眼扩径明显。井况原因，4 189 m 以下未测井径。

本次完井测井资料缺失较多，存在因资料不足无法准确判断气、水层等问题。根据目前资料，宜参 3 井龙灯影组—陡山沱组井段 3 997.9～4 544.1 m 共解释各类气显示 195.6 m/9 层，其中，Ⅳ类储层 67.3 m/4 层、Ⅲ类储层 98.9 m/4 层、Ⅳ类页岩气层 29.4 m/1 层（表 2-21）。

表 2-21 宜参 3 井测井解释成果数据表

| 层号 | 井段/m | 厚度/m | 地层电阻率/(Ω·m) | 声波时差/(μs/m) | 补偿中子/% | 孔隙度/% | TOC/% | 解释结论 | 层位 |
|---|---|---|---|---|---|---|---|---|---|
| 1 | 3 997.9～4 001.7 | 3.8 | 4 760.1 | — | 5.94 | — | — | Ⅳ类储层 | 灯三段 |
| 2 | 4 015.6～4 017.4 | 1.8 | 4 835.1 | — | 8.86 | — | — | Ⅳ类储层 | 灯三段 |
| 3 | 4 103.6～4 104.9 | 1.4 | 66 953 | 181 | 13.92 | 5.61 | — | Ⅲ类储层 | 灯二段 |
| 4 | 4 123.8～4 125.2 | 1.4 | 20 163 | 159 | 8.64 | 0.30 | — | Ⅳ类储层 | 灯二段 |
| 5 | 4 137.3～4 165.5 | 28.2 | 95 977 | 173 | 5.6 | 3.87 | — | Ⅲ类储层 | 灯二段 |
| 6 | 4 211.0～4 271.3 | 60.3 | — | 164 | 7.98 | 1.76 | — | Ⅳ类储层 | 灯二段 |
| 7 | 4 271.3～4 275.9 | 4.6 | — | 168 | 7.28 | 2.67 | — | Ⅲ类储层 | 灯二段—灯一段 |
| 8 | 4 450.0～4 514.7 | 64.7 | — | 173 | 12.71 | 3.90 | — | Ⅲ类储层 | 陡二段 |
| 9 | 4 514.7～4 544.1 | 29.4 | — | 193 | 24.75 | 4.41 | 1.04 | Ⅳ类页岩气层 | 陡二段 |

### 2. 录井

宜参 3 井进行了全井段综合录井，录井发现显示 203.00 m/19 层，全井最好显示层段位于灯二段，井段 4 118.00～4 263.00 m，全烃最高达 1.48%，$C_1$ 最高达 1.47%。全井共测量后效 9 次，全烃分布在 1.19%～3.09%，平均 1.84%，其中最强后效值位于灯二段。

现场综合解释裂缝含气层 44.00 m/10 层，裂缝气层 1.00 m/1 层，弱含气层 158.00 m/8 层。气测解释统计详见表 2-22。

表 2-22 宜参 3 井气测显示及现场解释情况

| 层位 | 井段/m | 厚度/m | 岩性 | 全烃含量% | 甲烷含量/% | 综合解释 |
|---|---|---|---|---|---|---|
| 覃家庙群 | 2 566～2 572 | 6 | 灰色泥质白云岩 | 0.008 0↑0.043 3 | 0.006 2↑0.039 6 | 裂缝气 |
| 覃家庙群 | 2 628～2 631 | 3 | 灰色泥质白云岩 | 0.027 9↑0.058 9 | 0.019 8↑0.056 9 | 裂缝气 |

续表

| 层位 | 井段/m | 厚度/m | 岩性 | 全烃含量/% | 甲烷含量/% | 综合解释 |
|---|---|---|---|---|---|---|
| 覃家庙群 | 2 921~2 923 | 2 | 深灰色泥质白云岩 | 0.042 4↑0.296 1 | 0.025 5↑0.271 8 | 裂缝气 |
| 石龙洞组 | 2 942~2 944 | 2 | 灰色灰质白云岩 | 0.047 5↑0.190 2 | 0.023 1↑0.171 1 | 裂缝气 |
| 石龙洞组 | 2 949~2 952 | 3 | 灰色灰质白云岩 | 0.028 1↑0.363 8 | 0.022 9↑0.332 4 | 裂缝气 |
| 石龙洞组 | 2 956~2 958 | 2 | 灰色灰质白云岩 | 0.051 2↑0.234 7 | 0.038 4↑0.200 0 | 裂缝气 |
| 石龙洞组 | 3 097~3 098 | 1 | 灰色灰质白云岩 | 0.041 0↑0.240 3 | 0.031 6↑0.201 0 | 裂缝气 |
| 灯影组 | 3 990~4 000 | 10 | 灰色泥质白云岩 | 0.024 0↑0.099 4 | 0.002 8↑0.009 9 | 裂缝含气 |
| 灯影组 | 4 037~4 040 | 3 | 深灰色泥岩 | 0.029 6↑0.153 0 | 0.014 5↑0.133 5 | 裂缝气 |
| 灯影组 | 4 083~4 095 | 12 | 深灰色泥质白云岩 | 0.063 2↑0.568 4 | 0.053 3↑0.538 4 | 裂缝气 |
| 灯影组 | 4 118~4 155 | 37 | 灰色含灰白云岩、深灰色泥质灰岩、深灰色白云质灰岩 | 0.259 1↑1.398 4 | 0.221 9↑1.382 2 | 弱含气 |
| 灯影组 | 4 157~4 193 | 36 | 深灰色灰岩、深灰色白云质灰岩 | 0.305 4↑1.483 2 | 0.257 6↑1.471 7 | 弱含气 |
| 灯影组 | 4 198~4 209 | 11 | 深灰色含泥灰岩 | 0.331 8↑0.701 1 | 0.162 1↑0.669 5 | 弱含气 |
| 灯影组 | 4 213~4 225 | 12 | 深灰色含泥灰岩 | 0.182 8↑0.521 2 | 0.152 7↑0.480 4 | 弱含气 |
| 灯影组 | 4 258~4 263 | 5 | 深灰色灰岩 | 0.309 6↑0.630 3 | 0.293 3↑0.584 4 | 弱含气 |
| 陡山沱组 | 4 440~4 445 | 5 | 深灰色白云质岩 | 0.045 2↑0.172 5 | 0.034 9↑0.142 0 | 弱含气 |
| 陡山沱组 | 4 476~4 483 | 7 | 深灰色泥质白云岩 | 0.035 5↑0.261 9 | 0.028 9↑0.237 2 | 弱含气 |
| 陡山沱组 | 4 488~4 489 | 1 | 深灰色含云泥质灰岩 | 0.065 9↑1.112 1 | 0.059 6↑1.087 5 | 裂缝气 |
| 陡山沱组 | 4 522~4 566 | 44 | 深灰色白云质泥岩、深灰色白云质页岩 | 0.050 7↑0.132 0 | 0.035 9↑0.126 0 | 弱含气 |

### (三) 油气成藏条件综合评价

区域构造上，井区所在宜昌斜坡区是一个长期继承发展的古隆起、古斜坡，长期处于油气运移的指向区，多期油气成藏。加里东运动晚期，陡山沱组、水井沱组大规模生烃，充注于震旦台缘浅滩中。海西期—印支期，发生区域性构造反转，油气藏调整、改造，诸多灯影组剖面及井下见到大量的沥青，印支运动期原生天然气规模充注，沿桐湾运动不整合面，侧向运移至灯影组滩相高能丘藻孔洞型优质规模储层中。燕山运动期，由于构造挤压、褶皱作用，弹性回落，黄陵隆起剧烈隆升至地表，宜昌上斜坡缺乏有效的盖层及保存，圈闭溢出点抬升、有效性降低，天然气散失，宜昌下斜坡构造相对沉降、保存条件较好。喜山期，宜昌斜坡区发育天阳坪逆冲推覆断裂，宜昌斜坡位于断裂下盘因此而深埋，生烃中心横向迁移，形成多期油气充注，成藏地质条件有利。

**1. 烃源岩评价**

宜参 3 井龙马溪—五峰组钻遇暗色泥岩厚度为 82 m，TOC（采用岩屑分析数据）最大为4.12%、最小为0.001%、平均为1.42%。其中TOC>4%的占1.2%，TOC为2%～3%的占13.4%，二者之和占14.6%，位于该段地层的下部。宜参3井水井沱组钻遇暗色泥岩厚度为7.00 m，TOC（采用岩屑分析数据）最大为0.24%、最小为0.02%、平均为0.10%。由于该段泥岩地层太薄，宜参3井未做评价。陡山沱组钻遇的暗色泥岩主要在陡二段，厚度为44.00 m，TOC（采用岩屑分析数据）最大为1.28%、最小为0.43%、平均为0.77%。依据《陆相烃源岩地球化学评价方法标准》（SY/T 5736—1995），宜参3井五峰组—龙马溪组及震旦系陡山沱组烃源岩以中等烃源岩为主（表2-23）。

表2-23 宜参3井页岩热解录井有机质丰度评价结果

| 层位 | 井段/m | 厚度/m | TOC/% 最大 | TOC/% 最小 | TOC/% 平均 | 有机质丰度 |
|---|---|---|---|---|---|---|
| 龙马溪—五峰组 | 1 324～1 339 | 15 | 0.04 | 0.01 | 0.03 | 非烃源岩 |
|  | 1 339～1 390 | 51 | 0.70 | 0.001 | 0.11 | 非烃源岩 |
|  | 1 390～1 406 | 16 | 4.12 | 0.09 | 2.43 | 极好烃源岩 |
| 水井沱组 | 3 495～3 502 | 7 | 0.24 | 0.02 | 0.10 | — |
| 陡山沱组 | 4 522～4 529 | 7 | 0.65 | 0.43 | 0.52 | 差烃源岩 |
|  | 4 529～4 535 | 6 | 1.44 | 0.65 | 1.13 | 好烃源岩 |
|  | 4 535～4 566 | 31 | 1.28 | 0.44 | 0.77 | 中等烃源岩 |

根据分析数据选取，按照唐友军等（2006）利用岩石含油气总量建立的烃源岩有机质类型评价标准，宜参3井龙马溪—五峰组有机质类型上部主要为III型腐殖型烃源岩，下部为I型腐泥型，水井沱组有机质类型为III型腐殖型，陡山沱组有机质类型为II$_1$型腐殖腐泥型（表2-24）。

表2-24 宜参3井页岩热解录井含油气总量评价表

| 层位 | 井段/m | 厚度/m | 含油气总量ST/（mg/g） 最大 | 最小 | 平均 | 类型 |
|---|---|---|---|---|---|---|
| 龙马溪—五峰组 | 1 324～1 339 | 15 | 0.52 | 0.11 | 0.31 | III型 |
|  | 1 339～1 390 | 51 | 8.48 | 0.01 | 1.34 | III型 |
|  | 1 390～1 406 | 16 | 49.58 | 1.09 | 29.27 | I型 |
| 水井沱组 | 3 495～3 502 | 7 | 2.95 | 0.23 | 1.22 | III型 |
| 陡山沱组 | 4 522～4 529 | 7 | 7.79 | 5.22 | 6.28 | II$_1$型 |
|  | 4 529～4 535 | 6 | 17.40 | 7.78 | 13.56 | II$_1$型 |
|  | 4 535～4 566 | 31 | 15.46 | 5.26 | 9.26 | II$_1$型 |

根据邬立言等（1986）建立的热解烃峰S2的峰顶温度$T_{max}$值确定烃源岩有机质成熟度的划分标准，宜参3井龙马溪—五峰组烃源岩进入成熟生油生气门限，水井沱组未成熟，陡山沱组烃源岩进入成熟生油生气门限（表2-25）。

表 2-25 宜参 3 井岩石热解录井有机质成熟度评价结果

| 层位 | 井段/m | 泥页岩厚度/m | $T_{max}$/℃ | 成熟度 |
|---|---|---|---|---|
| 龙马溪—五峰组 | 1 324～1 339 | 15 | 460.7 | 成熟 |
|  | 1 339～1 390 | 51 | 460.0 | 成熟 |
|  | 1 390～1 406 | 16 | 486.0 | 成熟 |
| 水井沱组 | 3 495～3 502 | 7 | 404.8 | 未成熟 |
| 陡山沱组 | 4 522～4 529 | 7 | 465.3 | 成熟 |
|  | 4 529～4 535 | 6 | 486.7 | 成熟 |
|  | 4 535～4 566 | 31 | 463.0 | 成熟 |

**2. 页岩储层评价**

由于工区尚无泥页岩储层评价标准，宜参 3 井的暗色泥页岩储层评价参考涪陵工区页岩气评价标准，页岩储层厚度下限为 10.0 m，孔隙度下限为 1.5%，TOC 下限为 0.5%，脆性矿物含量下限为 30%。

（1）龙马溪组—五峰组页岩：对应井段 1 324～1 406 m，厚 82 m。岩性为灰黑、深灰色泥岩、碳质泥岩。气测：全烃 0.02↑0.05%；甲烷 0↑0.04%；气测未解释。在龙马溪组井段 1 380.0～1 405.2 m 解释 III 类页岩气层 25.20 m/3 层（表 2-26）。该井段为连续暗色泥页岩段，测井解释有效孔隙度平均为 1.8%，渗透率平均为 0.05 mD，含气饱和度平均为 17.4%。

表 2-26 龙马溪组测井解释成果

| 参数 | 层 1 | 层 2 | 层 3 |
|---|---|---|---|
| 井段/m | 1 380.00～1 394.4 | 1 394.4～1 399.3 | 1 399.3～1 405.2 |
| 厚度/m | 14.4 | 4.9 | 5.9 |
| 声波时差/(μs/m) | 275 | 247 | 231 |
| 密度/(g/cm³) | 2.46 | 2.54 | 2.53 |
| 补偿中子/% | 20.5 | 12.7 | 11.2 |
| 深侧向电阻率/(Ω·m) | 116 | 332 | 405 |
| 含气饱和度/% | 19.4 | 16.4 | 16.5 |
| 孔隙度/% | 1.9 | 1.8 | 1.6 |
| 渗透率/mD | 0.07 | 0.05 | 0.04 |
| TOC/% | 1.3 | 1.7 | 1.5 |
| 吸附气量/(m³/t) | 0.7 | 0.8 | 0.8 |
| 游离气量/(m³/t) | 0.5 | 0.5 | 0.6 |
| 总含气量/(m³/t) | 1.2 | 1.4 | 1.4 |
| 解释结论 | III 类页岩气层 | III 类页岩气层 | III 类页岩气层 |

(2) 陡山沱组岩性特征：对应井段 4 522～4 566 m，厚度为 44.00 m。岩性为深灰色白云质页岩。气测：全烃 0.05%～0.13%；甲烷 0.04%～0.13%。陡山沱组下部的测井数据不全，在井段 4 514.7～4 544.1 m 测得孔隙度约为 4.41%。

**3. 碳酸盐岩储层评价**

宜参 3 井在灯影组取心 2 筒次，岩性以灰白色白云岩为主，含浅灰色含灰白云石、灰色泥质白云岩，局部见团块状碳质泥岩，岩心岩性较纯，裂缝及溶蚀发育较好。测井解释以 III 类储层和 IV 类储层为主（表 2-21）。

**4. 盖层评价**

宜昌地区灯影台地边缘呈南北向分布，局部发育近东西向间湾。宜参 3 井西北侧发育北东东向逆断层及其控制的震旦系灯影期的间湾（图 2-41），下寒武统水井沱组—石牌组除构成区域上的优质盖层外，还造就了南倾宜昌斜坡区灯影组台缘顶封、侧封条件，盖层保存条件较好，前期充注的油气藏得以保存，后期调整改造较弱。

## 三、试气测试

**（一）陡山沱组微注测试**

为了求取宜参 3 井陡二段页岩储层原始地层压力等气藏参数，为压裂试气工艺优化、产能评价提供可靠的依据，正式大规模压裂前对宜参 3 井实施了微注入压降测试施工。施工采用井口直读高精度电子压力计录取资料。测试前对各部位试压 70 MPa，稳压 30 min，压降为 0，试压合格。

测试时，首先采用排量 400 L/min，稳定施工压力于 60 MPa 上下，泵注清水 6.0 m³，停泵关井测压降。地层破裂压力为 71.1 MPa。关机压力为 58.00 MPa，关井 14 天后，井口压力降至 43.19 MPa。因压降缓慢，参照阳页 2 井微注测试地层压力系数 1.14，反推井口压力 5.34 MPa，采用人工泄压，将宜参 3 井井口泄压至 5.34 MPa 后观察井口压力 2 天，压力缓慢升至 6.46 MPa 后趋于稳定，证明宜参 3 井的地层压力略高于阳页 2 井。

根据井口直读压力资料分析，地层出现破裂特征，平均破裂压力为 71.1 MPa（井口）。G 函数分析（图 2-42），裂缝闭合时间为关井后 56.35 h，闭合压力为 46.72 MPa（井口）/86.16～92.00 MPa（估算测试层），反映测试层最小地应力为 86.16～92.00 MPa。

该井测试期间没有出现明显拟径向流状态，但从双对数分析图可以看出，关井 209 h 出现明显的线性流特征（图 2-43），且持续时间较长，并逐渐向拟径向流过渡。由于地层渗透性差，未出现拟径向流状态，无法根据压降数据直接计算地层压力系数，宜参 3 井采用泄压后井口恢复压力进行地层压力系数计算。井口压力为 6.46 MPa，预计井底压力为 45.93 MPa，估算测试层原始地层压力不高于 45.93 MPa，计算地层压力系数为 1.16，属于常压系统。线性流特征计算有效渗透率为 0.000 48 mD，地层物性较差。

图 2-42  G 函数分析图

图 2-43  双对数分析图

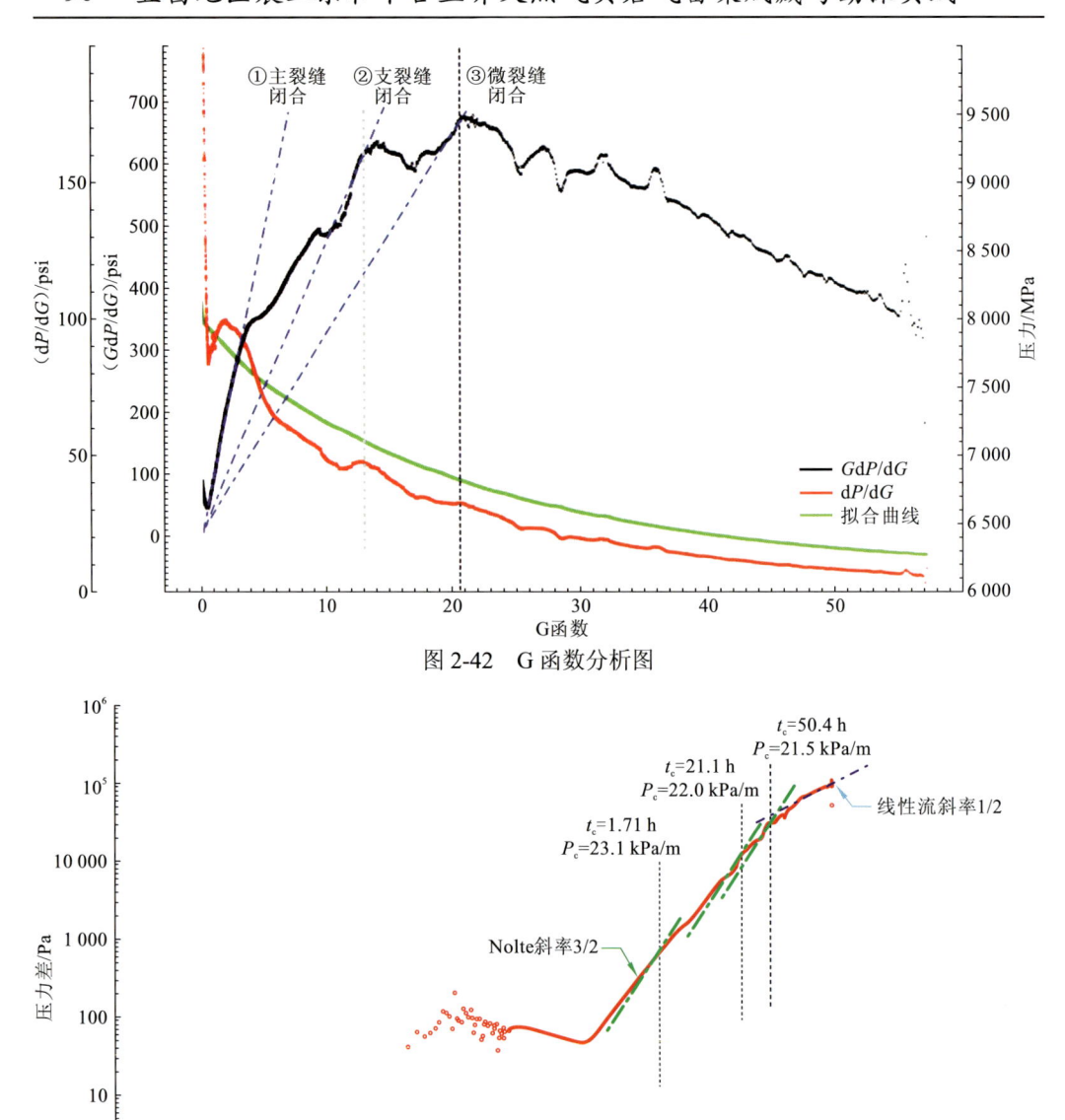

$t_c$ 为关井时间；$P_c$ 为关井压力

### （二）灯影组压裂试气测试

**1. 概况**

以往对宜昌地区灯影组的试气测试工作开展较少，早期曾对宜昌南部宜都构造的宜参 3 井灯影组中部进行过试气求产，测试层段深度为 982.83～1 050.40 m，求产井段为

1 024.00～1 027.46 m，30 mm 油嘴套测得水产量为 475 m³/d，气产量为 8.149 m³/d。

综合录井、测井和特殊测井解释结果（图 2-44，表 2-27），本书研究选择宜参 3 井灯影组石板滩段下部开展试气测试，深度为 4 034～4 276 m，总段长 242 m。试气段岩性为浅灰-深灰色白云岩，灰质、泥质白云岩。综合气层各参数，确定的压裂分段、射孔及桥塞位置见表 2-28。

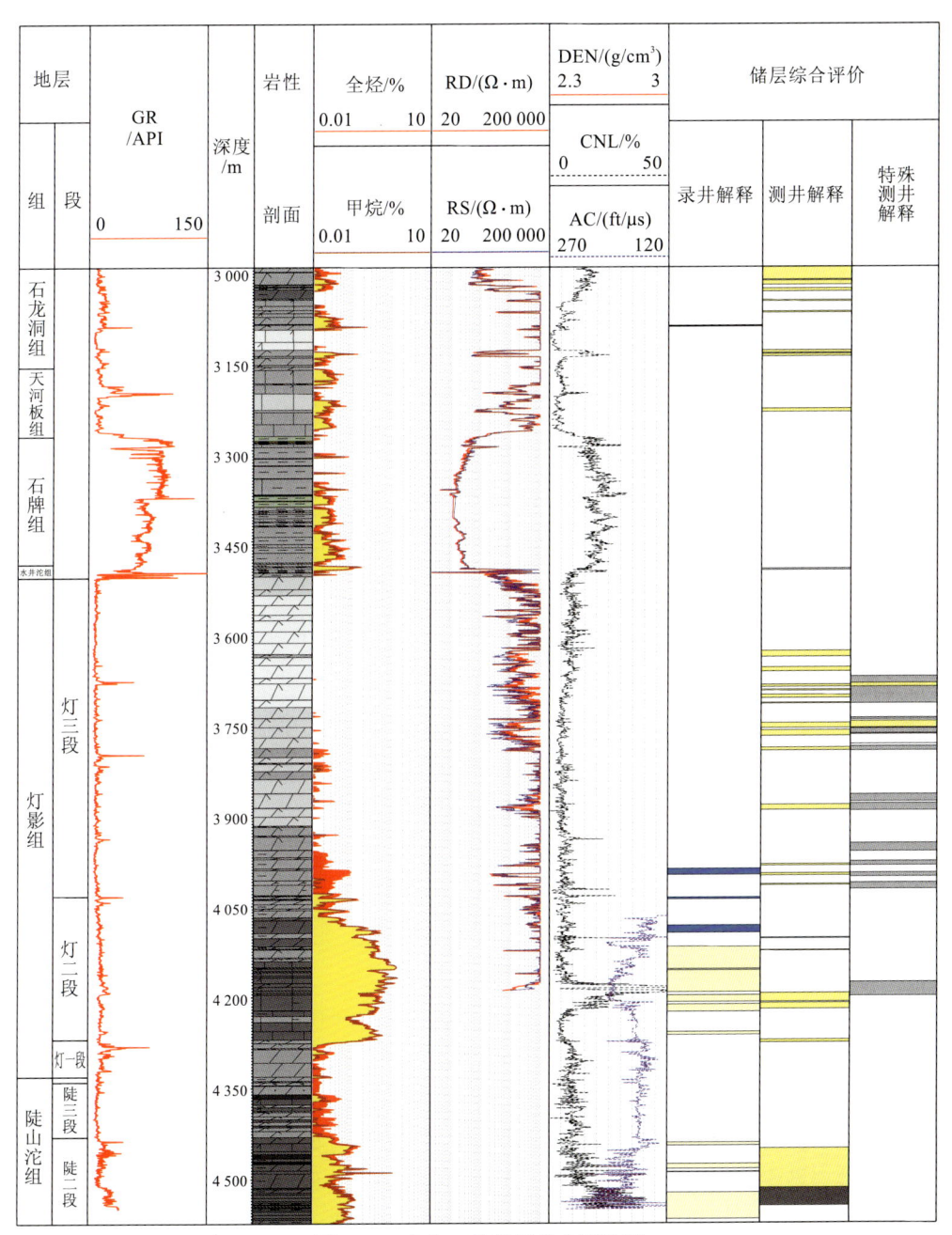

图 2-44　宜参 3 井储层综合评价图

表 2-27 宜参 3 井灯影组试气层参数统计表

| 层号 | 井段/m | 厚度/m | 主要岩性 | GR/API | 电阻值/(kΩ·m) | 声波时差/(ft/μs) | 甲烷/% | 泊松比 |
|---|---|---|---|---|---|---|---|---|
| 6 | 4 034~4 083 | 49 | 泥质白云岩 | 10~33 | 3~90 | — | 0.15 | 0.29 |
| 5 | 4 083~4 118 | 35 | 白云岩 | 11~19 | 7~100 | 124~194 | 0.57 | 0.03~0.30 |
| 4 | 4 118~4 157 | 39 | 白云质灰岩 | 14~17 | 56~100 | 143~185 | 1.40 | 0.23~0.28 |
| 3 | 4 157~4 194 | 37 | 泥质灰岩 | 14~27 | 5~97 | 148~186 | 1.48 | 0.10~0.28 |
| 2 | 4 194~4 227 | 33 | 泥质灰岩 | 12~19 | — | 138~192 | 0.70 | 0.26~0.34 |
| 1 | 4 227~4 276 | 49 | 灰岩 | 16~23 | — | 143~163 | 0.49 | 0.28~0.30 |

表 2-28 宜参 3 井灯影组设计压裂分段、射孔及桥塞数据表

| 段号 | 桥塞位置/m | 簇号 | 起始井深/m | 终止井深/m | 簇数 | 桥塞位置与上段射孔层距离/m | 簇长/m | 孔密度/(孔/m) |
|---|---|---|---|---|---|---|---|---|
| 1 | 4 283 | 5 | 4 271 | 4 273 | 3 | 160 | 2 | 16 |
| | | 6 | 4 259 | 4 261 | | | 2 | 16 |
| | | 7 | 4 250 | 4 252 | | | 2 | 16 |
| 2 | 4 230 | 8 | 4 218 | 4 220 | 2 | 20 | 2 | 16 |
| | | 9 | 4 196 | 4 198 | | | 2 | 16 |
| 3 | 4 191 | 10 | 4 182 | 4 184 | 2 | 5 | 2 | 16 |
| | | 11 | 4 168 | 4 170 | | | 2 | 16 |
| 4 | 4 159 | 12 | 4 148 | 4 150 | 3 | 9 | 2 | 16 |
| | | 13 | 4 134 | 4 136 | | | 2 | 16 |
| | | 14 | 4 123 | 4 125 | | | 2 | 16 |
| 5 | 4 114 | 15 | 4 103 | 4 105 | 2 | 9 | 2 | 16 |
| | | 16 | 4 090 | 4 092 | | | 2 | 16 |
| 6 | 4 070 | 17 | 4 058 | 4 060 | 2 | 20 | 2 | 16 |
| | | 18 | 4 037 | 4 039 | | | 2 | 16 |

**2. 压裂施工**

从区域邻井对比来看，结合宜参 3 井情况，其施工有如下难点：①深层及常压储层特点，需综合考虑压裂工艺参数优化；②水平两相应力差异大，易形成单一主缝，形成复杂体积缝难度大；③目的层较深，弹性模量高，裂缝张开难度大，缝宽不够，难以高砂比加砂；④常压气藏相对于高压气藏而言，孔隙压力低，支撑剂更易破碎；⑤大斜度

井裂缝延伸迂曲程度高，裂缝与井筒空间形态复杂，易导致施工压力高，砂比和加砂规模均难以提升，影响改造效果；⑥地层压力系数低，压裂液返排难。

针对难点，制定技术思路：①为保证施工成功和改造程度，借鉴目前页岩最为成熟的桥塞分层压裂工艺；②优选地质和工程甜点（含气高、破裂压力小、泥质含量低）的位置射孔，同时采用深穿透射孔弹射孔，避开固井质量差、节箍位置；③灯影组脆性矿物以灰岩、白云岩为主，为更好地改造储层、降低压裂施工风险，采用酸液+胶液+滑溜水压裂液体系，根据工艺需要调整液体占比；④灯影组呈一定塑性，需针对性优化泵注参数，灯影组适当增加胶液比例造长缝，探索沟通礁滩相远端潜力含气储层；⑤针对储层弹性模量高，储层天然裂缝发育，支撑剂采用70/140目+40/70目支撑剂组合，兼顾孔隙压力低需提高铺砂浓度，同时考虑斜井加砂难度大，加大70/140目支撑剂用量；⑥灯影组为礁滩相特征，岩性为灰岩储层，归类为裂缝-孔隙型储层，属于常规气类型，渗流主要靠微细裂缝和基质，加砂施工工艺的成功性大，两相应力差大，呈现一定塑性特征，采取"主缝+分支缝、长缝"的工艺思路，采用高黏滑溜水+胶液（增加比例）的液体模式；⑦采用低伤害压裂液体系，同时加快压裂液返排，降低储层伤害。

宜参3井灯影组石板滩段压裂是在陡山沱组三段鲕粒灰岩、泥质白云岩压裂获得相关工程参数基础上进行的。2019年10月23~30日历时8天完成宜参3井灯影组6段14簇的压裂任务。压裂施工总入地液量为8 849.54 m³，加砂量为112.57 m³。与设计相比入井总液量差别不大，实际加砂量只达到设计量的35%，加砂困难（表2-29），主要是因为施工压力长期高位运行，加砂窗口小，且施工排量小，造成缝宽偏窄，难以实现高砂比和大粒径支撑剂加砂。

表2-29 宜参3井灯影组各层段压裂砂使用情况对比

| 段号 | 设计量/m³ 液量 | 设计量/m³ 砂量 | 实际量/m³ 液量 | 实际量/m³ 砂量 | 符合率/% 液量 | 符合率/% 砂量 |
| --- | --- | --- | --- | --- | --- | --- |
| 1 | 1 920 | 70.1 | 1 637.66 | 31.18 | 85.29 | 44.48 |
| 2 | 1 270 | 45.3 | 1 089.36 | 3.96 | 85.78 | 8.74 |
| 3 | 1 270 | 45.3 | 1 362.30 | 10.84 | 107.27 | 23.93 |
| 4 | 1 920 | 70.1 | 2 064.56 | 30.13 | 107.53 | 42.98 |
| 5 | 1 270 | 45.3 | 1 393.13 | 22.43 | 109.70 | 49.51 |
| 6 | 1 270 | 45.3 | 1 302.53 | 14.03 | 102.56 | 30.97 |
| 合计 | 8 920 | 321.4 | 8 849.54 | 112.57 | 598.13 | 200.61 |

灯影组为碳酸盐岩地层，白云岩含量较高，施工过程采用适量盐酸处理地层，以减小施工初期施工压力，起到疏通裂缝和清洗炮眼的双重作用。但从各层段酸降压力情况分析，宜参3井酸降压力一般，平均酸降压强为6.37 MPa。虽然碳酸盐含量较高，但各层位碳酸盐性质各异，盐酸与之反应不明显，突出本层位地层岩性较为致密，施工难度较大。

根据停泵后压降分析，全井段初始停泵压力较高，平均停泵压力为 70.47 MPa，后五段停泵压力达 74.50 MPa（均处在灯影组），初步判定人工裂缝与天然微裂缝相连，导致压力过高。加上 30 min 后平均压强降幅为 10.50 MPa，判断地层裂缝闭合性一般，压降速度为 0.33 MPa/min，说明压力扩散较好，地层裂缝通透性及连通较为理想。

### 3. 放喷排液、测试求产

钻塞前放喷，过套管采用 5.1 mm 油嘴控制放喷排液，井口压强从 15.9 MPa 下降到 1.79 MPa，焰高 0.1～0.3 m，焰呈橘黄色，无砂，出口返液 595.0 m³，放喷排液累计返出液量为 595.0 m³。此后采用连油钻塞，历时 11 天放喷排液，井试气施工返排液量为 933 m³，返排率为 7.53%，放喷求产期间估算燃烧气量为 7 270.95 m³。获取了灯影组石板滩段产能。根据《勘探试油工作规范》（SY/T 6293—2008）及试气结果，宜参 3 井试气结论为低产气层。放喷测试期间，现场对水样做了氯根、pH 分析，放喷期间水性稳定。宜参 3 井求产结束后，地面关井井口压强从 0.44 MPa 上升至 2.09 MPa，灯影组返排率为 10.54%。从实钻、返排、关井压力恢复情况对产能测试结果做如下分析。

（1）钻井实钻过程中，灯二段 245 m 产层持续气测显示，且压裂后开井放喷 6 h（井筒无油管），返排率<1%时即点火成功，火焰呈橘黄色，高 0.1～0.3 m（飘高 0.5～1.5 m），持续可燃，说明地层物质基础充足。

（2）宜参 3 井返排液氯根质量浓度为 1 406～5 974 mg/L，低于含油气地层水几万到十几万升。返排液基本上全为原施工压裂液，无地层水产出。

（3）较短的关井时间内压强恢复至 2.09 MPa，说明通过压裂改造后，储层导流能力较好。

（4）通过两次关井，井口压强最高恢复值分别为 2.09 MPa 和 0.66 MPa，估算灯二段压力系数约为 1.02～1.06，属于常压气藏。井口压力低，地层能量总体不高。

（5）13 个工作制度测气求产，不同油嘴（5.1 mm、6.0 mm、4.2 mm）求取的气产量为 1 363～1 504 m³/d，测试的产能与油嘴的尺寸没有明显相关性，且有随着返排率升高而升高的趋势，表明目前求取的产能不能代表地层的真实产能。

按照目前开井返排出口立即见液，分析液面在井口的情况，综合考虑宜昌区块及国内常压气藏排采返排率，目前宜参 3 井灯影组试气继续开关井返排，依靠自身能量排液困难，目前测试产量不足以反映地层真实产能。因此今后通过优选助排措施，降低井筒液面，扩大生产压差，测试宜参 3 井灯影组地层真实产能情况很有必要。

# 第三章 寒武系天然气地质条件

宜昌地区寒武系页岩气是中扬子地区最先突破的海相天然气。课题组对区内寒武系页岩气的地质条件、成藏主控因素和成藏模式等均有较为详细的研究成果（Chen et al.，2021a，2021b；陈孝红 等，2018a，2017）。本书主要在页岩气地质调查成果的基础上，结合宜地 2 井寒武系碳酸盐岩储层的研究，分析宜昌地区寒武系天然气地质条件。

宜地 2 井是由中国地质调查局武汉地质调查中心于 2015 年在宜昌地区钻探的一口页岩气地质调查井。该井位于宜昌市秭归县土城乡。钻探目的是了解下寒武统水井沱组黑色页岩段岩石矿物组成、生烃能力、储集性能、含气性等。该井开孔层位位于白垩系石门组，完钻层位位于震旦系灯影组，完钻井深 1 806.97 m。其中在寒武系水井沱组和石牌组见到了较好的油气显示。继宜地 2 井钻获寒武系页岩气后，围绕寒武系页岩气的有利区优选和潜力评价，先后实施了宜页 1 井、宜页 3 井等参数井。此外，围绕震旦系灯影组天然气的调查，实施了宜参 1 井、宜参 2 井和宜参 3 井等参数井，以及宜地 3 井、宜地 4 井和宜地 5 井等地质调查井，这些井或多或少钻遇了下寒武统，也为认识区域寒武系天然气地质条件提供了重要依据（图 3-1）。

## 第一节 烃源岩条件

### 一、水井沱组划分对比

寒武系水井沱组是中扬子地区油气勘探下组合领域最直接、也是最重要的烃源岩。结合岩性、电性变化、岩心观察及沉积环境特征，宜地 2 井寒武系水井沱组纵向上四分性较为明显（图 3-2），自下而上如下。

水井沱组一段（以下简称水一段，井深 1 704.0~1 726.3 m，厚 22.3 m）：岩性以黑色碳质页岩为主，夹少量的灰质页岩，与下伏岩家河组灰岩分界较为明显，测井显示水一段具有箱状高伽马、中高声波、低密度特征；GR 最大可达 436.95 API，平均密度为 1.63 g/cm³，平均声波时差为 399.4 μs/m。矿物组分以长英质、黏土矿物为主，碳酸盐矿物含量相对较少，岩家河组矿物组分主要为碳酸盐矿物。同时在水一段的底部生物比较发育，在薄片分析上生物可见。

水井沱组二段（以下简称水二段，井深 1 678.0~1 704.0 m，厚 26 m）：岩性为黑色碳质页岩、灰质页岩，测井显示具有低伽马、中高声波、高密度特点；其中 GR 平均值为 135.5 API，平均密度为 1.7 g/cm³，平均声波时差为 393.6 μs/m，与水一段相比变化明显。

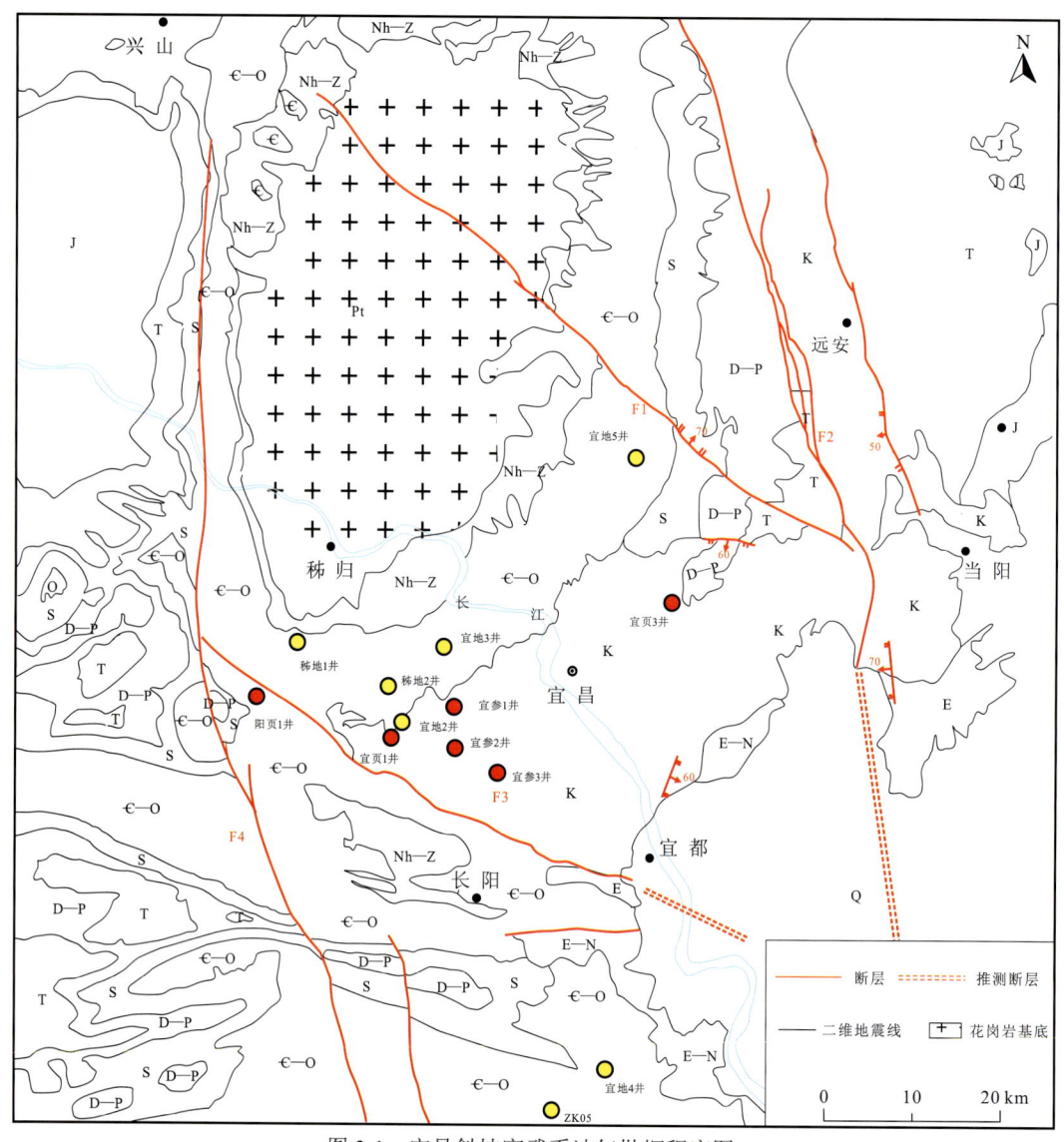

图 3-1　宜昌斜坡寒武系油气勘探程度图

水井沱组三段（以下简称水三段，井深 1 653～1 678 m，厚 25 m）：岩性为泥质灰岩夹薄层灰质页岩，测井显示具有相对较低的伽马值、高密度、声波和密度呈锯齿状等特点；其中 GR 平均值为 68.6 API，平均声波时差为 345.1 μs/m，平均密度为 1.78 g/cm³，本段灰质含量较重，碳酸盐矿物平均体积分数达到 52.1%，长英质和黏土含量比下伏地层减少，长英质平均体积分数为 17.3%，黏土为 27.3%。

水井沱组四段（以下简称水四段，井深 1 653～1 678 m，厚 25 m）：岩性较为单一，为泥质条带灰岩，测井显示具有较低伽马值、高密度、中值声波的特点；其中 GR 平均值为 33.4 API，平均声波时差为 315.7 μs/m，平均密度为 2.06 g/cm³。本段矿物成分主要为碳酸盐矿物，平均体积分数达到 86.9%，含少量的长英质和黏土。

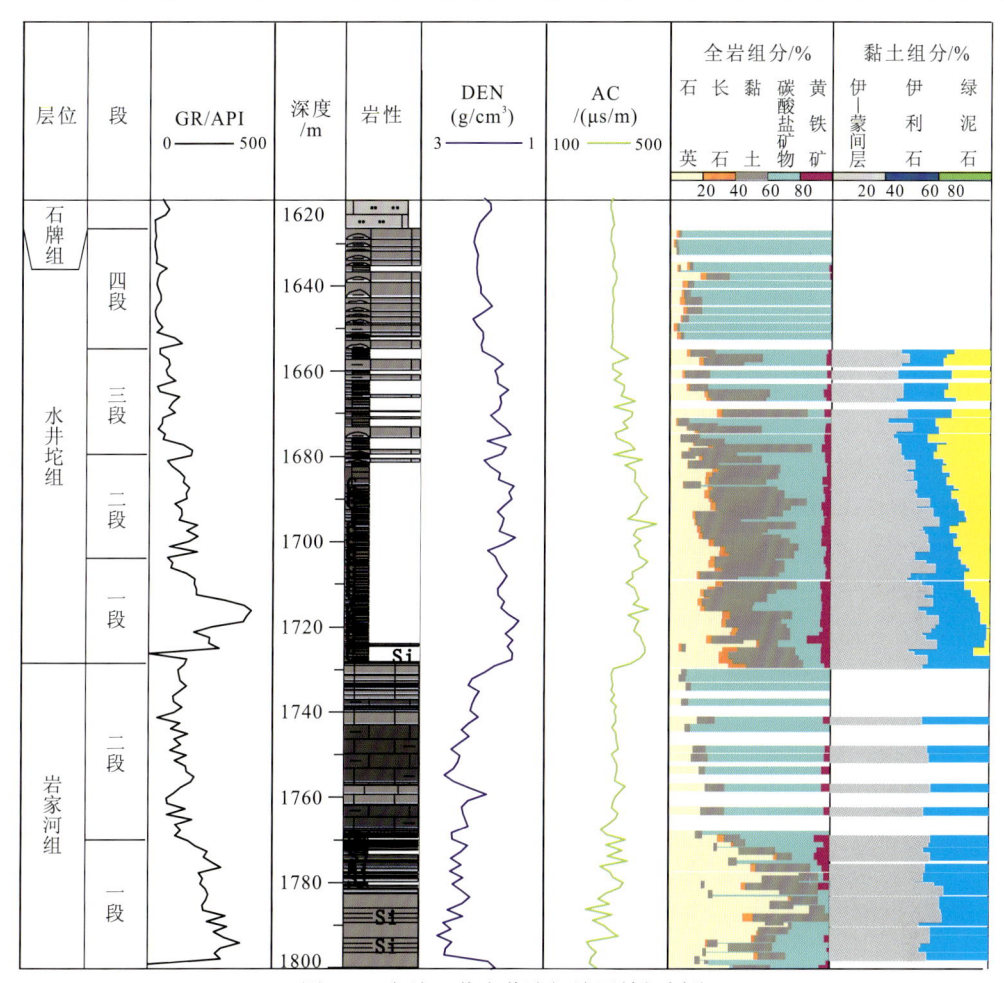

图 3-2  宜地 2 井水井沱组地层精细划分

总体上看，水井沱组自下而上泥质含量减少，灰岩增加。在电性曲线变化上，自下而上，GR 曲线值减小，声波时差减小，而密度逐渐增大。其中，水一段 GR 为齿状高值，水二段 GR 明显降低，为低齿状，水三段 GR 整体进一步降低，水四段 GR 曲线较平直。水井沱组这种四分方案综合了岩性和电性特点。但在以往以岩性为主要依据的地层划分对比方案中，还有学者把水井沱组二分，上部以灰岩为主的地层分为水井沱组上段，下部以页岩为主的地层称为水井沱组下段。还有人把水井沱组下伏岩家河组合并，统称牛蹄塘组，大岩家河组及水井沱组上、下段分别称为牛蹄塘组一段、二段和三段。本章采纳传统的地层划分观点，保留岩家河组，水井沱组二分，上述水一段、水二段、水三段合并成为水井沱组下段，水四段仍然为水井沱组上段。

受基底构造和桐湾运动影响，水井沱组横向厚度变化大，宜地 2 井水井沱组与邻区剖面乔家坪、刘家坪、杨家坪相比，地层厚度相对较薄，仅为 101.63 m，加上其下伏岩家河组地层，厚 176.62 m。往西在秭归乔家坪、往南至长阳刘家坪、石门杨家坪等剖面水井沱组厚度明显增大。刘家坪剖面水井沱组厚 192.66 m，乔家坪剖面水井沱组厚 242.6 m。通过对比岩性发现，水井沱组主要发育泥页岩及泥灰岩，其中：宜地 2 井灰黑色碳质页岩发育，厚度达 62.23 m，为优质烃源段；南部长阳刘家坪至鹤峰白果坪一带水井沱组地层岩性特征与宜地 2 井类似，但未见下伏岩家河组地层。西部乔家坪剖面水井沱组厚度较大，主要体现在与邻井相比发育大套泥质条带灰岩。在宜昌斜坡上，穿越宜昌斜坡的宜地 5 井、宜页 3 井、宜地 3 井、宜地 2 井、宜页 1 井的钻探成果证实，寒武系水井沱组及其富有机质页岩的厚度横向变化明显[图 3-3，据陈孝红等（2018a）修改]。西部宜页 1 井寒武系水井沱组厚 137 m，富有机质页岩厚 86 m，灯影组与水井沱组间发育厚约 75 m 的岩家河组。岩家河组与水井沱组之间为低角度不整合接触，证明寒武系—前寒武系界线附近发生了不明显的造山作用（桐湾运动）。中部宜地 3 井水井沱组厚度则减薄至 8.9 m，富有机质页岩厚度不足 3 m。北部宜地 5 井水井沱组厚 18 m，沉积相特点与宜地 3 井相似。宜地 3 井与宜地 5 井之间的宜页 3 井水井沱组上段厚 38 m，为深灰色-灰黑色瘤状灰岩，下段为灰黑色-黑色页岩夹瘤状灰岩厚 47 m，推测该地在寒武纪早期位于一个台内凹陷的边缘。结合宜昌地区二维地震勘探成果，宜昌地区寒武系水井沱组页岩的分布受基底断裂或新元古代早期裂谷盆地（裂陷槽）影响，在宜昌西南部车溪一带基底凹陷或拉伸裂陷槽内，下寒武统厚度大，寒武系水井沱组富有机质页岩发育。裂陷槽边缘和远离裂陷槽的宜昌东北部晓峰一带下寒武统厚度相对变薄，富有机质页岩缺失或不发育[图 3-4，据 Chen 等（2021b）修改]。

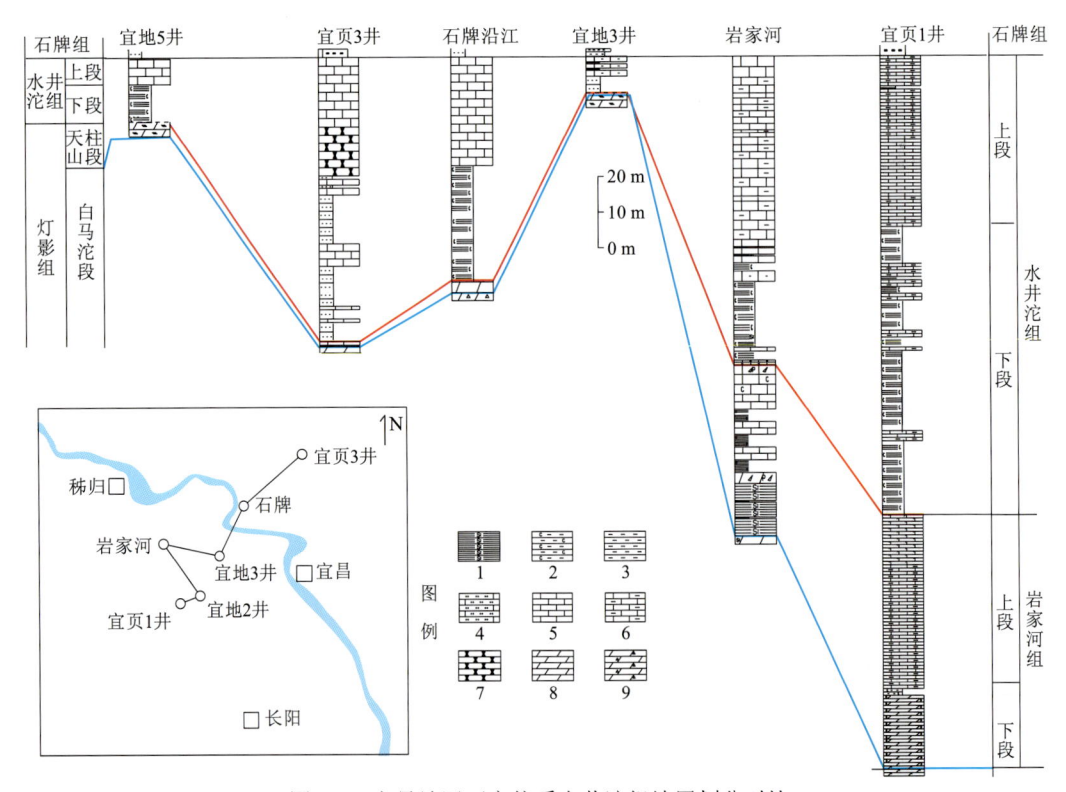

图 3-3 宜昌地区下寒统系水井沱组地层划分对比

1. 硅质页岩；2. 碳质页岩；3. 泥岩；4. 粉砂岩；5. 灰岩；6. 泥质灰岩；7. 瘤状灰岩；8. 泥灰岩；9. 角砾状白云岩

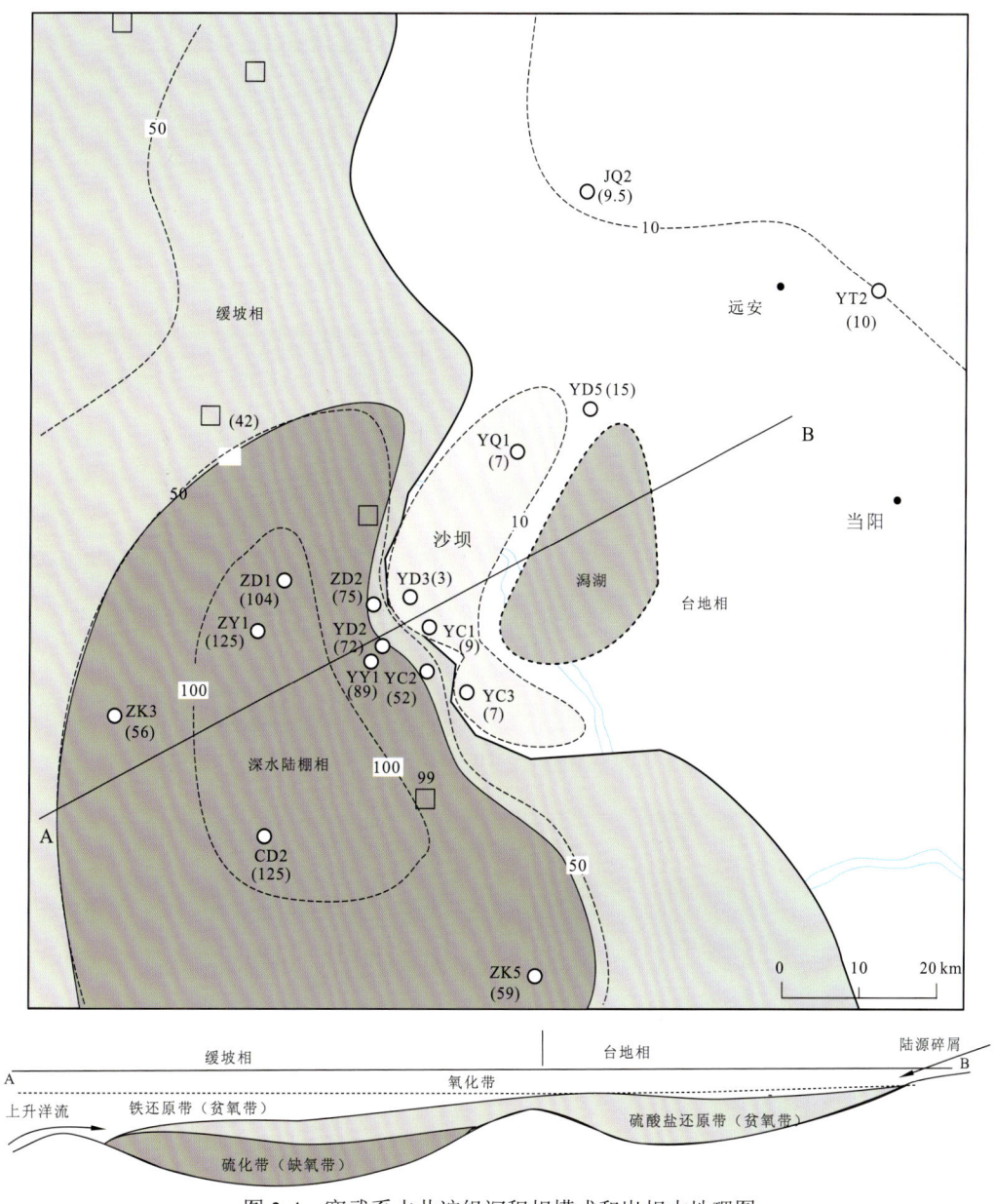

图 3-4 寒武系水井沱组沉积相模式和岩相古地理图
实线为页岩厚度等值线，虚线为岩相古地理单元边界

## 二、页岩形成的古地理、古环境与古气候

（一）页岩全岩氧化物含量及其气候意义

根据不同古地理部位宜地 2 井、宜页 3 井寒武系岩家河组和水井沱组页岩全岩氧化物含量，按照 Nesbitt 等（1989，1982）和 Yan 等（2010）给出的地层 CIA 计算公式，获得寒武系岩家河组和水井沱组页岩 CIA 变化特点（图 3-5、图 3-6）。参考上地壳和各

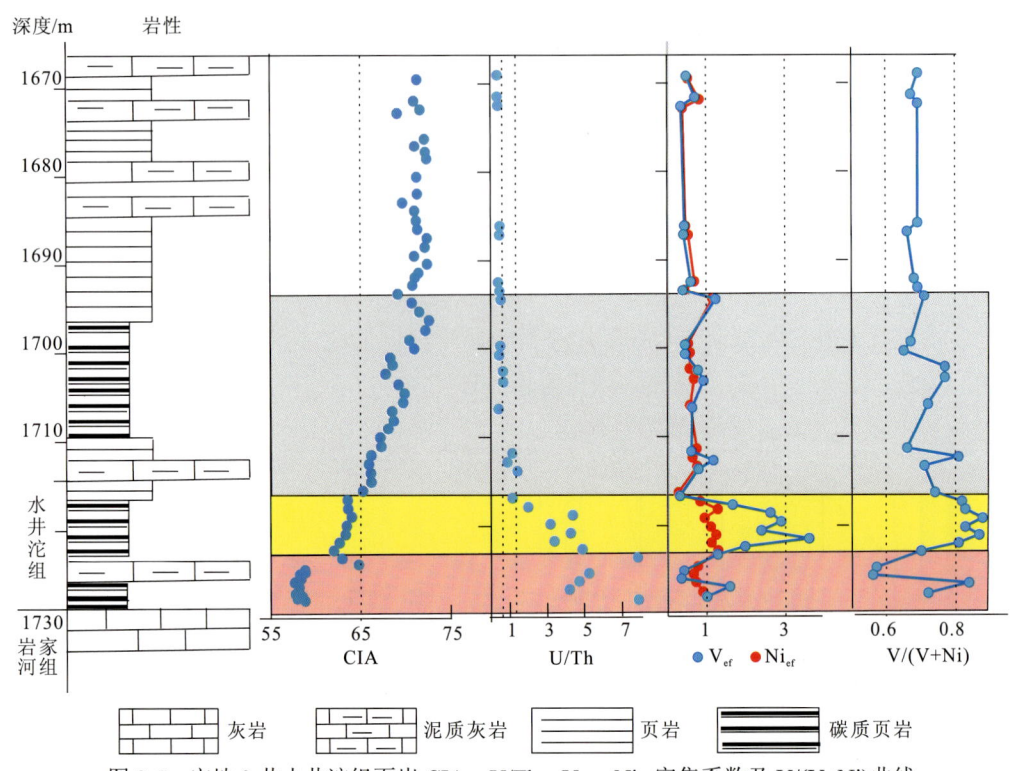

图 3-5 宜地 2 井水井沱组页岩 CIA、U/Th、$V_{ef}$、$Ni_{ef}$ 富集系数及 V/(V+Ni) 曲线

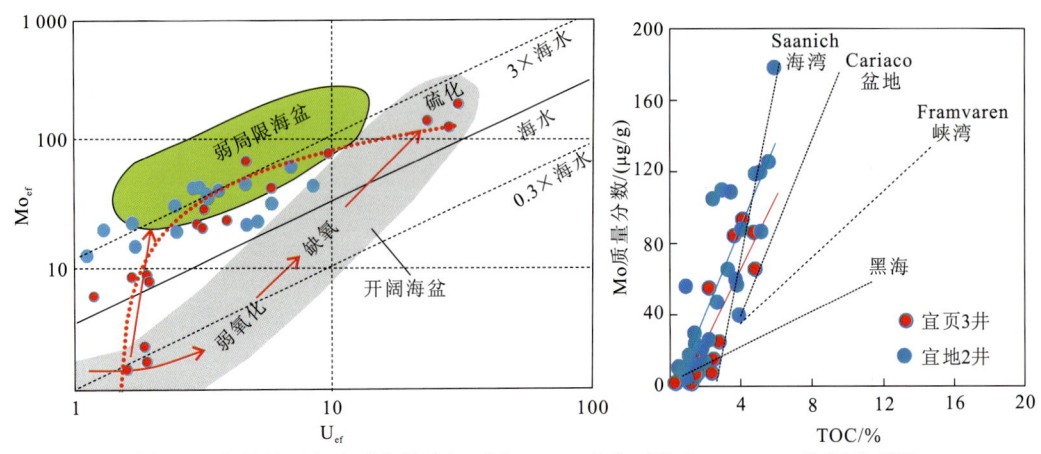

图 3-6 宜昌地区寒武系水井沱组页岩 Mo-U 富集系数和 Mo-TOC 共轭关系图

类的岩石和矿物的 CIA(Nesbitt et al.，1989，1982)，宜地 2 井水井沱组底部(井深 1 717~1 728 m)和宜页 3 井水井沱组底部页岩的 CIA 介于 55~65，向上 CIA 逐步升高到 70 之后趋于稳定。推测水井沱组下段黑色页岩沉积时期为寒冷干燥气候，向上逐步转化为温暖潮湿气候。黑色页岩的形成与气候变暖有关，由表层海生盐度下降引起海水盐度分层、海底缺氧(Armstrong et al.，2009)。

## （二）页岩微量元素含量变化及其环境意义

为进一步揭示不同相区水井沱组底部环境变化特点，对处于台地内两个不同凹陷的宜地2井和宜页3井寒武系水井沱组富有机质页岩微量元素含量变化进行系统测试。宜地2井水井沱组页岩的V/(V+Ni)自下而上经历了从大变小3个变化旋回，证明水井沱组页岩可能经历了3次氧化还原环境变化（图3-5）。一次发生在宜地2井1 725~1 730 m水井沱组底部，V/(V+Ni)从0.84下降到0.56，证明沉积环境从缺氧的强还原环境逐步转化为贫氧的弱氧化还原环境；此后至井深1 719 m再迅速上升至0.88之后保持相对稳定，证明该段地层的沉积环境一直处于缺氧的强还原环境；V/(V+Ni)在井深1 700 m附近短暂达到0.65后又发生轻微上升，但幅度不大，主要分布在0.7附近，证明宜昌地区寒武系水井沱组下段上部页岩主要形成于缺氧的还原环境之中。进一步的研究发现，在宜地2井井深1 718~1 723 m井段的V、Ni具有同步富集，且V具有更明显的富集特征，指示该段地层应沉积形成于硫化分层的强还原环境（胡亚，陈孝红等，2017；Tribovillard et al.，2006；Rimmer，2004；Hatch et al.，1992）。但需要指出的是，宜地2井水井沱组页岩中的V和Ni仅在井深1 718~1 723 m井段存在Ni的富集和V的明显富集，在其他层段均表现为亏损（图3-5）。这在很大程度上可能与宜地2井远离陆源有关，硫酸盐和硝酸盐难以到达，不利于Ni和V的富集沉淀（图3-4）。U/Th变化结果显示宜地2井水井沱组自下而上经历了从缺氧到贫氧再到氧化的一个过程。在宜地2井、宜页3井的水井沱组页岩的Mo-U，Mo-TOC图（图3-6）中，Mo和U的富集特征与现代卡里亚科盆地（Cariaco Basin）的Mo-U富集特征相似（Algeo et al.，2012，2006），富有机质页岩主要形成于缺氧和硫化环境中，表明宜地2井、宜页3井所在位置在寒武系水井沱组沉积时期应该为一个弱局限海盆。相比之下，宜页3井的局限性更强。

宜页3井所在位置寒武系水井沱组页岩沉积时期的古气候变化特点与宜地2井相似，进一步证明寒武系水井沱组底部页岩的形成与气候变冷有关。不同的是，宜页3井水井沱组下部缺氧层段中V和Ni均存在明显富集，暗示宜页3井所在地区硫酸盐化和硝酸盐化还原作用都有存在。其中下部层段V的富集明显强于Ni，但向上Ni富集程度与V接近，局部强于V的富集程度，证明宜页3井寒武系水井沱组底部页岩形成于硫化分层环境，往浅水方向硫酸盐的还原作用相对更为强烈（图3-7）。这可能是由于远岸地区生产力较高，生物反硝化作用明显，而近岸地区硫酸盐供应充足，有机质的硫酸盐还原作用占主导地位（图3-7）。在U-Mo富集共变图上，宜页3井水井沱组页岩的MO-U变化关系曲线与强局限海盆泥岩的变化曲线接近（图3-6），证明宜页3井所处位置为靠近陆源的局限盆地（可能为潟湖）。

## （三）碳、氧同位素组成变化及其环境意义

宜地2井岩家河组—水井沱组碳酸盐岩的$\delta^{13}$C在-5.82‰~5.38‰，平均为2.30‰。$\delta^{18}$O值在-8.85‰~-3.58‰，平均为-6.83‰。纵向变化上，$\delta^{13}$C在灯影组白马沱段相对稳定，在1.08‰~1.62‰小幅波动。从岩家河组下段底部开始，$\delta^{13}$C从1.79‰逐渐降低，

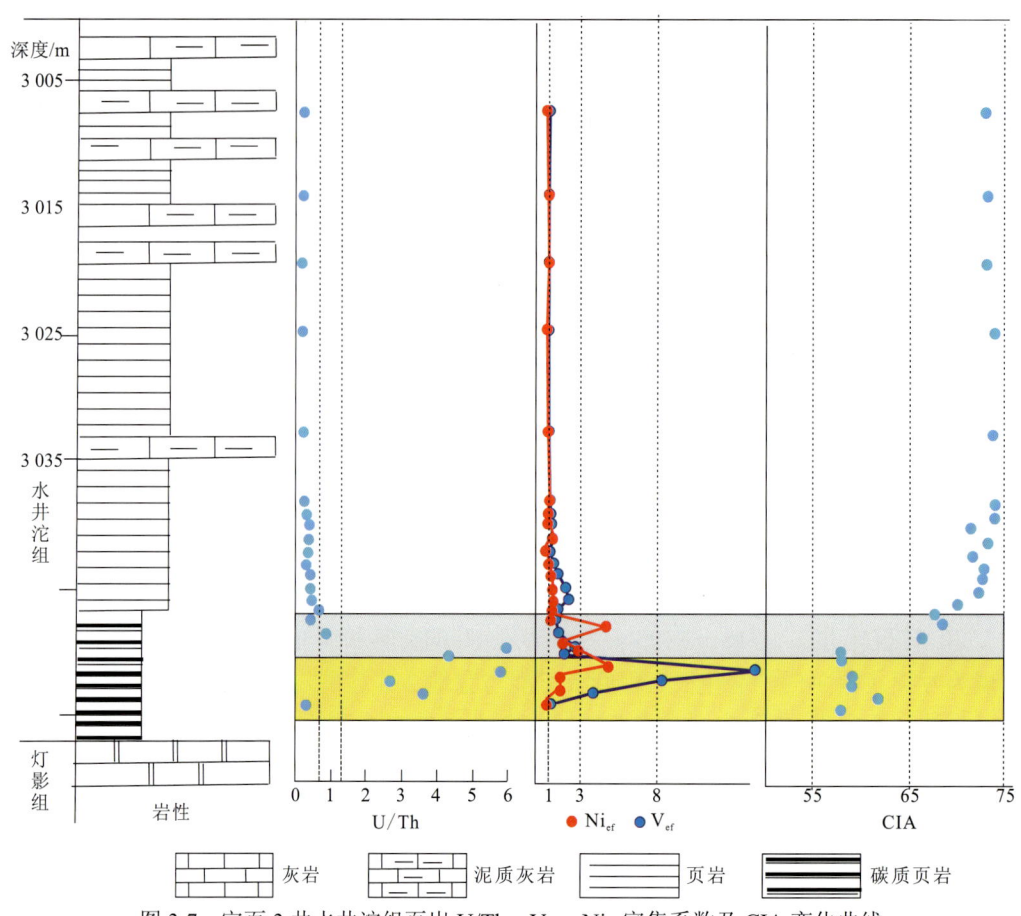

图 3-7 宜页 3 井水井沱组页岩 U/Th，$V_{ef}$、$Ni_{ef}$ 富集系数及 CIA 变化曲线

至岩家河组下段近顶部达到最低值-5.82‰，形成宜昌地区寒武系第一次 $\delta^{13}C$ 负偏离（CE1）（图 3-8）。进入岩家河组上段，$\delta^{13}C$ 迅速回升，并在较长时间内维持相对稳定和 $\delta^{13}C$ 较高（变化于 4.01‰～5.29‰）（CP1）。$\delta^{13}C$ 在岩家河组上部振荡下降，至岩家河组顶部 $\delta^{13}C$ 达到最低值-2.47‰，在岩家河组—水井沱组界线附近形成寒武纪早期的第二次碳同位素负偏离（CE2）。宜页 1 井岩家河组的碳氧同位素组成变化特征与宜地 2 井相似，在岩家河组一段和二段顶部分别出现两次碳同位素的明显负偏离，在岩家河组上段中下部较长时间内维持相对稳定和较高 $\delta^{13}C$。所不同的是，在相同时间间隔或同位素组成变化区间内，沉积环境水体相对较深的宜页 1 井的 $\delta^{13}C$ 明显高于宜地 2 井（图 3-8）。类似的现象还与近年来其他学者在宜昌计家坡、秭归九曲脑和长阳王子石等地获得的岩家河组碳同位素组成变化规律相互印证（王新强 等，2014；Jiang et al.，2012；Ishikawa et al.，2008）。此外，根据 Jiang 等（2012）对宜昌地区三个剖面岩家河组碳酸岩和碳同位素联合分析测试发现，岩家河组的两次碳同位素负偏离，特别是 CN1 期间的地层中碳酸盐岩和有机质的碳同位素组成具有解耦关系，且有机质 $\delta^{13}C$ 随海水变深而增大的特点，即水深或古地理部位接近的秭归九曲脑与长阳王子石岩家河组的有机质 $\delta^{13}C$ 接近，小于水深相对较深的计家坡剖面上岩家河组的有机质 $\delta^{13}C$ 的变化规律。据此，结合

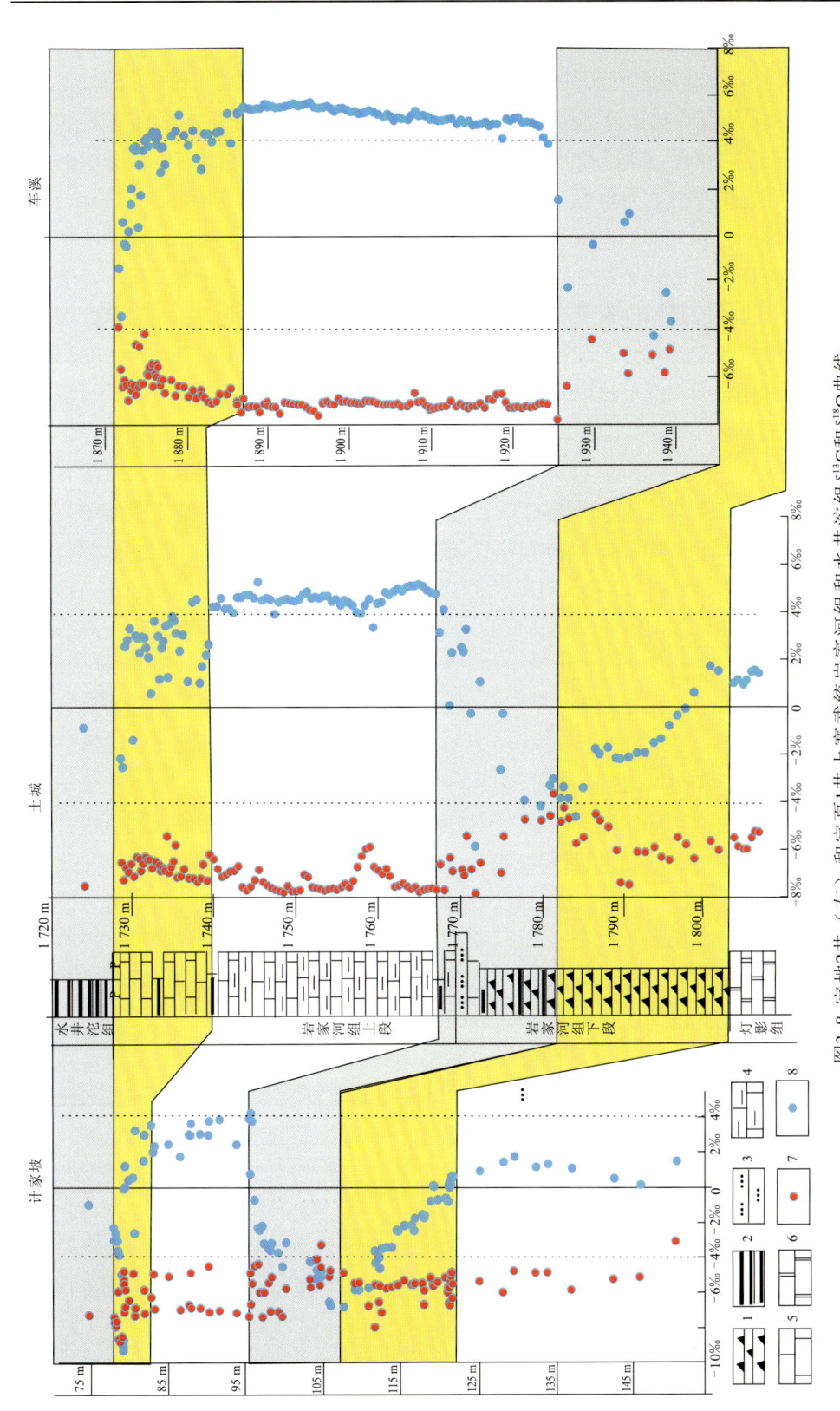

图3-8 宜地2井（左）和宜页1井上寒武统岩家河组和水井沱组δ¹³C和δ¹⁸O曲线

1.硅质岩；2.碳质页岩；3.粉砂岩；4.泥质灰岩；5.灰岩；6.白云岩；7.δ¹⁸O；8.δ¹³C

Ishikawa 等（2008）在宜昌地区寒武纪初期陆棚盆地边缘计家坡钻孔中发现岩家河组发育的 CN1 和 CN2，其碳同位素负偏离最大已经超过 6‰，达到 -7‰ 或 -9‰，超过了地幔来源的碳同位素值，已经不能简单归结为有机碳埋藏或初级消费者的下降来解释（Ishikawa et al., 2008; Fike, 2006）。推测在宜昌地区寒武纪初期具有缺氧分层的台内凹陷盆地中存在一个巨大的溶解有机碳（dissolved organic carbon, DOC）库（Fike et al., 2006; Rothman et al., 2003）。由于溶解有机碳库中悬浮有机质往往被深部还原水体中的异氧生物所改造，而这些异养生物具有相对富集的 $\delta^{13}C$，因此，在正常情况下，缺氧分层海洋底部有机质的碳同位素组成以 $\delta^{13}C$ 的富集为特点，且往盆地方向，海水分层越充分，可溶有机质改造越充分，沉积物中有机质的 $\delta^{13}C$ 就越高（Bekker et al., 2008）。但当海水分层遭受破坏，深水盆地发生氧化时，异养生物失去生存环境而死亡，可溶有机碳库中大量未经异养生物改造的可溶有机质就会发生沉淀而导致盆地沉积物中 $^{12}C$ 的相对富集，出现 $\delta^{13}C$ 的负偏离（Fike, 2006）。但除海洋充氧，海洋中巨大的可溶有机碳库有机质沉淀导致全球性地层出现 $\delta^{13}C$ 的负偏离外，缺氧分层海底甲烷生成作用产生的甲烷层，特别是海底天然气水合物溶解引起的海底甲烷释放，为盆地提供大量 $\delta^{13}C$ 达到 -60‰ 的碳也可能是造成盆地沉积物出现 $\delta^{13}C$ 的负偏离的另一种原因（Dinkens, 1995）。引起海底天然气水合物溶解和甲烷释放的原因多样，海平面下降、构造运动、海底火山（热液）活动等均可造成天然气水合物分解和甲烷释放（陈忠 等，2016；王钦贤 等，2010）。岩家河组下部硅质岩、泥岩地球化学特征显示其形成于硫化分层环境，硅质岩具有热液沉积特点（胡亚 等，2017）。水井沱组下部硅质岩不发育，但在水井沱组底部黑色页岩中见到大量重晶石和少量闪锌矿等低温热液矿物。据此，联系寒武纪早期处于全球扩张时期，岩家河组两次碳同位素负偏离尚不排除与海底热液活动引起海底天然气水合物溶解和甲烷释放的可能。海底甲烷释放向上运移进入海水时首先发生缺氧甲烷氧化，与海水中的 $Ca^{2+}$、$Fe^{3+}$ 结合分别形成白云石、方解石等具有富 $^{13}C$ 贫 $^{18}O$ 冷水碳酸盐矿物和黄铁矿（图 3-8 灰色层）。但随着甲烷释放强度的增加，甲烷进入海洋表层富氧海水中发生有氧甲烷氧化时，甲烷与水中的氧气结合形成 $CO_2$，引起海洋缺氧和碳酸盐的溶解，导致碳酸盐岩补充深度变迁和大面积黑色泥岩形成。

宜昌寒武系水井沱组页岩这种分层海水甲烷释放的沉积成因模式不仅与下伏地层中碳、氧同位素地球化学背景吻合，而且与水井沱组富有机质页岩的岩石矿物组合匹配。在水井沱组页岩的岩石组合中，除了富含自生石英、黏土矿物，还发育有黄铁矿、白云石和方解石等。纵向上，底部页岩中出现大量重晶石，下部局部出现少量闪锌矿。向上，页岩中自生方解石和白云石含量明显升高，黏土和石英含量相应下降，但与草莓状黄铁矿相伴，发育大量磷灰石矿物。水井沱组页岩中矿物组合的这种演化序列特点显示寒武系水井沱组页岩沉积初期的海底不仅发育大量甲烷，早期还可能发生了海底热液活动，出现了类似东太平洋海隆的白烟囱（Haymon et al., 1981）。其结果除引起海底大量蛋白石（成岩过程转化为石英）、重晶石和黄铁矿及少量闪锌矿的沉积外，还促进了海洋底部甲烷的大量释放。页岩上部自生白云石和方解石含量的升高，以及黄铁矿-磷灰石矿物组合的出现则应该与海底过量甲烷向上渗漏，依次发生硫酸盐化和铁锰氧化，有利于碳酸盐的形成及海洋磷质的输出有关（李超 等，2015）。换而言之，寒武系水井沱组页岩的这种岩石矿物组合特点反映宜昌地区寒武纪早期台地盆地内部的海洋不仅海底存在低温热流流体喷口，而且存在海水分层现象，自下而上可区分为富甲烷层、硫酸盐层、铁锰氧化层及表层含氧水层。但需要说明的是，随着离岸距离的增加，来源于陆地的硫酸盐含量会逐步下降，代之以大洋富铁海水含量的升高，加之海洋表层生物生产力同样具有向远洋下降的趋势，因此，有机质的硫酸盐还原作用和甲烷生成作用自近岸向远岸同样应存在一个先变强后变弱，直至消失的变化过程（图3-9）。水井沱组底部的甲烷释放不仅引起了碳酸岩补偿深度的变浅，导致黑色页岩广泛分布，而且明显制约页岩的生烃能力，甲烷释放时期所形成的页岩是页岩气最富集的层位[图3-9（c）和（d）]。

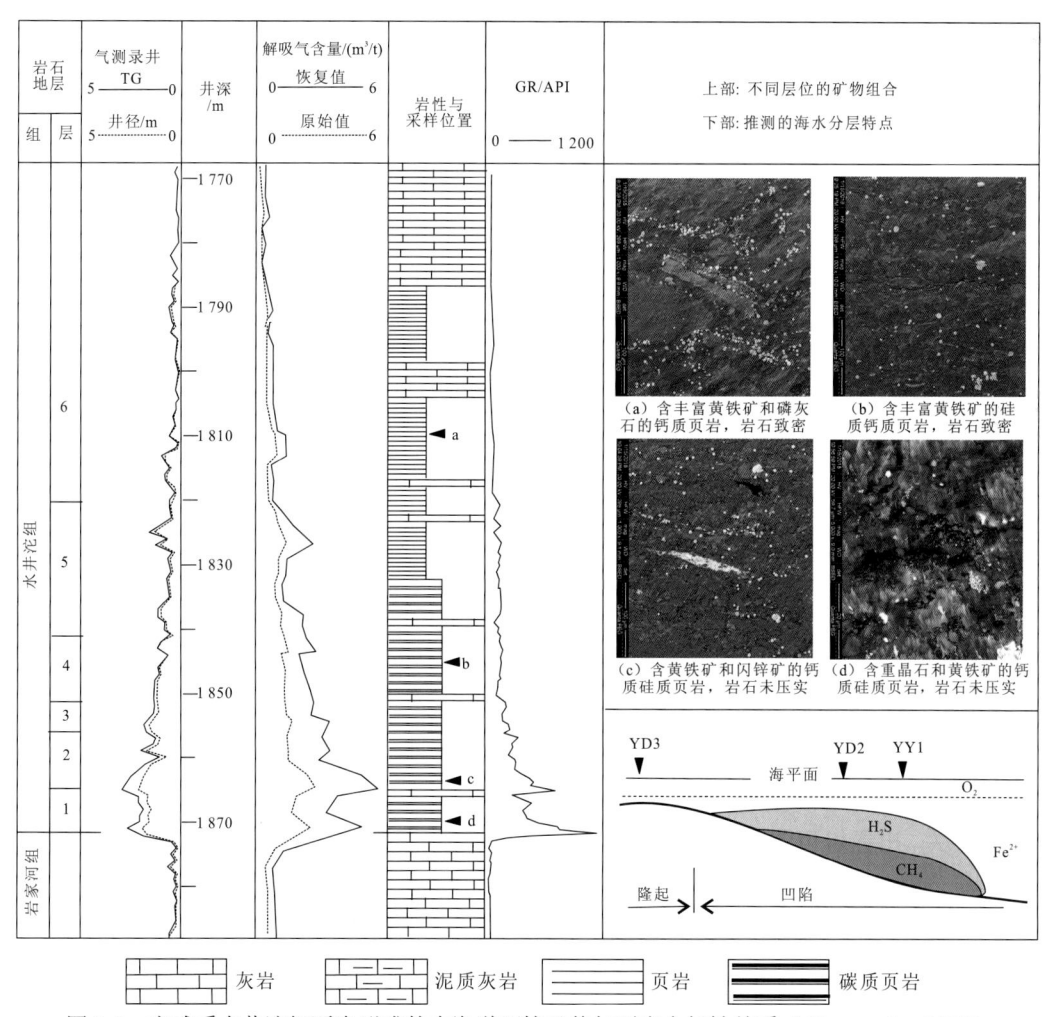

图3-9 寒武系水井沱组页岩形成的古海洋环境及其与页岩含气性关系（Chen et al.，2021）

## 三、页岩有机地球化学特征

### (一)有机质类型

根据 Jiang 等(2011)对宜昌计家坡、秭归九曲脑和长阳合子坳水井沱组下部泥岩有机质碳同位素组成测定结果,宜昌地区寒武系水井沱组泥岩样品的 $\delta^{13}C_{org}$ 全部小于-31‰,因此,宜昌地区寒武系水井沱组有机质类型为 I 型(黄籍中,1988)。此外,烷系列碳同位素值是常规和有效地研究天然气的手段,乙烷碳同位素是反映母质类型的重要参数。刚文哲等(1997)研究认为,$\delta^{13}C_2$ 对天然气的母质类型反应比较灵敏,腐殖型天然气 $\delta^{13}C_2$ 大于-29‰,腐泥型天然气 $\delta^{13}C_2$ 小于-29‰。肖芝华等(2008)认为腐泥型天然气碳同位素组成比腐殖型天然气轻,尤其是 $\delta^{13}C_2$ 有较明显的区别,腐泥型天然气的 $\delta^{13}C_2$ 一般小于-30‰,而腐殖型天然气的 $\delta^{13}C_2$ 一般大于-28‰。综合前人提出的判别标准,可采用 $\delta^{13}C_2$ 等于-29‰作为腐殖型天然气和腐泥型天然气的界限。根据宜地 2 井天然气样品碳同位素分析结果(表 3-1),天然气 $\delta^{13}C_2$ 均小于-29‰,为腐泥型天然气。

表 3-1　天然气碳同位素区分烃源岩干酪根类型标准表

| 样号 | $\delta^{13}C$/‰ |  |  |  | 类型 |
|---|---|---|---|---|---|
|  | $CO_2$ | $CH_4$ | $C_2H_6$ | $C_3H_8$ |  |
| YD2-1 | -2.57 | -36.46 | -40.76 | -42.40 |  |
| YD2-2 | -11.92 | -34.74 | -41.50 | -39.14 |  |
| YD2-3 | -16.12 | -34.67 | -41.06 | -40.24 |  |
| YD2-4 | -10.50 | -33.89 | -40.50 | — |  |
| YD2-5 | -15.70 | -37.55 | -40.57 | -40.08 |  |
| YD2-6 | -11.62 | -37.43 | -41.34 | -36.44 | 腐泥型天然气 |
| YD2-7 | -19.24 | -37.55 | -39.13 | — |  |
| YD2-8 | -16.31 | -34.84 | -40.00 | -40.89 |  |
| YD2-9 | -18.77 | -33.40 | -39.43 | -38.02 |  |
| YD2-10 | -18.80 | -34.87 | -38.78 | -35.46 |  |
| YD2-11 | -18.52 | -34.36 | -39.96 | -38.96 |  |
| YD2-12 | -6.88 | -37.91 | -36.80 | -33.31 |  |

### (二)TOC 与有机质富集模式

通过宜页 1 井和宜地 2 井水井沱组有机碳纵向分布对比分析,发现寒武系水井沱组页岩的有机碳含量自上而下逐渐升高,水井沱组上段深灰色页岩的有机碳值整体偏低,分布在 0.56%～2.04%，平均为 1.17%。水井沱组下段灰黑色-黑色页岩的有机碳值较高，在靠近底部位置达到最大，分布在 1.32%～8.42%，平均为 3.49%（图 3-10）。

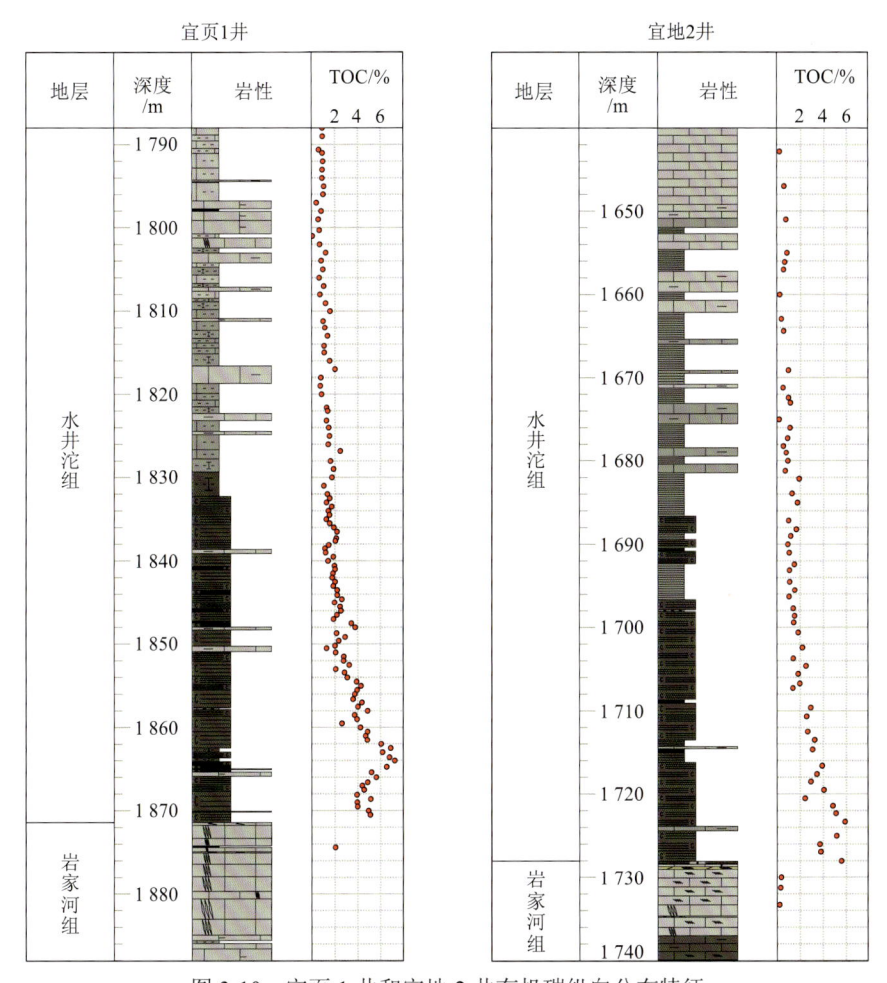

图 3-10　宜页 1 井和宜地 2 井有机碳纵向分布特征

影响页岩中 TOC 的因素是多种多样的。从宜昌地区寒武系水井沱组页岩 TOC 与 U/Th 和 Ni/Co 及 $Ni_{xs}$ 和 $Mo_{xs}$ 的明显相关性上来看[图 3-11（a）和（b）]，分层和硫化的海洋环境和高的古海洋生产力无疑都有利于有机质的埋藏和富集。但进一步的研究发现，TOC 与表征水体营养水平的 $Ni_{xs}$ 含量的相关性远不如与表征水体有机碳通量的 $Mo_{xs}$ 含量的相关性明显[图 3-11（c）和（d）]，这在一定程度上暗示寒武系水井沱组黑色页岩中的有机质除了一部分来自表层水体的生物，还有一部分可能来自大洋环流从深部或异地携带而来的有机质。

寒武系水井沱组不同古地理部位宜地 2 井、宜页 1 井和阳页 1 井水井沱组优质层厚度和 TOC 对比表明，富有机质页岩的厚度有随水体变深而增大的特点。但 TOC 并不像局限盆地有机质沉积模式那样，随页岩变厚，有机质含量升高，而是表现出随水体变深，在盆地边缘斜坡上部先升高，然后在盆地中下部再降低的特点。其中位于斜坡上部的宜地

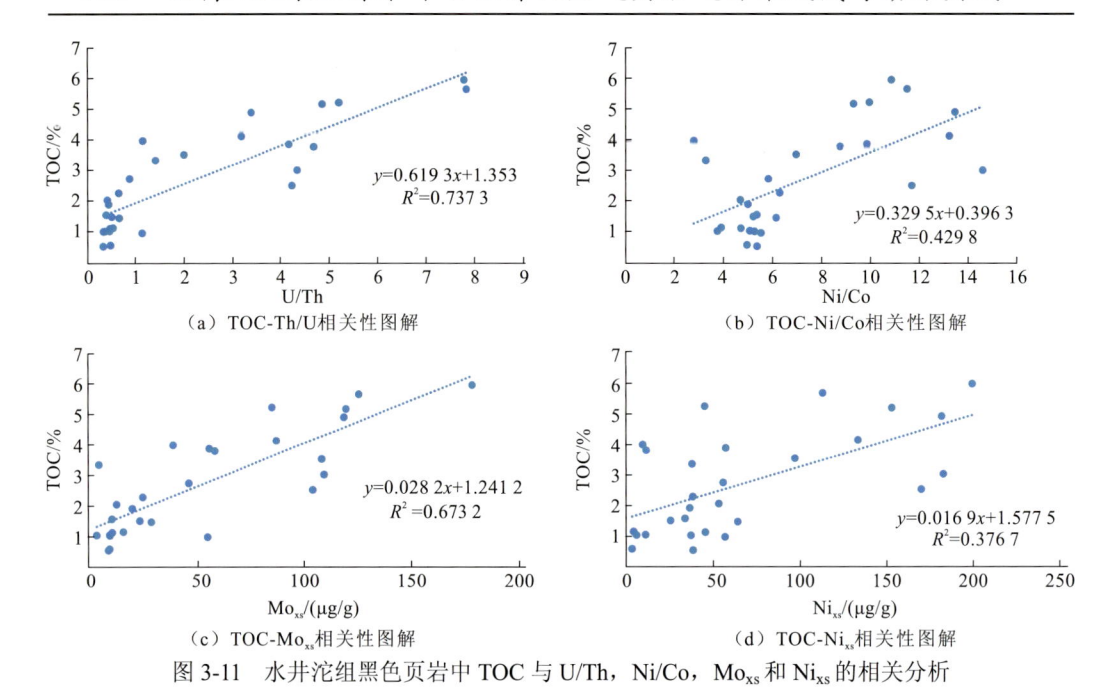

图 3-11 水井沱组黑色页岩中 TOC 与 U/Th，Ni/Co，Mo$_{xs}$ 和 Ni$_{xs}$ 的相关分析

2 井水井沱组下部优质储层厚度为 15.5 m，TOC 变化于 2.53%～5.96%，平均为 4.07%。位于斜坡中上部的宜页 1 井水井沱组下部优质储层的厚度为 21 m，TOC 变化于 2.08%～10.45%，平均为 4.94%。斜坡下部阳页 1 井下部优质储层厚度为 34 m，TOC 变化于 1%～9.6%，平均为 4.5%。宜页 1 井向盆地方向 TOC 不升反降的特点，在宜页 1HF 井水平钻探过程中也有体现。录井显示，沿斜坡下倾方向钻探的宜页 1（HF）井四次穿越第 4、5 小层，数据显示，沿斜坡方向 TOC 变化趋势明显，近台地边缘端有机质含量明显偏高，沿斜坡向盆地方向 TOC 逐渐减小。其中，2 122～2 142 m 段页岩 TOC 为 6.57%～7.01%，平均为 6.8%；2 314～2 330 m 段页岩 TOC 为 6.0%～6.82%，平均为 6.43%；2 510～2 534 m 段页岩 TOC 为 5.68%～6.07%，平均为 5.90%；3 454～3 478 m 段页岩 TOC 为 5.39%～5.71%，平均为 5.54%；3 638～3 670 m 段页岩 TOC 为 5.3%～5.58%，平均为 5.43%（图 3-12）。TOC 这种随盆地水深变化特点显然与局限盆地有机质聚集的方式不一致（Algeo et al.，2012），暗示有机质在沉积成岩过程中可能发生了沿斜坡方向的迁移与聚集过程。

为查明寒武系水井沱组页岩成岩演化过程流体性质和活动特点，进一步确定页岩的有机质保存富集模式，对宜地 2 井水井沱组页岩气优质储层（样品 A8）、页岩气储层顶板（水井沱组上段）碳酸盐岩（样品 A26）和灯影组顶部喀斯特储层中的方解石脉体进行流体包裹体测试分析（图 3-13），以及裂缝方解石脉和围岩碳酸盐岩碳氧同位素的测定。脉体-围岩碳氧同位素联测结果显示，二者同位素值差异较小，其中在页岩气储层的 $\delta^{13}$C 和 $\delta^{18}$O 明显大于围岩，指示储层内可能发生了甲烷生成作用，产生了富 $\delta^{13}$C 的 $CO_2$。在页岩气储层底板中脉体的 $\delta^{13}$C 和 $\delta^{18}$O 则小于围岩，指示储层底板碳酸盐中可能发生了甲烷的硫酸盐还原反应（Chen et al.，2017）。但无论是向上变大，还是向下变小，脉体与围岩的同位素差值随着与页岩气储层的距离变大而迅速减小，表明脉体的方解石主

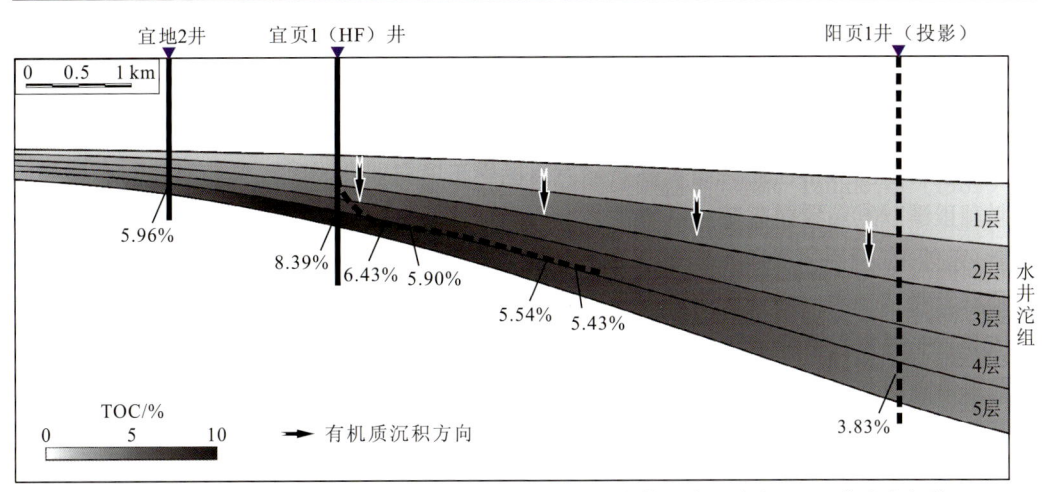

图 3-12 宜昌斜坡寒武系水井沱组下部富有机质页岩第 4 小层底部 TOC 的分布规律

要来自围岩,并受页岩气储层流体活动的影响(图 3-13)。页岩中的有机流体活动无疑将对页岩中有机质的迁移和自聚集产生重要影响。水井沱组和岩家河之间为一个重要的岩性转换面,是流体运移的重要通道,结合古隆起方向是有机流体活动的指向区,不难解释斜坡中上部水井沱组下部 TOC 相对斜坡下部富集的原因。

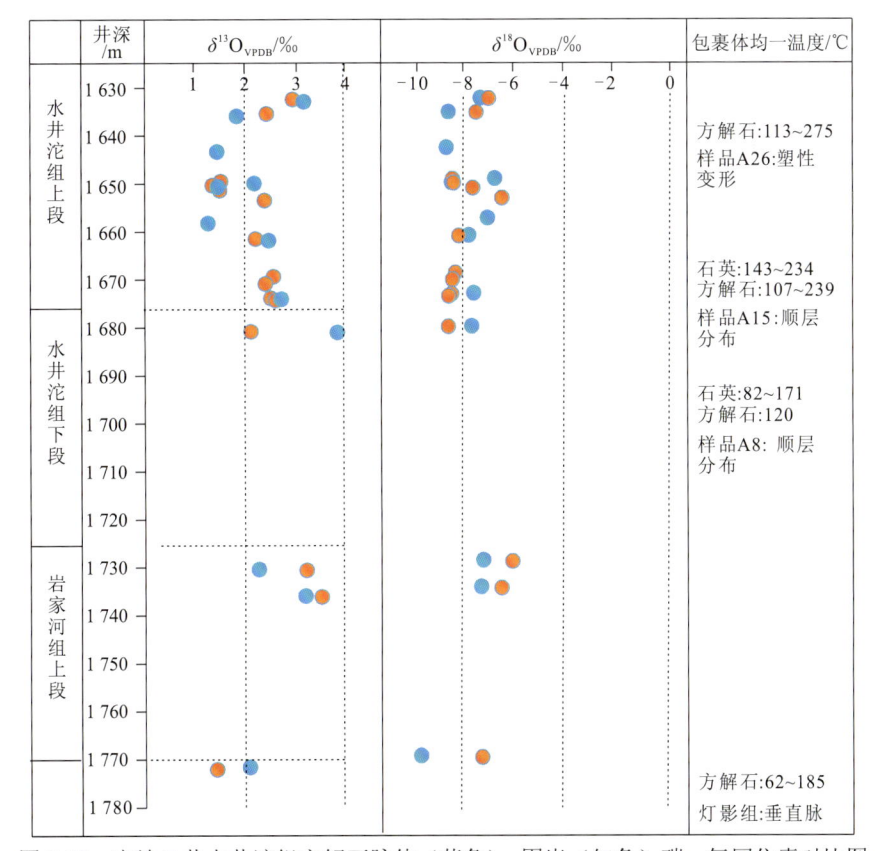

图 3-13 宜地 2 井水井沱组方解石脉体(蓝色)-围岩(红色)碳、氧同位素对比图

## (三) 有机质成熟度

宜地 2 井水井沱组共分析沥青反射率样品 4 块，分析的 $R_o$ 分布在 2.18%～2.29%，平均为 2.25%，岩家河组共分析沥青反射率样品 4 块，$R_o$ 分布在 2.23%～2.30%，平均为 2.29%（表 3-2）。

表 3-2　宜地 2 井沥青反射率测定数据表

| 编号 | 岩性 | 井深/m | 层位 | 测定点数 | 沥青反射率/% | $R_o$/% | $R_o$ 平均值/% |
|---|---|---|---|---|---|---|---|
| 1 | 灰质页岩 | 1 662.57 | 水井沱组 | 9 | 2.74 | 2.18 | 2.25 |
| 2 | 碳质页岩 | 1 689.17 | | 18 | 2.86 | 2.26 | |
| 3 | 碳质页岩 | 1 707.77 | | 20 | 2.88 | 2.28 | |
| 4 | 碳质页岩 | 1 724.17 | | 23 | 2.90 | 2.29 | |
| 5 | 泥质灰岩 | 1 755.17 | 岩家河组 | 17 | 2.81 | 2.23 | 2.29 |
| 6 | 硅质岩 | 1 772.47 | | 17 | 2.86 | 2.26 | |
| 7 | 硅质泥岩 | 1 776.17 | | 21 | 2.92 | 2.30 | |
| 8 | 硅质岩 | 1 791.67 | | 18 | 2.91 | 2.30 | |

宜昌及周边地区寒武系水井沱组泥页岩 $R_o$ 小于 2% 的样品占比为 5.9%，$R_o$ 在 2%～3% 的样品占比为 23.5%，$R_o$ 在 3%～4% 的样品占比为 41.2%，$R_o$>4% 的样品占比为 29.4%，表明有机质主体上处于过成熟晚期和变质期阶段。受黄陵古隆起的抬升演化和隔热作用，隆起周缘泥页岩的等效镜质体反射率相对较低，基本都在 3.0% 以下，向周缘扩展呈现出逐渐升高的趋势，高值区位于残留向斜的中心（图 3-14）。

## 四、油气的形成与运移

### （一）页岩含气性与构造保存特征

宜页 1 井测井解释地应力结果和连续力应力剖面显示水井沱组最小水平主应力为 29～44 MPa，页岩储层段与底板岩家河组和顶板水井沱组上段上部灰岩夹（互）页岩地层的应力差为 8～10 MPa，页岩储层的顶、底板遮挡条件较好。根据宜页 1 井综合水压致裂测量结果、岩石力学测试结果及偶极子声波测井地应力解释结果，宜页 1 井水井沱组页岩顶板，即水井沱组上段（1 735～1 785 m）灰岩呈逆断层地应力组合特征，水井沱组下段页岩地层（1 785～1 872 m）呈走滑断层地应力组合特征。水井沱组这种地应力变化特点反映区内寒武系水井沱组页岩气储层的保存条件受周边深大断裂的影响。其中具有走滑性质的仙女山断裂可能导致水井沱组灰岩发育高角度裂缝，还会导致页岩气的逸散和迁移，对页岩气的保存产生一定的负面影响。而以逆冲性质为主的天阳坪断裂活动可能引起页岩气储层发生滑脱，造成页岩气储层发育微裂缝及上覆地层对页岩气储层的封堵作用，有利于页岩气的保存富集。

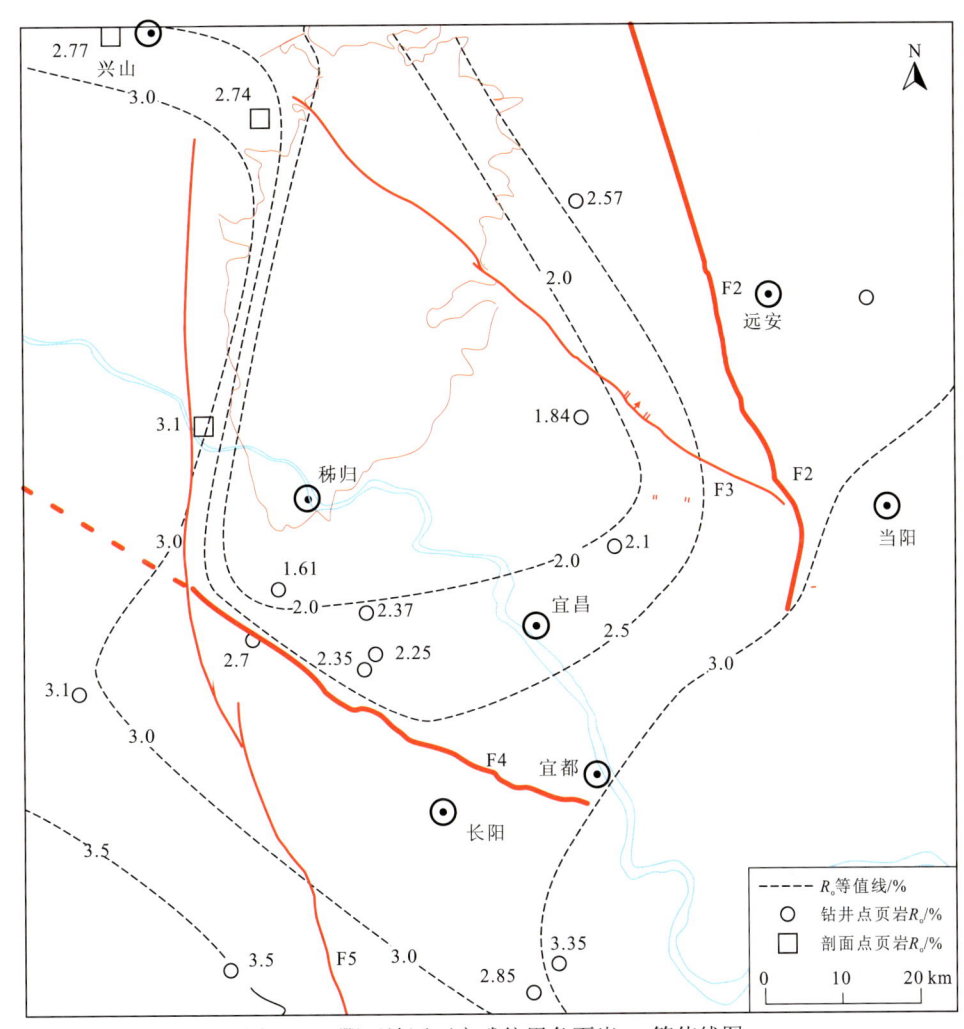

图 3-14　鄂西地区下寒武统黑色页岩 $R_o$ 等值线图

对比分析页岩的含气性与构造和岩相古地理特点,水井沱组页岩气的保存富集受断裂和岩相古地理的双重制约,总体上具有南方页岩气"二元富集"的典型特点(郭旭升 等,2014)。含气页岩主要分布在由天阳坪断裂和通城河断裂两条对冲断裂封堵,构造相对稳定的宜昌斜坡带上,其次是当阳复向斜内(表 3-3)。含气量明显受沉积相控制,高含气量页岩主要分布在宜昌斜坡带早寒武纪碳酸盐台地凹陷盆地中。

表 3-3　宜昌斜坡及周边寒武系水井沱组页岩含气性

| 井号 | 构造单元 | 沉积相 | 底深/m | 最高解吸气含量/(m³/t) | 总含气量/(m³/t) |
|---|---|---|---|---|---|
| 宜探 2 井 | 当阳复向斜 | 上缓坡 | 4 985 | 0.79 | 2.6 |
| 宜页 3 井 | | | 3 053 | 0.45 | 0.96 |
| 宜参 1 井 | 宜昌斜坡 | 中缓坡 | 1 642 | — | — |
| 宜参 2 井 | | | 2 495 | 0.78 | |

续表

| 井号 | 构造单元 | 沉积相 | 底深/m | 最高解吸气含量/(m³/t) | 总含气量/(m³/t) |
|---|---|---|---|---|---|
| 宜地 2 井 | 宜昌斜坡 | 下缓坡 | 1 728 | 3.65 | 5.58 |
| 宜页 1 井 | | | 1 872 | 2.72 | 5.48 |
| 阳页 1 井 | | | 3 052 | 2.16 | 4.82 |
| 宜地 4 井 | 长阳背斜 | | 1 305 | （见串珠状气泡） | — |
| 阳地 1 井 | | | 1 212 | — | — |

（二）流体包裹体对油气运移的暗示

宜地 2 井页岩气储层内部顺层分布的方解石脉体（样品 A8）中见定向排列深褐色烃类包裹体[图 3-15（a）和（b）]，冰点温度为-83.8～-84℃，激光拉曼光谱发育 1 342 cm$^{-1}$ 与 1 606 cm$^{-1}$ 和 2 908 cm$^{-1}$ 与 3 210 cm$^{-1}$ 两对特征峰，证明包裹体形成时捕获较多的有机质和以甲烷为主的低碳烃类组分的混合物（张鼐等，2009）。捕获的有机质在热演化过程中发生了碳化，因而具有碳质沥青的光谱特征。伴生的盐水包裹体均一温度为 120℃，采用 NaCl-H$_2$O 体系估算其盐度为 13.4%，包裹体形成时封闭条件一般。结合宜页 1 井单井埋藏生烃演化史分析，该期烃类流体活动时间对应于加里东期构造抬升的末期，证明宜昌地区的降升运动上升引起油气的初次运移（图 3-16）。

（a）脉体发育特征　　　　　　　　　（b）液态烃类包裹体

（c）液态烃类包裹体　　　　　　　　（d）富气相包裹体

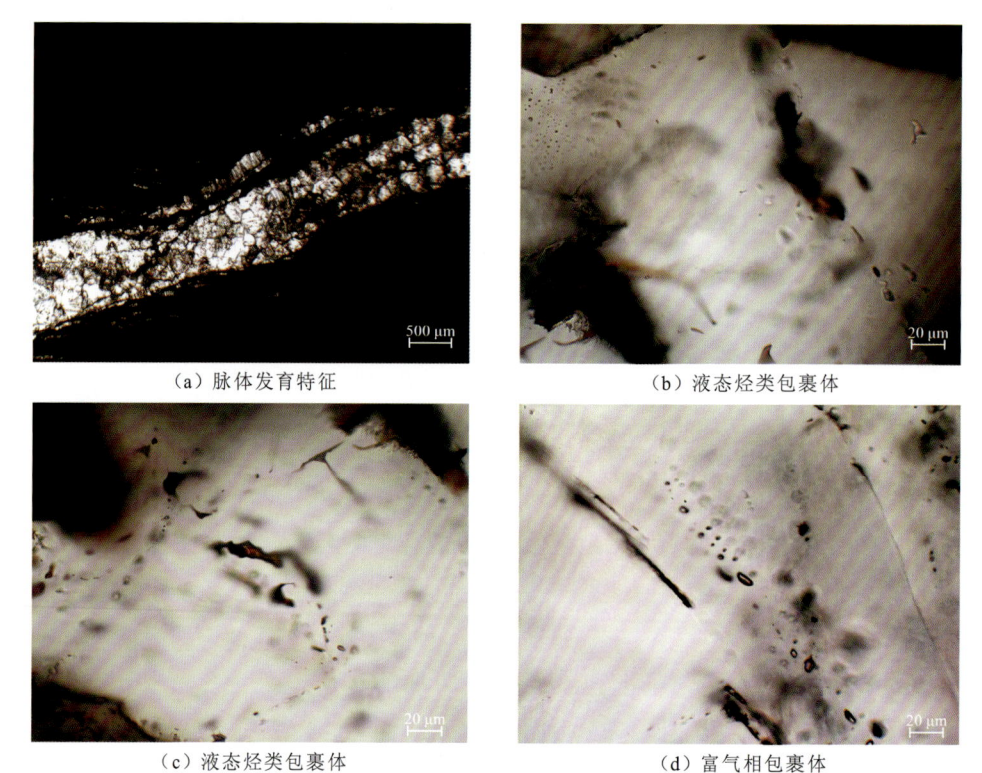

图 3-15　水井沱组页岩气储层内部脉体中的包裹体及其分布特征

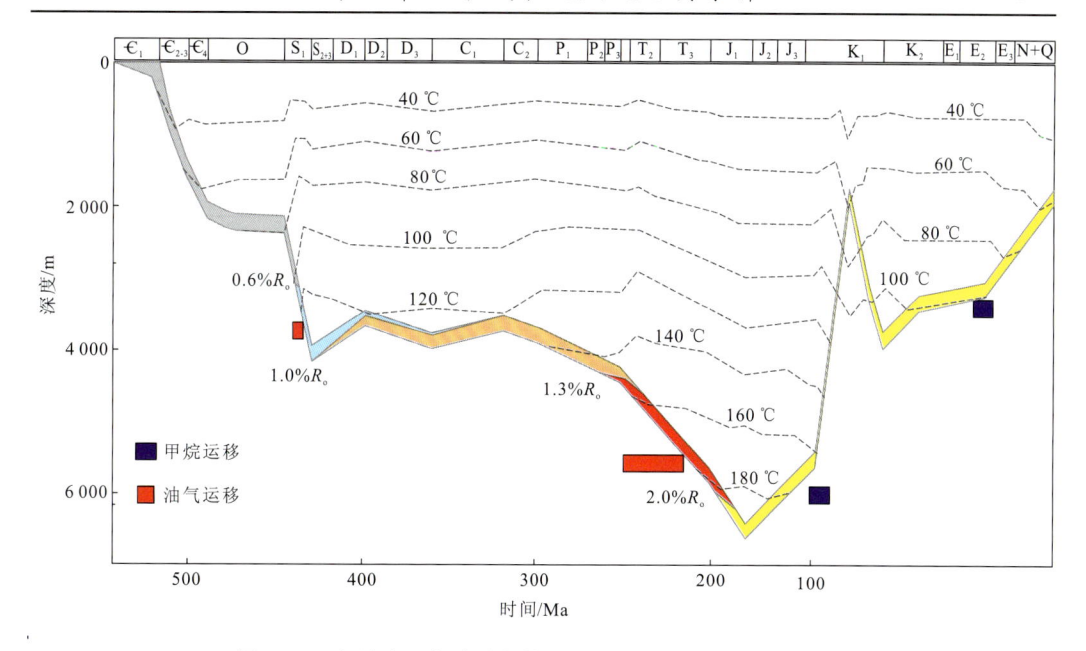

图 3-16　宜昌地区寒武系水井沱组页岩埋藏史和古地温曲线

与上述方解石共生的石英脉中见到两类拉曼光谱特征峰完全不一致的包裹体。一类为深褐色烃类包裹体[图 3-15（c）]，激光拉曼光谱发育 1 342 cm$^{-1}$ 与 1 606 cm$^{-1}$ 和 2 946 cm$^{-1}$ 与 3 216 cm$^{-1}$ 两对特征峰，与方解石脉体中深褐色包裹体相似，表现为典型的液态碳质沥青包裹体，包裹体捕获的气体为以非甲烷为主的其他烃类混合物。另一类为富气相包裹体[图 3-15（d）]，激光拉曼光谱只发育 2 912 cm$^{-1}$ 一个特征峰，为典型的甲烷包裹体。深褐色烃类包裹体伴生盐水包裹体均一温度集中分布在 152～170 ℃，盐度为 21.6%。富气相包裹体伴生盐水包裹体均一温度集中分布在 82～86 ℃、132～171 ℃，表现为两期活动，盐度介于 17.7%～20.9%，较高的盐度指示它们形成时期地层的封闭性较好。结合宜页 1 井单井埋藏生烃演化史分析，深褐色液态烃类流体活动时期为海西晚期持续埋藏生烃增压时期产物，而富气包裹体中的甲烷则为形成分别对应于燕山运动期黄陵隆起快速隆升阶段和喜山运动期黄陵隆起缓慢抬升阶段气体逸散的结果（图 3-16）。

# 第二节　储集条件

## 一、岩石学特征

碳酸盐岩储集岩分为灰岩和白云岩两类，根据宜地 2 井岩心的系统观察描述，宜昌地区寒武系天然气储集岩以白云岩类储集岩为主，主要分布于三游洞组和石龙洞组。其次是灰岩储层，主要分布在天河板组。

## (一) 三游洞组储层

宜地 2 井三游洞组对应井段深度为 111.46~580.23 m，视厚 468.77 m。以细晶白云岩和泥晶白云岩为主，其次是中晶白云岩、颗粒（砂屑或内碎屑）白云岩和粉晶白云岩，夹少量的亮晶砂屑灰岩。根据 96 块薄片鉴定结果统计，细晶白云岩占样品总数的 34.4%，泥晶白云岩占样品总数的 28.1%，粉晶白云岩占样品总数的 12.5%，亮晶砂屑灰岩和颗粒白云岩均占样品总数的 10.4%，中晶白云岩只占样品总数的 4.2%。各岩石类型的组成特点如下。

细晶白云岩：方解石体积分数为 0~15%，平均为 1.3%；白云石体积分数为 85%~100%，平均为 97.9%。普遍见少量黄铁矿、石英、硅质及陆源泥质等。粉晶体积分数为 0~93%，平均为 17.4%；细晶体积分数为 0~43%，平均为 68.2%；中晶体积分数为 0~40%，平均为 8.6%；泥晶、陆屑、砂屑和残余颗粒较少，局部见粗晶和巨晶。

泥晶白云岩：方解石体积分数为 0~21%，平均为 1.2%；白云石体积分数为 71%~100%，平均为 96.4%；黄铁矿体积分数为 0~3%，平均为 0.4%；普遍见少量碳质、石英及陆源泥质等；泥晶体积分数为 17%~100%，平均为 78.1%；粉晶体积分数为 0~41%，平均为 11.4%；细晶、陆屑、砾屑、极细砂屑、粉屑和团块较少，局部见亮晶方解石。

粉晶白云岩：方解石体积分数为 0~15%，平均为 3%；白云石体积分数为 83%~100%，平均为 95.3%；见少量碳质；粉晶体积分数为 20%~88%，平均为 56.5%；泥晶体积分数为 2%~41%，平均为 15.1%；细晶体积分数为 0~74%，平均为 19.4%；中晶、砂屑和残余颗粒较少，局部见亮晶方解石。

颗粒白云岩：方解石体积分数为 0~40%，平均为 6.3%；白云石体积分数为 60%~100%，平均为 92.4%；见少量硬石膏和硅质；砾屑体积分数为 0~41%，平均为 9.3%；砂屑体积分数为 0~67%，平均为 16.5%；残余颗粒体积分数为 0~61%，平均为 8.6%；粉晶体积分数为 0~33%，平均为 9.0%；泥晶体积分数为 0~39.5%，平均为 11.4%；团块、细晶和极细砂屑较少，局部见内碎屑，体积分数可达 70%，局部见少量的亮晶白云石和方解石。

亮晶砂屑灰岩：方解石体积分数为 53%~100%，平均为 87.4%；白云石体积分数为 0~43%，平均为 11.2%；见少量黄铁矿、硬石膏和陆源泥质等；砾屑体积分数为 0~18%，平均为 3.2%；砂屑体积分数为 2%~59%，平均为 34.4%；极细砂屑体积分数为 0~30%，平均为 10.4%；团块体积分数为 0~52%，平均为 15.8%；泥晶体积分数为 0~79%，平均为 16.9%；亮晶方解石体积分数为 0~17%，平均为 8.7%；粉晶、陆屑和残余颗粒较少。

## (二) 石龙洞组储层

宜地 2 井井深 1 103.2~1 266.15 m，厚 162.95 m，以细晶白云岩、砂屑白云岩和粉晶白云岩为主，其次是亮晶残余颗粒灰质白云岩和泥晶白云岩，夹少量的砂屑白云质灰岩和泥晶砂屑灰岩。根据 163 块薄片鉴定统计结果，细晶白云岩占样品总数的 29.4%，砂屑白云岩占样品总数的 23.9%，粉晶白云岩占样品总数的 22.1%，亮晶残余颗粒灰质白云岩占样品总数的 8.0%，泥晶白云岩占样品总数的 6.1%，砂屑白云质灰岩占样品总数的 5.5%，泥晶砂屑灰岩只占样品总数的 5%。石龙洞组主要储集岩描述如下。

细晶白云岩：方解石体积分数为 0～20%，平均为 1.1%；白云石体积分数为 80%～100%，平均为 98.5%；普遍见少量黄铁矿、碳质及陆源泥质等；细晶体积分数为 1%～88%，平均为 56.0%；粉晶体积分数为 2%～92%，平均为 29.8%；泥晶体积分数为 0～28%，平均为 3.7%；中晶体积分数为 0～44%，平均为 87.1%；团块、砂屑和残余颗粒较少，局部见粗晶。

砂屑白云岩：方解石体积分数为 0～28%，平均为 3.6%；白云石体积分数为 72%～100%，平均为 96.1%；见少量碳质；砂屑体积分数为 0～83%，平均为 41.9%；残余颗粒体积分数为 0～87%，平均为 26.8%；粉晶体积分数为 0～40%，平均为 13.4%；细晶体积分数为 0～56%，平均为 4.2%；泥晶体积分数为 0～30%，平均为 5.2%；砾屑和极细砂屑较少，局部见少量的亮晶白云石和方解石。

粉晶白云岩：方解石体积分数为 0～19%，平均为 2.1%；白云石体积分数为 81%～100%，平均为 97.2%；见少量碳质；粉晶体积分数为 1%～99%，平均为 67.6%；泥晶体积分数为 0～35%，平均为 7.2%；细晶体积分数为 0～99%，平均为 18.2%；中晶、粗晶、团块和残余颗粒较少。

（三）天河板组储层

井段深 1 266.15～1 358.22 m，厚 92.07 m。以泥晶灰岩、颗粒灰岩和泥晶白云质灰岩为主，其次粉晶-泥晶白云岩、泥晶灰质白云岩和泥晶生屑灰岩。根据 67 块薄片鉴定统计结果，泥晶灰岩占样品总数的 32.8%，颗粒灰岩占样品总数的 28.4%，泥晶白云质灰岩占样品总数的 19.4%，粉晶-泥晶白云岩占样品总数的 7.5%，泥晶灰质白云岩和泥晶生屑灰岩均占样品总数的 6.0%。天河板组主要储集岩描述如下。

颗粒灰岩：方解石体积分数为 19%～100%，平均为 94.8%；白云石体积分数为 0～21%，平均为 5.1%；偶见少量碳质；砾屑体积分数为 0～71%，平均为 15%；砂屑体积分数为 2%～82%，平均为 36%；极细砂屑体积分数为 0～60%，平均为 6.1%；鲕粒体积分数为 0～55%，平均为 8.7%；残余体积分数为 0～60%，平均为 6.4%；生屑体积分数为 0～15%，平均为 3.6%；泥晶体积分数为 0～28%，平均为 3.6%；亮晶方解石体积分数为 2%～33%，平均为 19.2%；粉屑、团块和亮晶白云石较少。

泥晶灰岩：方解石体积分数为 74%～100%，平均为 91.6%；白云石体积分数为 0～24%，平均为 7.9%；偶见少量黄铁矿和泥质等；粉屑体积分数为 0～23%，平均为 3.0%；泥晶体积分数为 61%～100%，平均为 87.7%；粉晶体积分数为 0～20%，平均为 5.8%；砂屑、极细砂屑和生屑含量少，局部见少量的亮晶方解石。

泥晶白云质灰岩：方解石体积分数为 47%～74%，平均为 63.7%；白云石体积分数为 26%～53%，平均为 34.5%；见少量碳质和泥质等；泥晶体积分数为 2%～90%，平均为 59.9%；粉晶体积分数为 2%～44%，平均为 23.4%；砾屑、砂屑和生屑含量少。

## 二、储层物性特征

宜地 2 井共分析常规物性样 198 块,其中 11 块由于岩样裂开而不可用,可用的样品数为 187 块。结果表明寒武系碳酸盐岩储层的孔隙度为 0.3%~15.4%,以小于 4% 的特低孔隙度和 4%~12% 的低孔隙度为主,分别占 48.1% 和 47.6%,中孔隙度占 4.3%,无高孔隙度样品(表 3-4)。渗透率介于 0.015 8~245.511 mD(包括裂缝或溶孔造成的极大值),以小于 $1\times10^{-3}$ mD 的特低渗透率为主,占总数的 75.9%,低渗透率占 13.9%,中渗透率占 7.5%,高渗透率占 2.7%。总体上,三游洞组和石龙洞组以低孔特低渗储层为主,天河板组以特低孔特低渗储层为主(表 3-4)。

表 3-4 宜地 2 井储层段孔隙度和渗透率分类样品数

| 参数 | 评价标准 | | $\epsilon_3 s$/块 | $\epsilon_1 sl$/块 | $\epsilon_1 t$/块 | $\epsilon_1 sp$/块 | 合计/块 | 占比% |
|---|---|---|---|---|---|---|---|---|
| 孔隙度/% | 高 | ≥20 | 0 | 0 | 0 | 0 | 0 | 0 |
| | 中 | 12~20 | 1 | 7 | 0 | 0 | 8 | 4.3 |
| | 低 | 4~12 | 12 | 77 | 0 | 0 | 89 | 47.6 |
| | 特低 | <4 | 9 | 58 | 20 | 3 | 90 | 48.1 |
| 渗透率/mD | 高 | ≥100 | 0 | 5 | 0 | 0 | 5 | 2.7 |
| | 中 | 10~100 | 4 | 10 | 0 | 0 | 14 | 7.5 |
| | 低 | 1.0~10 | 6 | 19 | 1 | 0 | 26 | 13.9 |
| | 特低 | <1.0 | 12 | 108 | 19 | 3 | 142 | 75.9 |
| 样品数合计 | | | 22 | 142 | 20 | 3 | 187 | 100.0 |

### (一)三游洞组储层

三游洞组常规物性样品共 22 块,孔隙度为 2.00%~14.2%,平均为 5.99%,渗透率为 0.03~63.06 mD,平均为 7.75 mD。孔隙度主要集中在小于 4% 和 4%~8%,分别占总样品数的 41% 和 55%。渗透率主要集中在小于 1 mD,占总样品数的 55%,其次是 1~10 mD,占总样品数的 27%。孔隙度和渗透率变化范围大主要是由于溶孔的影响。7 块样品中溶孔发育,其平均孔隙度为 9.2%,平均渗透率为 23.56 mD,而剩下的 15 块样品溶孔不发育,其平均孔隙度为 4.5%,平均渗透率为 0.4 mD。从岩性上来看,样品岩性主要为泥-粉晶白云岩和中-细晶白云岩,其中,泥-粉晶白云岩的平均孔隙度为 7.6%,平均渗透率为 2.18 mD,中-细晶白云岩的平均孔隙度为 5.5%,平均渗透率为 9.39 mD(表 3-5)。由此可以看出,溶孔发育程度直接影响储层物性,溶孔发育,物性较好,反之亦然。三游洞组储层以低孔隙度、特低渗为特征。

表 3-5　宜地 2 井储层段岩石物性统计表

| 层位 | 岩性 | 孔隙度/% 最大 | 最小 | 平均 | 渗透率/mD 最大 | 最小 | 平均 | 样品数 |
|---|---|---|---|---|---|---|---|---|
| 三游洞组 | 泥-粉晶白云岩 | 14.2 | 3.0 | 7.6 | 6.58（溶孔） | 0.08 | 2.18 | 5 |
|  | 中-细晶白云岩 | 11.7 | 2.0 | 5.5 | 63.06（溶孔） | 0.03 | 9.39 | 17 |
| 石龙洞组 | 白云质灰岩 | 8.5 | 0.6 | 2.88 | 0.630 | 0.022 | 0.13 | 6 |
|  | 灰质白云岩 | 4.8 | 0.4 | 1.87 | 2.259（裂缝） | 0.019 | 0.20 | 13 |
|  | 颗粒（砂屑）白云岩 | 12.5 | 0.5 | 4.84 | 53.986（溶孔） | 0.017 | 2.54 | 37 |
|  | 细晶白云岩 | 15.4 | 1.1 | 7.30 | 224.459（裂缝） | 0.016 | 19.33 | 41 |
|  | 粉晶白云岩 | 10.3 | 0.4 | 5.10 | 25.602（裂缝） | 0.019 | 2.53 | 36 |
|  | 泥晶白云岩 | 10.6 | 0.5 | 3.50 | 245.511（裂缝） | 0.016 | 27.30 | 9 |
| 天河板组 | 云质（云化）灰岩 | 2.25 | 1.23 | 1.93 | 0.590 | 0.020 | 0.135 | 7 |
|  | 砂屑灰岩 | 2.99 | 0.32 | 1.41 | 0.102 | 0.023 | 0.040 | 9 |
|  | 泥晶灰岩 | 2.83 | 0.46 | 1.60 | 1.541 | 0.026 | 0.469 | 4 |

（二）石龙洞组储层

石龙洞组常规物性样品共 142 块，孔隙度为 0.4%～15.4%，平均为 5.2%，渗透率为 0.016～245.511 mD，平均为 8.638 mD。孔隙度主要集中在小于 4%和 4%～8%，分别占总样品数的 41%和 54%，渗透率主要集中在小于 1 mD 范围，占总样品数的 76%，其次是 1～10 mD，占总样品数的 13%。孔隙度和渗透率变化范围大主要是由于溶孔和裂缝的影响。25 块样品中溶孔和裂缝发育，其平均孔隙度为 9.6%，平均渗透率为 47.896 mD，而剩下的 117 块样品溶孔不发育，其平均孔隙度为 4.2%，平均渗透率仅为 0.249 mD。石龙洞组储层以低孔隙度、特低渗为特征。

从岩性上来看，样品岩性有白云质灰岩、灰质白云岩、颗粒（砂屑）白云岩、细晶白云岩、粉晶白云岩和泥晶白云岩，其物性较好的是颗粒（砂屑）白云岩和细晶白云岩，物性较差的是白云质灰岩和灰质白云岩，物性同时也受颗粒大小的影响（表 3-5）。

在纵向分布上，石龙洞组可分为上中下三段，每一段其物性又有一定的差别（表 3-6）。上段和下段的物性明显好于中段。上段和下段的平均孔隙度分别为 5.72%和 8.05%，中段平均孔隙度仅为 3.41%。上段和下段的平均渗透率分别为 19.28 mD 和 4.99 mD，中段平均渗透率仅为 1.06 mD。物性的差异主要是由于上段和下段岩性以砂屑白云岩为主，溶孔和裂缝较发育，中段以灰质白云岩和粉晶白云岩为主，溶孔和裂缝不发育。

表 3-6　宜地 2 井石龙洞组分段物性统计表

| 分段 | 孔隙度/% 最大 | 最小 | 平均 | 渗透率/mD 最大 | 最小 | 平均 | 样品数 | 厚度/m | 主要岩性 | 溶孔或裂缝 |
|---|---|---|---|---|---|---|---|---|---|---|
| 上段 | 14.70 | 0.50 | 5.72 | 245.511 | 0.160 | 19.28 | 53 | 60.98 | 砂屑白云岩和细晶白云岩 | 较发育 |
| 中段 | 10.80 | 0.40 | 3.41 | 83.986 | 0.016 | 1.06 | 61 | 63.00 | 灰质白云岩和粉晶白云岩 | 不发育 |
| 下段 | 15.40 | 1.90 | 8.05 | 42.450 | 0.027 | 4.99 | 28 | 28.95 | 砂屑白云岩和粉晶白云岩 | 较发育 |

### （三）天河板组储层

天河板组常规物性样品共 20 块，孔隙度为 0.32%～2.99%，平均为 1.63%，渗透率为 0.02～1.154 mD，平均为 0.159 mD。孔隙度集中于小于 4% 范围，渗透率主要集中在小于 1 mD 范围，占总样品数的 95%，其次是 1～10 mD，占总样品数的 5%。从岩性上来看，样品岩性主要是亮晶颗粒灰岩、白云质（云化）灰岩和泥品灰岩，各岩性的物性差别不大，且结晶程度高，溶孔和裂缝不发育，使其物性比石龙洞组和三游洞组要差（表 3-6）。天河板组储层以特低孔隙度、特低渗为特征。

## 三、储层孔隙结构特征

### （一）毛管压力曲线特征

根据宜地 2 井的毛管压力曲线形态特征，将其划分为三种类型：I 型毛管压力曲线具特低排驱压力，较低的中值压力，较高的汞饱和度（66%～90%），喉道宽度为大喉，曲线上见又低又平的角度段，基本上是样品含有裂缝裂纹或溶孔造成的；II 型毛管压力曲线具中等排驱压力，中等的中值压力，中等汞饱和度（50%～80%），喉道宽度为中-小喉，少平坦段或低角度段，分选较差；III 型毛管压力曲线具高排驱压力，低汞饱和度（10%～50%），一般未达到中值，喉道宽度为微喉，曲线形态高陡，分选差。

三游洞组分析样品 22 块（表 3-5）。三类毛管压力曲线形态均有存在，其中，I 型毛管曲线 6 块，样品溶孔均发育，储层物性较好；II 型毛管曲线也是 6 块，只有 2 块样品溶孔发育，其他样品不发育，III 型毛管压力曲线 10 块，样品溶孔均不发育，物性较差。

石龙洞组分析样品 31 块，三类毛管压力曲线形态均存在，其中，I 型毛管曲线 15 块，样品溶孔和裂缝发育，岩性也以细晶和颗粒（砂屑）白云岩为主，储层物性较好。II 型毛管曲线也是 6 块，部分样品溶孔发育，以粉晶和细晶白云岩为主。III 型毛管压力曲线 10 块，样品溶孔均不发育，以粉晶和灰质白云岩为主，物性较差。如前文所述，石龙洞组可分为三段，且上段和下段的物性明显好于中段。同样，在压汞曲线中也得到体现，上段和下段的样品以 I 型毛管曲线为主，排驱压力和中值压力较低，平均孔喉半径和中值孔喉半径较大，中段以 II 和 III 型毛管压力曲线为主，排驱压力和饱和度中值压力较高，平均孔喉半径和中值孔喉半径较小。

天河板组分析样品 20 块，按毛管压力曲线形态分类，均为 III 型毛管压力曲线，储层物性也较差。

（二）孔隙结构参数分析

对于低渗透性储层（渗透率小于 1 mD），仅利用孔隙度和渗透率无法正确评价储集层的性质，必须研究岩石的孔隙结构。储层的储集性能很大程度上是由储层的孔隙结构控制的。储层的孔隙结构是指岩石所具有的孔隙和喉道的几何形状、大小、分布及其相互连通关系。储层的孔隙结构越好，储层的储集性能就越好（表 3-7）。

表 3-7 宜地 2 井压汞数据统计表

| 层位 | 饱和度中值压力 $P_{c50}$/MPa | 排驱压力 $P_d$/MPa | 最大孔喉半径 $R_d$/μm | 平均孔喉半径 $R$/μm | 中值孔喉半径 /μm | 喉道分选系数 | 孔喉歪度 |
|---|---|---|---|---|---|---|---|
| 三游洞组 | 0.07～153.72 /28.96 | 0.02～16.08 /1.13 | 0.06～40.54/12.42 | 0.009 8～8.17 /1.81 | 0.004 9～11.24 /2.31 | 0.005 1～5.13 /1.40 | 0.037～5.78 /2.84 |
| 石龙洞组 | 0.067～150.64 /21.13 | 0.018 6～65.03 /6.96 | 0.012～40.54 /7.49 | 0.004 6～8.04 /1.29 | 0.006～11.28 /1.74 | 0.001 3～4.71 /0.91 | 0.069～5.30 /2.49 |
| 天河板组 | — | 0.24～82.66 /31.71 | 0.009 1～3.18 /0.26 | 0.004～0.29 /0.03 | — | 0.001 2～0.30 /0.02 | 2.58～6.95 /4.65 |

注：表中数值为最大值～最小值/平均值。

饱和度中值压力 $P_{c50}$ 表示非润湿相饱和度为 50% 时对应的毛管压力。中值压力越小，则孔隙结构好，储集物性越好。宜地 2 井三游洞组测得饱和度中值压力平均为 28.96 MPa，主要是因为 III 型毛管压力曲线较多，裂缝不发育，使其数值偏大。石龙洞组的 $P_{c50}$ 平均为 21.13 MPa，天河板组 $P_{c50}$ 未测出，因为均未达到 50% 的进汞饱和度。纵向上，从下向上饱和度中值压力逐渐减小。

排驱压力 $P_d$ 是指孔隙系统中最大连通孔喉所对应的毛细管压力。排驱压力与岩石渗透率有明显的关系。一般来说，渗透率高的岩样，排驱压力就低，渗透率低的岩样，排驱压力就高。排驱压力是评价储集岩储集性能的主要指标之一。三游洞组排驱压力平均为 1.13 MPa，石龙洞组排驱压力平均为 6.96 MPa，天河板组排驱压力平均为 31.71 MPa，纵向上，自上向下排驱压力逐渐增加。总体反映石龙洞组和三游洞组排驱压力比天河板组排驱压力高，表明天河板组储层渗透性差，而三游洞组和石龙洞组储层物性较好。

最大孔喉半径 $R_d$ 是指孔隙系统中最大的连通孔隙喉道半径，即非润湿相流体开始进入岩样测得的孔隙喉道半径。本井三游洞组最大孔喉半径平均为 12.42 μm，石龙洞组最大孔喉半径平均为 7.49 μm，三游洞组最大孔喉半径平均为 0.26 μm。三游洞组和石龙洞组最大孔喉半径平均值较大，主要是由裂缝和溶孔因素造成的。天河板组最大孔喉半径平均值小，反映其岩性致密性、物性较石龙洞组和三游洞组差。

平均孔喉半径 $R$ 表示累计渗透率贡献值到 95% 以前的孔喉半径区间与进汞量的加权

平均值，值越大，喉道越粗。三游洞组平均孔喉半径为 1.81 μm，石龙洞组平均孔喉半径为 1.29 μm，天河板组平均孔喉半径仅为 0.03 μm。根据喉道分级标准，石龙洞组与三游洞组平均孔喉半径接近，为中喉道，天河板组为微喉道。

中值孔喉半径表示岩石全部孔隙的喉道半径的平均值，均值越大，表示岩石孔隙喉道越粗，储渗能力越好。三游洞组中值孔喉半径为 2.31 μm，石龙洞组中值孔喉半径为 1.74 μm，天河板组未测到中值孔喉半径。三游洞组与石龙洞组的中值孔喉半径较接近，均较小，说明三游洞组和石龙洞组储集性能相对较好，天河板组较差。

按喉道分选系数评价标准：三游洞组喉道分选系数平均为 1.40，分选中等，石龙洞组喉道分选系数平均为 0.91，分选中等；天河板喉道分选系数平均为 0.02，分选极好。

好的储集岩其孔喉歪度为正值，大多为 0.25~1.00，而差的储集岩孔喉歪度则都是负值。三游洞组孔喉歪度平均为 2.84，石龙洞组孔喉歪度平均为 2.49，天河板组孔喉歪度平均为 4.65。

（三）孔隙结构评价

**1. 三游洞组**

三游洞组饱和度中值压力为 0.07~153.72 MPa，平均为 28.96 MPa；排驱压力 0.02~16.08 MPa，平均较低为 1.13 MPa；最大孔喉半径为 0.06~40.54 μm，平均为 12.42 μm；平均孔喉半径为 0.009 8~8.17 μm，平均为 1.81 μm；中值孔喉半径为 0.004 9~11.24 μm，平均为 2.31 μm，由于溶孔的发育，中值孔喉半径较大；喉道分选系数为 0.005 1~5.13，平均为 1.40，孔喉歪度为 0.037~5.78，平均为 2.84。总体上以细孔中喉为主，分选性较好，属于较好结构类型。

**2. 石龙洞组**

石龙洞组饱和度中值压力为 0.067~150.64 MPa，平均为 21.13 MPa；排驱压力为 0.018 6~65.03 MPa，平均为 6.96 MPa；最大孔喉半径为 0.012~40.54 μm，平均为 7.49 μm；平均孔喉半径为 0.004 6~8.04 μm，平均为 1.29 μm；中值孔喉半径为 0.006~11.28 μm，平均为 1.74 μm，喉道分选系数为 0.001 3~4.71，平均为 0.91，孔喉歪度为 0.069~5.30，平均为 2.49。总体上以细孔中喉为主，分选性极好，属较好结构类型。

**3. 天河板组**

天河板组饱和度中值压力未测出；排驱压力为 0.24~82.66 MPa，平均较高为 31.71 MPa；最大孔喉半径为 0.009 1~3.18 μm，平均为 0.26 μm；平均孔喉半径为 0.004~0.29 μm，平均为 0.03 μm；中值孔喉半径未测出，喉道分选系数为 0.001 2~0.30，平均为 0.02，孔喉歪度为 2.58~6.95，平均为 4.65。总体上以微孔中喉为主，属差结构类型。

## 四、储集空间类型及特征

### （一）孔隙

宜地 2 井碳酸盐岩原生孔隙不发育，仅见少量白云石晶间孔，主要以次生的晶间溶孔和晶间孔为主，其次是粒间溶孔和粒内溶孔，偶见晶内溶孔、裂缝和非组构溶孔（图 3-17），主要分布于粉晶、细晶、砂屑和残余颗粒白云岩中。根据薄片、铸体图像、扫描电镜及岩心资料分析，各储层的孔隙类型及特征如下。

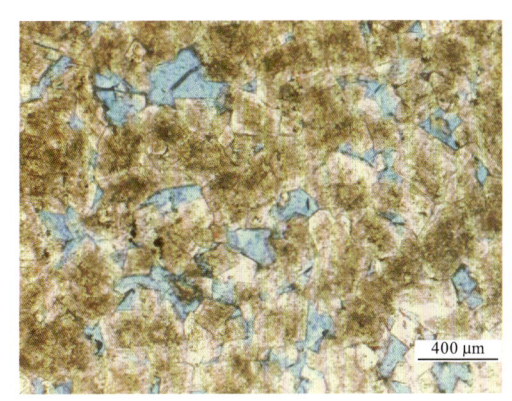

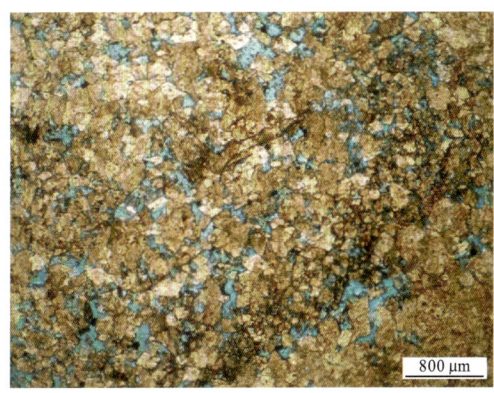

（a）井深174.50 m三游洞组　　　　　　　（b）井深1 140.1 m石龙洞组

图 3-17　宜地 2 井不同层位岩石铸体图像孔隙发育情况

三游洞组共取铸体图像样品 22 块，井深为 145.2~441.5 m，取样密度为 13.5 m/块，基本满足分析需求。其中 17 块样品见到孔隙，约占样品总数的 77%。孔隙总数平均为 260 个，以晶间溶孔和晶间孔为主，分别为 10 块次和 9 块次。其次是粒间溶孔和粒内溶孔，分别为 6 块次和 4 块次。[表 3-8，图 3-17（a）]。

表 3-8　宜地 2 井铸体图像分析孔、喉统计表

| 层位 | 孔隙总数 | 可测面孔率/% | 平均比表面/μm$^{-1}$ | 平均孔喉比 | 均质系数 | 微孔面孔率/% | 平均孔隙半径/μm | 平均形状因子 |
|---|---|---|---|---|---|---|---|---|
| 三游洞组 | 260 | 4.44 | 0.29 | 5.06 | 0.50 | 0.15 | 104.81 | 0.64 |
| 石龙洞组 | 299 | 3.40 | 0.30 | 4.76 | 0.44 | 0.00 | 51.68 | 0.69 |

| 层位 | 平均配位数 | 喉道分选系数 | 平均孔隙度/% | 水平渗透率/mD | 岩石视密度/(g/cm$^3$) | 喉道宽度/μm 最大值 | 喉道宽度/μm 最小值 | 喉道宽度/μm 平均值 |
|---|---|---|---|---|---|---|---|---|
| 三游洞组 | 0.47 | 67.45 | 6.45 | 8.210 | 2.66 | 468.99 | 1.49 | 19.74 |
| 石龙洞组 | 0.36 | 33.98 | 5.13 | 9.422 | 2.70 | 133.46 | 1.05 | 15.68 |

三游洞组采集、磨制普通薄片样品 95 块，其中 31 块样品观察到了孔隙，约占总样品的 33%，主要为溶孔，孔隙直径为 0.02~4.48 mm，基本没有被充填，个别被碳酸盐或碳质充填[图 3-18（a），表 3-9]。

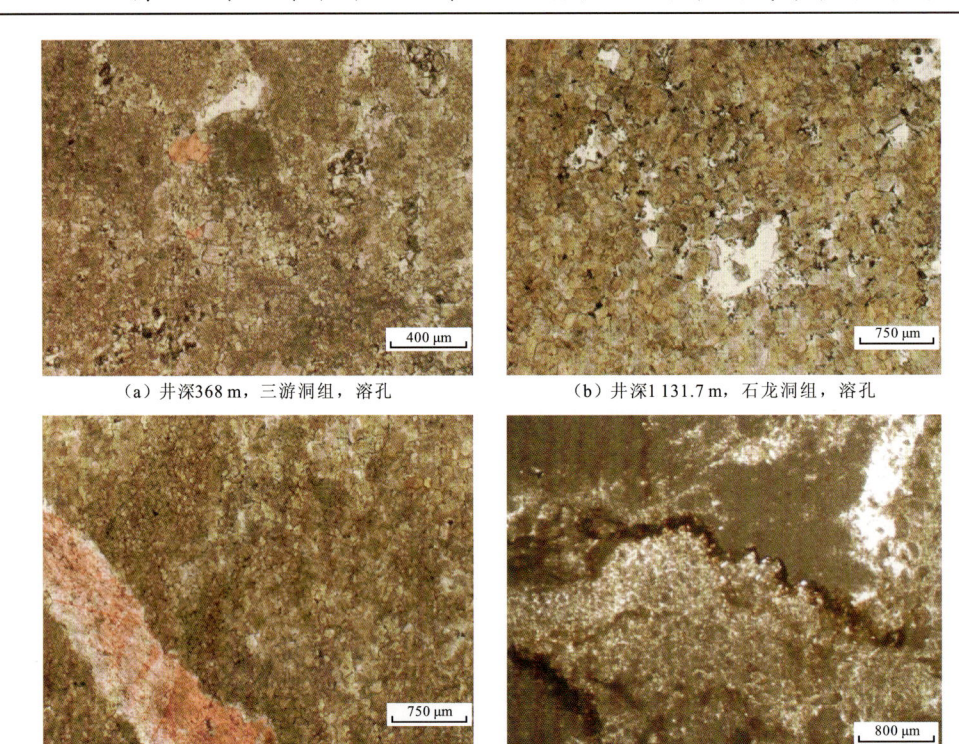

(a) 井深 368 m，三游洞组，溶孔
(b) 井深 1 131.7 m，石龙洞组，溶孔
(c) 井深 1 174.8 m，石龙洞组，构造缝
(d) 井深 1 283 m，天河板组，压溶缝合线

图 3-18　宜地 2 井不同层位碳酸盐岩储层普通薄片孔隙

表 3-9　宜地 2 井储层段普通薄片孔洞缝统计表

| 层位 | | 孔洞缝 | 密度 | 宽度/mm | 充填情况 | 充填物成分 | 样品数 | 总样品数 | 频率/% |
|---|---|---|---|---|---|---|---|---|---|
| 三游洞组 | | 构造缝 | 1～多条 | 0.005～0.4 | 全 | 白云石和方解石，偶见硅质和铁质 | 25 | 93 | 27 |
| | | 溶蚀缝 | 1～多条 | 0.01～3.0 | 全 | 方解石，偶见硅质和铁质，白云石 | 20 | | 22 |
| | | 压溶缝合线 | 1～多条 | 0.01～0.53 | 全 | 碳质、泥质 | 16 | | 17 |
| | | 溶孔 | 3～数个 | 0.02～4.48 | 未 | 个别被充填，碳酸盐或碳质 | 32 | | 34 |
| 石龙洞组 | 三期 | 构造缝 | 1～3 | 0.01～0.56 | 全 | 白云石 | 6 | 70 | 9 |
| | | 压溶缝合线 | 1～十几条 | 0.005～0.16 | 全 | 碳质、泥质 | 23 | | 33 |
| | | 溶孔 | | 0.01～1.98 | 未 | 少量被方解石充填 | 41 | | 59 |
| | 二期 | 构造缝 | 1～多条 | 0.01～1.20 | 半 | 方解石、白云石 | 12 | 83 | 14 |
| | | 压溶缝合线 | 1～十几条 | 0.01～0.72 | 全 | 碳质、泥质 | 42 | | 51 |
| | | 溶孔 | | 0.01～7.10 | 全或未 | 少量被方解石、白云石充填 | 29 | | 35 |
| | 一期 | 构造缝 | 1～6 | 0.01～0.40 | 半 | 方解石 | 19 | 60 | 32 |
| | | 压溶缝合线 | 1～3 | 0.01～1.10 | 全 | 碳质、泥质 | 12 | | 20 |
| | | 溶孔 | | 0.02～1.60 | 未 | 无 | 29 | | 48 |
| 天河板组 | | 构造-溶蚀 | 1～26 | 0.005～0.60 | 全 | 方解石为主，少量白云石 | 44 | 85 | 52 |
| | | 压溶缝合线 | 1～数十条 | 0.005～0.80 | 全 | 泥碳质、少量黄铁矿 | 29 | | 34 |
| | | 溶孔 | | | 全 | 方解石 | 12 | | 14 |

石龙洞组共取样品 30 块次，井深为 1 103.4～1 249.6 m，取样密度为 4.9 m/块，完全满足分析需求。其中 19 块样品见到孔隙，约占样品总数的 63%。孔隙总数平均为 299 个，以晶间溶孔和晶间孔为主，都为 16 块次。其次是粒间溶孔和粒内溶孔，分别为 3 块次和 2 块次。[图 3-17（b），表 3-8]。

在石龙洞组 163 块普通薄片中，有 102 块样品观察到了孔隙，约占总样品的 63%，主要为溶孔。从上、中、下段三段来看，孔洞出现的样品数分别为 41 块次、29 块次和 29 块次，宽度分别为 0.01～1.98 μm、0.01～7.1 μm、0.02～1.6 μm。上段和下段孔洞未被充填，少量被方解石充填，而中段有一部分被方解石全充填[图 3-18（b）和（c），表 3-9]。

天河板组共取铸体图像样品 20 块次，但均未发现孔隙。而普通薄片共计 67 块样品，其中 12 块次观察到了孔隙，也主要是溶孔，但均被方解石全充填[图 3-18（d）]。

（二）裂缝

三游洞组裂缝：根据岩心描述，普遍见裂缝，以高角度的裂缝为主，一般被方解石全充填，少量未充填或半充填，同时还有很多的压溶缝合线，也被充填。普通薄片下，发现构造缝的样品数为 25 块次，约占总样品数的 27%，宽度为 0.005～0.4 mm；发现溶蚀缝的样品数为 20 块次，约占总样品数的 22%，宽度为 0.01～3.0 mm；发现压溶缝合线的样品数为 16 块次，约占总样品数的 17%，宽度为 0.01～0.53 mm；构造缝、溶蚀缝和压溶缝合线均被方解石、白云石或泥质、碳质全充填（表 3-9）。

石龙洞组裂缝：以高角度的裂缝为主，一般为半充填，少量被方解石全充填，同时还有很多的压溶缝合线，碳质、泥质全充填。普通薄片下，发现构溶缝的样品数为 37 块次，占总样品数的 17.3%，宽度为 0.01～1.2 mm；发现压溶缝合线的样品数为 77 块次，占总样品数的 36.1%，宽度为 0.005～1.1 mm；石龙洞的上、中、下三段的构溶缝和压溶缝合线均被方解石、白云石或碳质、泥质全充填[表 3-9，图 3-18（c）]。

天河板组裂缝：根据岩心描述，也普遍见裂缝，以垂直裂缝为主，一般被方解石全充填，少量未充填或半充填，同时还有很多的压溶缝合线，全充填。普通薄片下，发现构造-溶蚀缝的样品数为 44 块次，占总样品数的 52%，宽度为 0.005～0.6 mm；发现压溶缝合线的样品数为 29 块次，占总样品数的 34%，宽度为 0.005～0.8 mm；构造-溶蚀缝和压溶缝合线均被方解石、泥碳质或白云石全充填[表 3-9，图 3-18（d）]。由此可见，裂缝很发育，但均被充填，不具备大规模的储集能力。

## 五、主要储层发育控制因素及孔隙演化分析

宜地 2 井不利于储层孔隙形成与演化的成岩作用包括原生孔隙的胶结作用、压实压溶作用、次生裂缝（溶孔）中化学沉淀物的充填作用等。有利于孔隙形成与演化的成岩作用主要包括白云石化作用及埋藏溶蚀作用等。

## （一）原生孔隙的胶结作用

宜地 2 井寒武系颗粒白云岩发育普遍，储层原生孔隙中的胶结作用出现于颗粒间的原生孔隙中，胶结物可分为两期（图 3-19）。镜下观察表明，部分井段第一期胶结作用不甚明显，但根据砂屑之间无接触关系可以得出，白云石化作用之前胶结作用发育，从而阻碍了压实。

(a) 1 196.6 m 砂屑白云岩　　　　　　(b) 1 220.15 m 残余颗粒白云岩

图 3-19　石龙洞组的世代胶结

第一期纤状白云石胶结物沿砂屑或颗粒边缘呈近等厚单环带分布，一般纤状方解石胶结物形成于盐度较高的水溶液中，可能与当时的海水化学组成相似，属于海底潜流成岩环境的产物，该期胶结物使大部分原始孔隙丧失，初步认为可使原生孔隙缩小 10%～15%。

第二期粉-细晶方解石胶结物出现于纤状白云石胶结后的残余原生孔隙内，其晶体干净明亮，呈近等轴粒状镶嵌接触，具明显的充填组构特征，一般认为该期方解石胶结物形成于成岩较晚的溶液中，可能与地层中封闭的海水中碳酸钙过饱和有关，是浅埋藏成岩环境下的产物，可使原生孔隙显著减少，是储层内原生孔隙最终难以保存下来的主要原因，第二期方解石胶结物几乎使粒屑灰岩中的原生孔隙丧失殆尽。

## （二）压实压溶作用

宜地 2 井寒武系中，压实作用在未经其他成岩作用改造或改造不强的泥晶白云岩及泥晶灰岩中表现明显[图 3-20（a）]。其孔隙度一般小于 1%，远低于现代碳酸盐灰泥中的原始孔隙度，由此可见压实作用在细粒沉积物原始孔隙消失过程中所起的破坏性效应。在石龙洞组颗粒灰岩中（砂屑灰岩为主），早期原生孔隙中的胶结作用避免了较强压实作用的进行，因而压实作用表现不强或不明显[图 3-20（b）]。但深埋藏阶段，由于强烈压实作用，不同类型的碳酸盐岩均可发生压溶作用，压溶作用导致物质的迁移可充填储层中残余孔隙，并在部分井段形成缝合线[图 3-20（c）]，因此压实压溶作用无疑是影响储层品质的成岩作用之一。

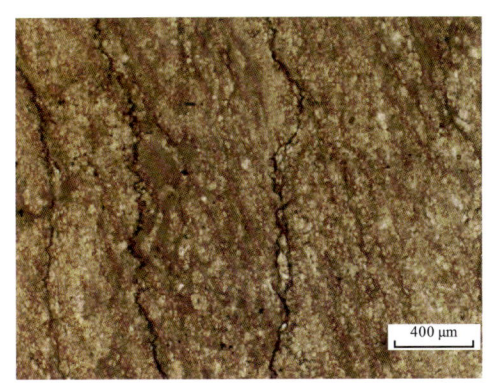

(a) 1 103.4 m（缝合线晚于有机质-黄铁矿微缝和方解石充填缝）

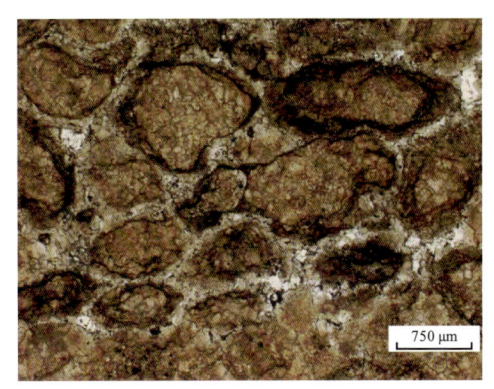

(b) 115.6 m（缝合线晚于自生长石）

(c) 1 169.5 m岩心上的缝合线

图 3-20　石龙洞组中的缝合线

## （三）次生裂缝（溶孔）中化学沉淀物的充填作用

宜地 2 井所在的宜昌地区寒武系经历了都匀、广西、东吴、印支、早燕山、晚燕山-喜山等多期构造运动，构造作用对储层的影响明显。通过岩石薄片观察，初步识别出多期裂缝及相关充填物，各类裂缝充填物主要包括白云石、方解石、有机质、黄铁矿、硬石膏、硅质等。其中，充填作用直接导致各期次裂缝作为储集空间或输导作用的功能基本丧失。

白云石充填裂缝在三游洞组、覃家庙组、石龙洞组各个层段均有发育，规模不大，多表现为微裂缝。镜下观察显示这期裂缝多被白云石充填，部分样品中可见网状充填特征[图 3-21（a）和（b）]，推测可能多为层内裂缝，流体沟通多限于各层段内部。

方解石充填裂缝较常见，镜下显示该种裂缝规模不大，但裂缝周围可见较多孔隙，因而伴随裂缝的发育发生了溶蚀作用，同样被方解石充填[图 3-21（c）和（d）]。

黄铁矿-有机质充填裂缝在镜下观察显示，该期裂缝多表现为微缝或缝合线。从裂缝的发育特点及充填物推测，该期裂缝也是一种层内裂缝，常被后期发育裂缝切割[图 3-21（e）和（f）]。

另有部分样品裂缝规模较大，且形成了角砾岩，砾石次棱-次圆状，大小不等，角砾的成分常见有泥晶、细粉晶白云岩、藻纹层白云岩等。砾石间以化学沉淀充填物为主，主要是方解石和白云石[图 3-21（h）]，此外，还可见硅质及黄铁矿等。由于单个薄片砾石成分较单一，初步认为大多数裂缝规模并不大。总体上，宜地 2 井储层段裂缝大部分填充物是有机质与黄铁矿、白云石与方解石共生，仅覃家庙组部分薄片显示充填物中有机质、黄铁矿、硅质等共生，说明裂缝规模一般较小，多发育于层内。

(a) 133 m三游洞组白云石充填

(b) 978.5 m覃家庙组白云石充填

(c) 172 m三游洞组方解石充填

(d) 1 190.6 m石龙洞组方解石充填

(e) 517.7 m三游洞组白云石充填

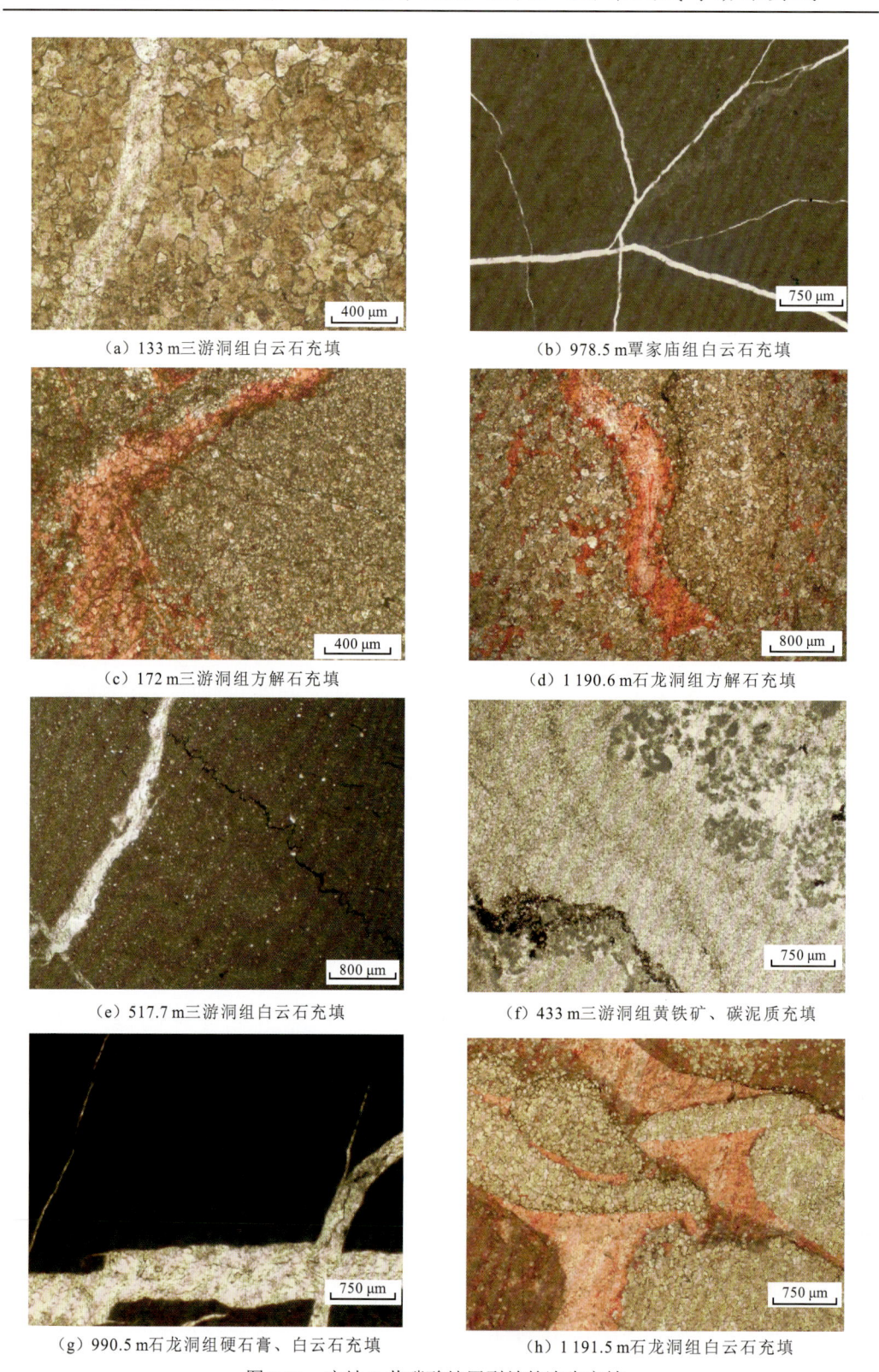

(f) 433 m三游洞组黄铁矿、碳泥质充填

(g) 990.5 m石龙洞组硬石膏、白云石充填

(h) 1 191.5 m石龙洞组白云石充填

图 3-21 宜地 2 井碳酸储层裂缝的次生充填

## （四）白云石化作用

宜地 2 井白云石化作用普遍，仅石龙洞组中部为完全白云化。初步认为白云石形成与小型浅滩暴露和混合水白云化作用有关。白云石化作用整体大致可分为两期，主要发生于准同生-浅埋藏时期[图 3-22（a）和（b）]。粉晶白云岩一般含较多晶间孔隙，这些孔隙可被沥青充填，显示粉晶白云岩的晶间孔隙是储层孔隙演化中的有效孔隙。石龙洞组发育大套残余粒屑白云岩，明显为白云石在成岩环境中交代颗粒灰岩的产物。其中砂屑白云岩、鲕粒白云岩及残余粒屑白云岩形成过程中，白云石交代方解石多以等体积方式进行。方解石原来所具有的晶体结构，控制并影响着交代白云石的晶体结构，因此交代前后的结构常常能保持相似的特点，形成具有原有颗粒轮廓或颗粒痕迹、阴影、幻影等残余结构的白云岩。这几类白云岩常具有粉晶结构，残留较多晶间孔隙，是宜地 2 井寒武系现今重要的储集岩类型，部分此类岩石的晶间孔中有沥青-黄铁矿充填，显示其可成为油气聚集的有效储集空间。

（a）石龙洞组 1 129.1 m 两期白云石化作用 　　（b）石龙洞组 1 129.1 m 两期白云石化作用（正交偏光）

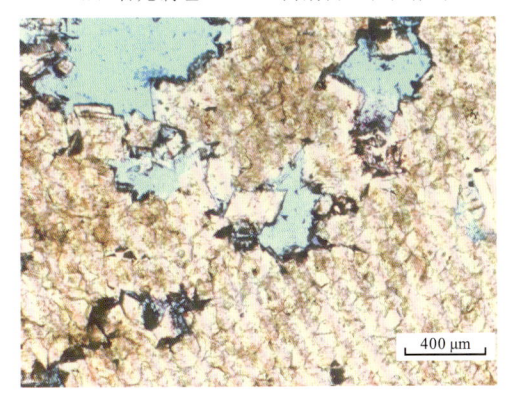

（c）石龙洞组 1 144.4 m 白云岩空洞壁上附着沥青 　　（d）三游洞组 263 m 颗粒白云岩晶间沥青

图 3-22　碳酸盐白云石化与埋藏溶蚀作用

单硬石膏充填裂缝主要见于覃家庙组中，因此推测该期裂缝也为总体分布局限的层内裂缝，纵、横向连续性较好，沟通了含膏程度不一的岩层段及区域上的贫膏区-富膏区。富含膏质的酸性流体不仅溶蚀裂缝缝壁，而且溶蚀裂缝周围白云岩等，并随后裂缝及相关溶孔被硬石膏充填，对储渗空间有极为不利的影响[图 3-21（g）]。

## （五）埋藏溶蚀作用

基于岩石薄片镜下观察结果，初步认为宜地 2 井寒武系大致有两期埋藏溶蚀作用。第一期发生在液态烃充注之前，地层因溶蚀作用形成大量孔隙，形成了储层重要的有效储集空间，经液态烃充注热解后，孔壁上一般可见沥青附着。第二期在液态烃热解之后，属于中-深埋藏成岩阶段的晚期溶蚀，此次溶蚀作用会形成新的溶孔，孔壁未见沥青附着；也会在原有孔隙的基础上进一步溶蚀，对原有孔隙起到扩充的作用，从而使原始孔隙孔壁上附着的沥青清除，使其仅见于孔壁局部，本井段多数溶孔均可见此类特征[图 3-22（c）和（d）]。

## （六）储层孔隙演化

宜地 2 井下寒武系石龙洞组主要属于内缓坡浅滩相沉积环境，原始沉积物为鲕粒、砂屑等。浅滩相沉积在石龙洞组沉积时期较为发育，以鲕滩、砂屑滩为主，原始孔隙多以粒间孔隙为主，部分浅滩经过暴露后发生了淡水溶蚀，发生了不均匀白云石化作用，经海底胶结及浅埋藏胶结作用，大部分浅滩孔隙消失，但与暴露浅滩有关的白云岩（粉晶白云岩为主）则仍保留有较多的晶间孔隙。经历了多期构造运动之后，石龙洞组出现多期裂缝，并发生了多期与之相关的溶蚀作用，形成了大量非组构溶孔。尽管在裂缝发育之后有相应的化学充填作用，但仍有残留孔隙保存下来。事实上，与浅滩有关的白云石化晶间孔、埋藏溶蚀孔中均可见较多的沥青充填，表明这些孔隙在油气运移聚集过程中为有效孔隙。现今粉晶云岩晶间孔、埋藏溶蚀残余孔隙是主要的有效孔隙。

宜地 2 井中上寒武统储层主体属于潮坪和台内浅滩相沉积环境，其中潮坪环境原始沉积物以灰泥为主，经准同生白云石化作用，原始孔隙较丰富，经浅埋藏阶段压实、脱水等作用后孔隙大幅度减小，且连通性很差，大部分为差储层或非储层。台内浅滩相主要发育于三游洞组，主要表现为发育多套薄层砂屑灰岩和砂屑白云岩，浅滩环境原始孔隙也较丰富，少数暴露浅滩还形成了淡水溶孔，经近地表的海底胶结作用后，大部分浅滩孔隙减小较快，但有部分浅滩紧邻强烈蒸发的潮坪环境，出现渗透回流白云石化作用，发育较多的晶间孔，浅埋藏阶段的重结晶作用对浅滩白云岩影响明显。与下伏石龙洞组相似，中上寒武统储层经历了多期构造影响，形成多期裂缝，与埋藏溶蚀作用有关的部分孔隙可见沥青，显示这些孔隙对油气聚集有利。此外，粒屑白云岩或粉晶白云岩（粒屑白云岩重结晶）中的部分晶间孔也有见沥青，显示这些孔隙也是主要的有效孔隙。现今与回流渗透白云石化作用有关的粒屑白云岩晶间孔、与埋藏溶蚀有关的残留孔隙是中上寒武统储层的主要孔隙类型。

## 六、储层评价

参照四川盆地碳酸盐岩储集岩分类标准（表3-10），宜地2井碳酸盐岩储层以石龙洞组最好，发育Ⅰ类储层41.89 m/2层，天河板组较差，仅发育Ⅳ类储层（表3-11）。从储层分布上来看，宜地2井碳酸盐岩储层发育，三游洞组储层厚度合计为439.65 m，占地层总厚度的93.8%，以Ⅲ类储层和Ⅱ类储层为主，分别占地层的37.5%和29.3%。石龙洞组储层厚度合计为162.95 m，占地层总厚度的100%，以Ⅱ类储层和Ⅲ类储层为主，分别占地层的44%和36.3%。其次是Ⅰ类储层，占地层总厚度的25.7%。天河板组储层厚度合计为92.07 m，占地层总厚度的100%，全部是Ⅳ类储层（表3-12）。

表3-10 四川盆地碳酸盐岩储层评价标准

| 项目 | Ⅰ类储层 | Ⅱ类储层 | Ⅲ类储层 | Ⅳ类储层 |
| --- | --- | --- | --- | --- |
| 孔隙度/% | >10 | 10～5 | 6～2 | <2 |
| 渗透率/mD | >1.0 | 1～0.25 | 0.26～0.002 | <0.002 |
| 中值喉道宽度/μm | >1 | 1～0.2 | 0.2～0.024 | <0.024 |
| 孔隙结构类型 | 大孔粗中喉 | 大孔中粗喉 中孔中粗喉 | 中孔细喉 小孔细喉 | 微孔微喉 |
| 储层评价 | 好至极好 | 中等至较好 | 较差 | 差 |

表3-11 宜地2井主要目的层系碳酸盐岩储层评价结果统计

| 地层 | Ⅰ类储层 厚度/m | Ⅰ类储层 层数 | Ⅱ类储层 厚度/m | Ⅱ类储层 层数 | Ⅲ类储层 厚度/m | Ⅲ类储层 层数 | Ⅳ类储层 厚度/m | Ⅳ类储层 层数 | 合计 厚度/m | 合计 层数 |
| --- | --- | --- | --- | --- | --- | --- | --- | --- | --- | --- |
| 三游洞组 | — | — | 206.24 | 5 | 170.25 | 3 | 63.16 | 1 | 439.65 | 9 |
| 石龙洞组 | 41.89 | 2 | 47.81 | 2 | 61.10 | 3 | 12.15 | 1 | 162.95 | 8 |
| 天河板组 | — | — | — | — | — | — | 92.07 | 4 | 92.07 | 4 |
| 合计 | 41.89 | 2 | 254.05 | 7 | 231.35 | 6 | 167.38 | 6 | 694.67 | 21 |

表3-12 宜地2井主要目的层储层厚度占地层厚度统计表

| 地层 | 地层厚度/m | 储层占地层厚度比例/% Ⅰ类储层 | Ⅱ类储层 | Ⅲ类储层 | Ⅳ类储层 | 合计 |
| --- | --- | --- | --- | --- | --- | --- |
| 三游洞组 | 468.77 | — | 44.0 | 36.3 | 13.5 | 93.8 |
| 石龙洞组 | 162.95 | 25.7 | 29.3 | 37.5 | 7.5 | 100.0 |
| 天河板组 | 92.07 | — | — | — | 100.0 | 100.0 |

综上分析。寒武系石龙洞组是区内较为优质的天然气储层。在宜地 2 井，石龙洞组岩心实测孔隙度为 0.4%～15.4%，平均为 5.2%，渗透率为 0.016～245.511 mD，平均为 8.638 mD。综合评价储层 162.95 m/8 层，其中 I 类裂缝-孔隙型储层 41.89 m/2 层，II 类裂缝-孔隙型储层 47.81 m/2 层，III 类裂缝-孔隙型储层 61.1 m/3 层，IV 类裂缝-孔隙型储层 12.15 m/1 层。

## 第三节 保存条件

### 一、盖层条件

宜地 2 井下寒武系石龙洞组上覆覃家庙组井深 530～1 100 m，厚度约为 570 m，以薄层-中层状泥质白云岩、灰岩为主，发育膏质白云岩、云质膏盐、膏质泥岩，另见数毫米-数厘米厚的纤维状膏盐薄层夹层。对井段 580.23～787 m 各岩性厚度统计结果表明，该段地层中膏质岩类和泥质岩类发育。其中含膏类（石膏、白云质泥质石膏岩、石膏质白云岩等）厚 89.54 m（图 3-23），泥质岩类（泥岩、泥质灰岩、泥质白云岩等）厚 22.34 m。在宜地 2 井钻遇覃家庙组下部泥岩时出现气测异常，甲烷最高体积分数达到 0.8%，全烃也有相同的变化规律，最高可达 0.9%。将岩心置于水中可见大量串珠状细小气泡冒出，表明泥页岩地层封盖条件较好。该井区泥质岩突破压力 10～12 MPa，同样表明其具有较好的封闭能力。区域上，宜地 2 井周边宜昌两河口和宜昌乔家坪剖面膏溶角砾岩厚度大于 26 m，北部南漳朱家峪溶角砾岩厚 29 m 等，从邻区已钻井焦石 1 井、建深 1 井、利 1 井及恩页 1 井岩性分析，该区普遍发育膏盐岩，上述 4 口井膏盐类厚度分别为 117 m、688 m、84 m、144 m，表明中寒武系家庙组成膏期地层分布广泛，是区内非常重要的区域盖层（图 3-24）。

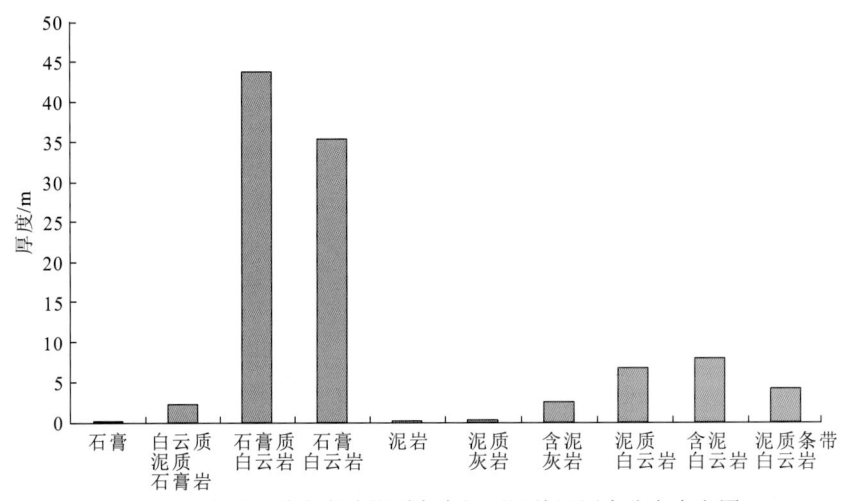

图 3-23 宜地 2 井中寒武统覃家庙组不同盖层厚度分布直方图

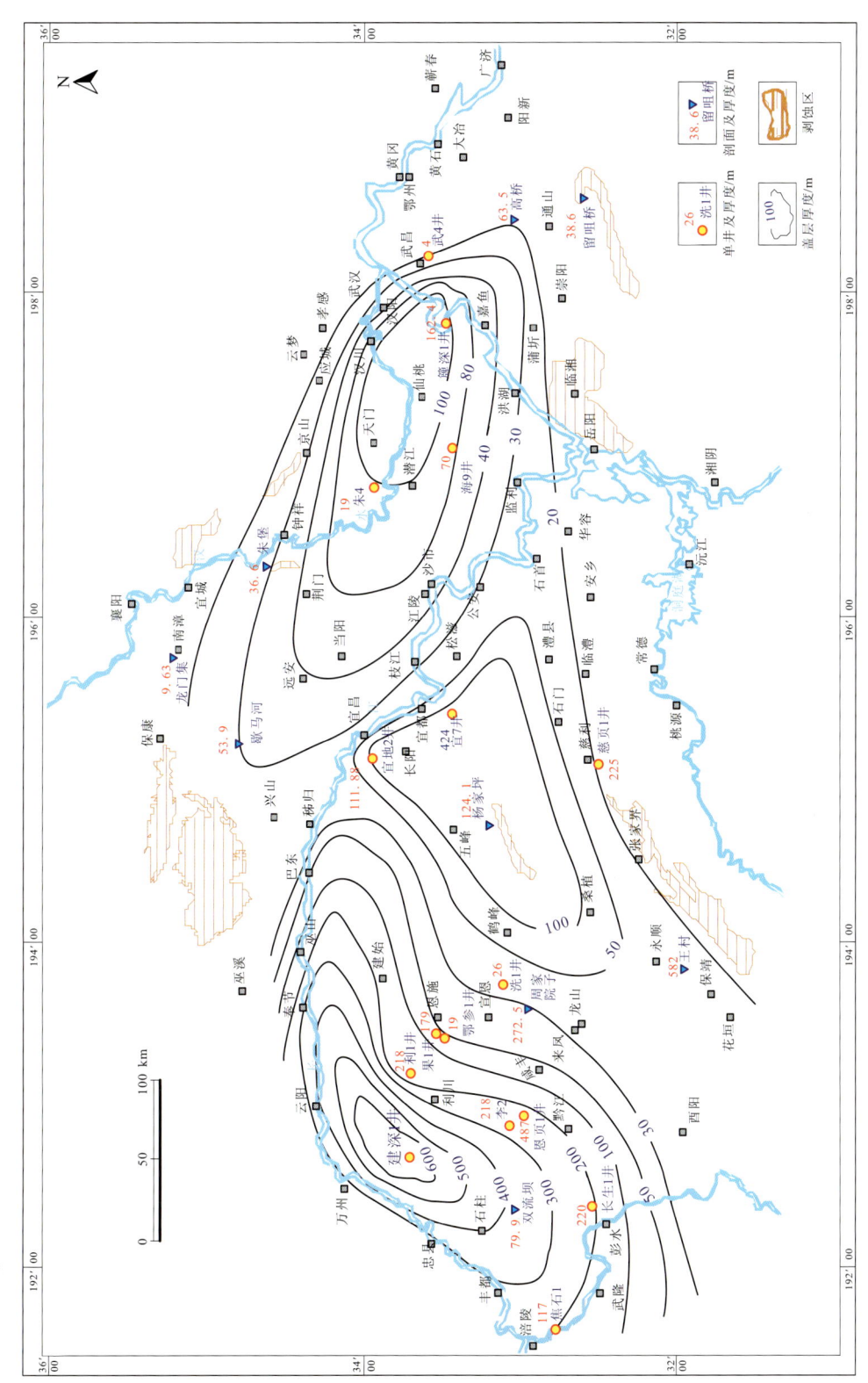

图 3-24 宜地 2 井及邻区中寒武系盖层厚度等值线图

## 二、运移与保存条件

地质演化过程中，地质热事件和流体活动是构造演化进程中不可或缺的重要组成因素。地质流体不仅传送热量，促进断层发育，同时也蕴涵了丰富的油气运移和保存等关键信息。目前，通过对砂岩储层内的胶结物和裂缝充填脉体矿物进行稳定同位素和流体包裹体分析，进而反演追踪古流体活动历史，重建油气成藏过程，评价油气保存条件等研究已获得广泛应用（刘安 等，2018；Cooley et al.，2011；楼章华 等，2006；马永生 等，2006；Boles et al.，2004）。

### （一）大气水下渗的影响

宜地 2 井包裹体水溶液的氢氧同位素数据之间没有明显的相关性，表明水溶液演化过程及水的来源特征具有差异（李建森 等，2014）。但各个岩石地层单位中包裹体水溶液同位素组成具有一定的规律性。其中娄山关组包裹体古流体氢氧同位素数据点靠近大气降水线，且数据点趋势线与大气降水线相交，表明其来源为地层卤水与大气水混合（Wilson et al.，1993）。交点之上长江水宜昌段氢氧同位素分别为-66.6‰、-9.84‰（丁悌平，2013），宜昌地区大气降水氢氧同位素分别为-60.02‰、-8.89‰（赵家成 等，2009），包裹体中大气水的来源可能与长江水具有一定的关系。石牌组—天河板组古流体氢同位素则比其他层位显著偏负，且远离大气降水线，整体具有闭体系的卤水特征。Fisher 等（1990）认为 $\delta D$ 降低可能是油田水与烃类伴生，原油降解时烃类可与水发生反应所致（图 3-25）。本章研究推测氢同位素偏负可能与碳酸盐岩层系热化学硫酸盐还原（thermochemical sulfate reduction，TSR）反应密切相关。TSR 反应 $CaSO_4+CH_4 \longrightarrow CaCO_3+H_2S+H_2O$（Worden et al.，1996；Wilson，1974）产生的水将有机质的氢同位素带入水中。氧同位素正偏与相对封闭的体系中水-岩反应增强，$\delta^{18}O$ 从矿物相转移到了流体相，致使包裹体水溶液的 $\delta^{18}O$ 富集有关。因此，地史中盖层一旦失去有效性，大气水下渗会导致储层油气被氧化、散失。

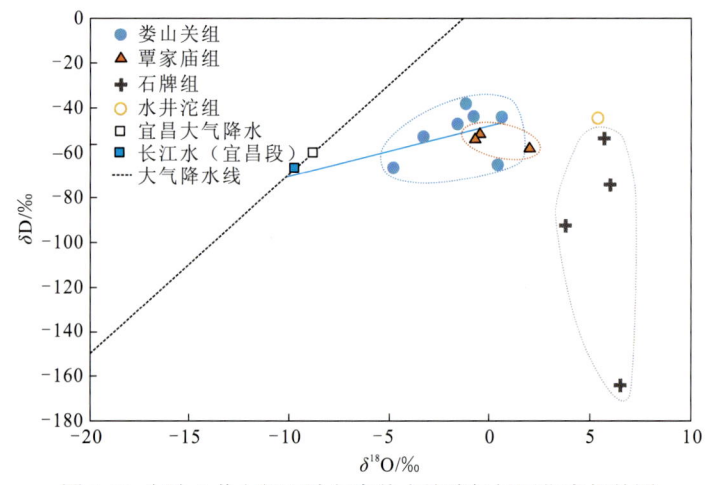

图 3-25 宜地 2 井方解石脉包裹体水溶液氢氧同位素相关图

## (二) 盖层的封闭性分析

碳氧同位素被广泛用于示踪古流体的来源，评价岩层的封闭性。整体上，寒武系碳酸盐岩由新到老碳同位素有增大的趋势，娄山关组和石牌组-天河板组方解石脉碳同位素与围岩差异较大，其余各个层系方解石脉与围岩没有明显差异（图 3-26），表明娄山关组、石牌组方解石碳的来源并非同层位灰岩。具体而言，岩家河组和水井沱组方解石脉 $\delta^{13}C$ 为 1.27‰~3.77‰，同层灰岩 $\delta^{13}C$ 为 1.35‰~3.49‰，二者非常接近，表明裂缝充填方解石即来自同层灰岩溶解。方解石脉 $\delta^{18}O$ 为-9.70‰~-6.73‰，灰岩 $\delta^{18}O$ 为-8.66‰~-5.69‰，二者同样非常接近，这可能指示当时岩家河和水井沱组地层处于生烃晚期，地层含水饱和度低，水-岩反应相对微弱，氧同位素分馏也弱。类似地，石龙洞组和覃家庙组方解石脉 $\delta^{13}C$ 与同层灰岩大体一致，同样表明裂缝充填方解石主要来源于同层灰岩溶解。同位素组成表明了页岩具有较好的自封闭性，受到外来流体的影响弱。

石牌组和娄山关组方解石脉 $\delta^{13}C$ 明显低于同层灰岩，最小值分别可达-8.78‰和-4.96‰，也低于整个寒武系任何层位灰岩，与显生宙以来灰岩 $\delta^{13}C$（-4‰~8‰）也存在较大差异（Veizer et al.，1999）。结合前文脉体微区成分分析，娄山关组亏损重碳同位素的方解石形成可能与甲烷氧化生成有机成因 $CO_2$ 有关，而石牌组亏损重碳同位素的方解石形成与 TSR 关系密切（图 3-26）。

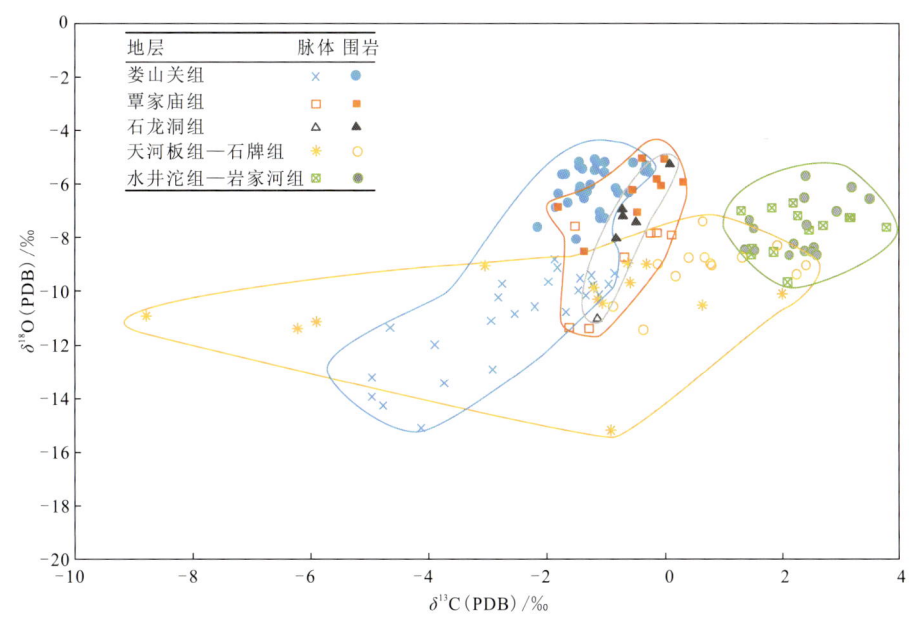

图 3-26 宜地 2 井方解石脉及围岩碳氧同位素相关图

娄山关组重碳同位素亏损较大的样品是那些裂缝充填度低，靠近脉体中心最晚期次的方解石。大气水渗入可造成甲烷氧化，生成亏损重碳同位素的 $CO_2$，碳同位素亏损的程度主要取决于混入被氧化甲烷的比例（Boles et al.，2004）。

在氧化的成岩环境下，$Mn^{2+}$ 趋向于被氧化为高价态，不易置换 $Ca^{2+}$ 进入晶格，因此方解石脉体生成时所处的地层水环境和流体来源的差异往往会从脉体的化学成分差异中表现出来，淡水方解石都缺少铁和锰元素的化合物，而海相灰岩则均含有少量的铁和锰。通过宜地 2 井裂缝方解石的电子探针分析主要检测出 $Na_2O$、$K_2O$、$CaO$、$TiO_2$、$Al_2O_3$、$FeO$、$SiO_2$、$MgO$、$MnO$ 组分（表 3-13）。娄山关组裂缝脉体没有检测出 $MnO$，岩家河组—天河板组方解石脉均检测出 $MnO$，表明了娄山关组裂缝方解石形成阶段处于氧化环境，有大气水的介入，岩家河组—天河板组方解石形成阶段可能处于还原环境，大气水介入的可能性小。因此覃家庙组盖层是导致上述氧化还原环境差异的重要因素。

表 3-13 宜地 2 井寒武系方解石脉微区成分对比（电子探针分析）

| 编号 | 深度/m | 组分/% ||||||||| |
|---|---|---|---|---|---|---|---|---|---|---|---|
| | | $Na_2O$ | $K_2O$ | $CaO$ | $TiO_2$ | $Al_2O_3$ | $FeO$ | $SiO_2$ | $MgO$ | $MnO$ | 总量 |
| A74 | 392.7 | 0.098 | 0.056 | 63.829 | 0 | 0.010 | 0.055 | 0 | 0.372 | 0 | 64.420 |
| A71 | 431.1 | 0.007 | 0.002 | 61.892 | 0.086 | 0.014 | 0 | 0 | 0.251 | 0 | 62.252 |
| A28 | 1 622.3 | 0.011 | 0 | 57.879 | 0 | 0.006 | 0.201 | 0 | 0.172 | 0.037 | 58.306 |
| A27 | 1 635.4 | 0 | 0 | 62.526 | 0.027 | 0.011 | 0.326 | 0.044 | 0.131 | 0.052 | 63.117 |
| A26 | 1 643.0 | 0.069 | 0.013 | 53.986 | 0.010 | 0.015 | 0.162 | 0 | 0.107 | 0.007 | 54.369 |
| A19 | 1 661.6 | 0 | 0 | 60.270 | 0.016 | 0 | 0.466 | 0.018 | 0.216 | 0.069 | 61.055 |
| A15 | 1 674.5 | 0.026 | 0.026 | 53.631 | 0 | 0.003 | 0.535 | 0 | 0.204 | 0.045 | 54.470 |
| A8 | 1 701.2 | 0 | 0 | 60.270 | 0.016 | 0 | 0.466 | 0.018 | 0.216 | 0.069 | 61.055 |
| A3 | 1 736.5 | 0.038 | 0.012 | 61.288 | 0.018 | 0.001 | 0.114 | 0.049 | 0.219 | 0.033 | 61.772 |
| A2 | 1 772.5 | 0.027 | 0.028 | 63.403 | 0.016 | 0.004 | 0 | 0 | 0.261 | 0.024 | 63.763 |

（三）油气散失的通道分析

硫同位素在国土资源部中南测试中心 MAT251 上测定，分析误差±0.2‰。石牌组裂缝充填黄铁矿 $\delta^{34}S$ 为 30.99‰～31.57‰，略低于覃家庙组膏盐岩夹层 $\delta^{34}S$（31.78‰～33.34‰），这表明石牌组黄铁矿中的硫来自膏岩层。地质历史过程中，石牌组地层中发生了 TSR 反应，石油烃类被氧化，生成相对亏损重碳同位素的 $CO_2$（Krouse，1988），而 TSR 成因 $H_2S$ 被 $Fe^{2+}$ 捕获生成黄铁矿。一般来讲，TSR 成因 $H_2S$ 的 $\delta^{34}S$ 比原始硫酸盐相对偏轻 10‰～20‰（Machel et al.，1995）。石牌组裂缝充填黄铁矿与覃家庙组膏盐夹层 $\delta^{34}S$ 值接近一致，表明 TSR 反应过程中水溶性硫酸盐供给量有限，在相对密闭环境下几乎被完全还原生成 $H_2S$，因此该过程没有出现显著的同位素分馏。TSR 反应生成大量 $CO_2$ 促进了石牌组方解石脉形成，加速了垂直裂缝愈合，在水井沱组裂缝仍有部分未被完全充填的情况下，石牌组这种不连续方解石"塞子"在一定程度上抑制下伏水井沱组页岩气发生垂向快速散失（Cooley et al.，2011）。同位素分析表明宜昌地区油气散失的通道主要还是垂直裂缝，同时裂缝也是大气水下渗的通道。

## 三、生储盖组合划分与评价

根据宜地 2 井实钻剖面，结合区域烃源岩、储层和盖层的分布，宜昌地区寒武系可划分出两套主要生储盖组合。第一套以区域分布的水井沱组富含有机质的碳质页岩为烃源岩，以天河板组灰岩裂缝和石龙洞组白云岩溶孔为储集空间，以覃家庙组含膏白云岩和白云质膏岩为盖层，组成垂向供烃，下生上储上盖型生储盖组合。第二套以水井沱组富含有机质的碳质页岩为烃源岩，以水井沱组页岩中的有机孔和裂缝作为储集空间，水井沱组本身的泥页岩作为盖层，构成自生自储自盖型生储盖组合。

第一套烃源岩、储层和盖层条件均较好，是常规天然气形成的主要的生储盖组合。第二套自身烃源岩条件和盖层条件较好，是页岩气藏有利的生储盖组合。

## 第四节 宜参 3 井石龙洞组裸眼测试

宜参 3 井是一口主探震旦系灯影组常规天然气，兼探震旦系陡山沱组致密气和寒武系石龙洞组—天河板组天然气，获取宜昌斜坡震旦系—寒武系天然气地质和工程评价参数的大斜度定向井。本节介绍钻井参数及震旦系油气显示和测井评价情况，重点介绍寒武系碳酸盐岩储层的含油气显示和测井评价结果，以及石龙洞组—天河板组含油气性裸眼测试情况。

## 一、寒武系碳酸盐岩储层油气显示与测井评价

气测录井在寒武系覃家庙组和石龙洞组见微弱气显（表 3-14），完井测井解释在覃家庙组、石龙洞组和天河板组共解释出三类储层 10 层（表 3-15）。

表 3-14 宜参 3 井气测显示及现场解释情况

| 序号 | 层位 | 井段/m | 厚度/m | 岩性 | 全烃/% | 甲烷/% | 综合解释 |
|---|---|---|---|---|---|---|---|
| 1 | 覃家庙群 | 2 566～2 572 | 6 | 灰色泥质白云岩 | 0.008 0↑0.043 3 | 0.006 2↑0.039 6 | 裂缝气 |
| 2 | 覃家庙群 | 2 628～2 631 | 3 | 灰色泥质白云岩 | 0.027 9↑0.058 9 | 0.019 8↑0.056 9 | 裂缝气 |
| 3 | 覃家庙群 | 2 921～2 923 | 2 | 深灰色泥质白云岩 | 0.042 4↑0.296 1 | 0.025 5↑0.271 8 | 裂缝气 |
| 4 | 石龙洞组 | 2 942～2 944 | 2 | 灰色灰质白云岩 | 0.047 5↑0.190 2 | 0.023 1↑0.171 1 | 裂缝气 |
| 5 | 石龙洞组 | 2 949～2 952 | 3 | 灰色灰质白云岩 | 0.028 1↑0.363 8 | 0.022 9↑0.332 4 | 裂缝气 |
| 6 | 石龙洞组 | 2 956～2 958 | 2 | 灰色灰质白云岩 | 0.051 2↑0.234 7 | 0.038 4↑0.200 0 | 裂缝气 |
| 7 | 石龙洞组 | 3 097～3 098 | 1 | 灰色灰质白云岩 | 0.041 0↑0.240 3 | 0.031 6↑0.201 0 | 裂缝气 |

表 3-15　宜参 3 井完井解释成果表

| 层号 | 深度/m | 厚度/m | 地层电阻率/（Ω·m） | 补偿中子/% | 解释论 | 层位 |
|---|---|---|---|---|---|---|
| 1 | 2 927.4～2 928.5 | 1.1 | 2 025.4 | 10.05 | 三类储层 | 覃家庙群 |
| 2 | 2 956.7～2 958.5 | 1.8 | 2 470.8 | 9.99 | 三类储层 | |
| 3 | 2 988.9～3 020.9 | 32.0 | 1 327.1 | 16.07 | 三类储层 | |
| 4 | 3 022.6～3 029.5 | 6.9 | 795.03 | 16.40 | 三类储层 | |
| 5 | 3 035.4～3 040.3 | 4.9 | 2 723.5 | 14.61 | 三类储层 | 石龙洞组 |
| 6 | 3 054.7～3 056.8 | 2.1 | 10 193.0 | 11.45 | 三类储层 | |
| 7 | 3 073.6～3 075.8 | 2.2 | 4 395.2 | 10.11 | 三类储层 | |
| 8 | 3 137.4～3 141.7 | 4.3 | 1 852.8 | 15.78 | 三类储层 | |
| 9 | 3 143.4～3 147.4 | 4.0 | 1 624.5 | 18.85 | 三类储层 | |
| 10 | 3 233.1～3 238.7 | 5.6 | 1 231.6 | 4.09 | 三类储层 | 天河板组 |

## 二、寒武系石龙洞组裸眼中途测试

针对石龙洞组弱气测显示（图 3-27），采用模块式地层动测试器（modular formation dynamics tester，MFE）座套测裸测试工艺，对 2 898.67～3 234.00 m 井段进行测试。测试过程为二开二关，总测试时间为 68.41 h，其中开井 16.44 h，关井 51.97 h。根据现场录取资料和电子压力计回放数据，结果显示测试期间管柱无渗漏，封隔器密封良好。下入井内的两支电子压力计均完整记录了试气全过程的压力温度数据，测试工艺成功。

### （一）流体性质及产量

两次开井共 16.44 h，回收液 16.78 m³，由回收液折日产 24.50 m³。由二开井曲线计算日产液 21.33 m³。MFE 取样器放样压力为 0，取液样 2 500 mL，液性为水。水样分析总矿化度为 196.4 mg/L，$Na_2SO_4$ 型。气样分析 $N_2$ 占 81%、$O_2$ 占 18.3%，为空气，未采集到可燃气体。

### （二）压力、温度

一关井最高恢复压力为 24.468 MPa，二开 16.12 h，二开末点压力为 24.004 MPa，二关井 48 h 最高恢复压力为 24.745 MPa，由于被测地层出液全产量较高，二开井基本流平。

二关井外推地层压力为 24.84 MPa，电子压力计斜深 2 793.82 m，垂深 2 619.17 m，由此压力计算压力系数为 0.967，产层中部斜深 3 009.50 m，垂深 2 811.17 m，计算地层中部压力为 26.66 MPa，被测地层压力正常。

关井末点测点最高温度为 62.63 ℃，扣除年平均地表温度 16 ℃，折地温梯度 1.78 ℃/100 m，地温梯度偏低。

综上分析测试结论是地层产水。该结论与宜参 3 井测井曲线上，石龙洞组上部、下部灰岩的局部层段出现低电阻、高中子等水层特征相互印证（图 3-27）。

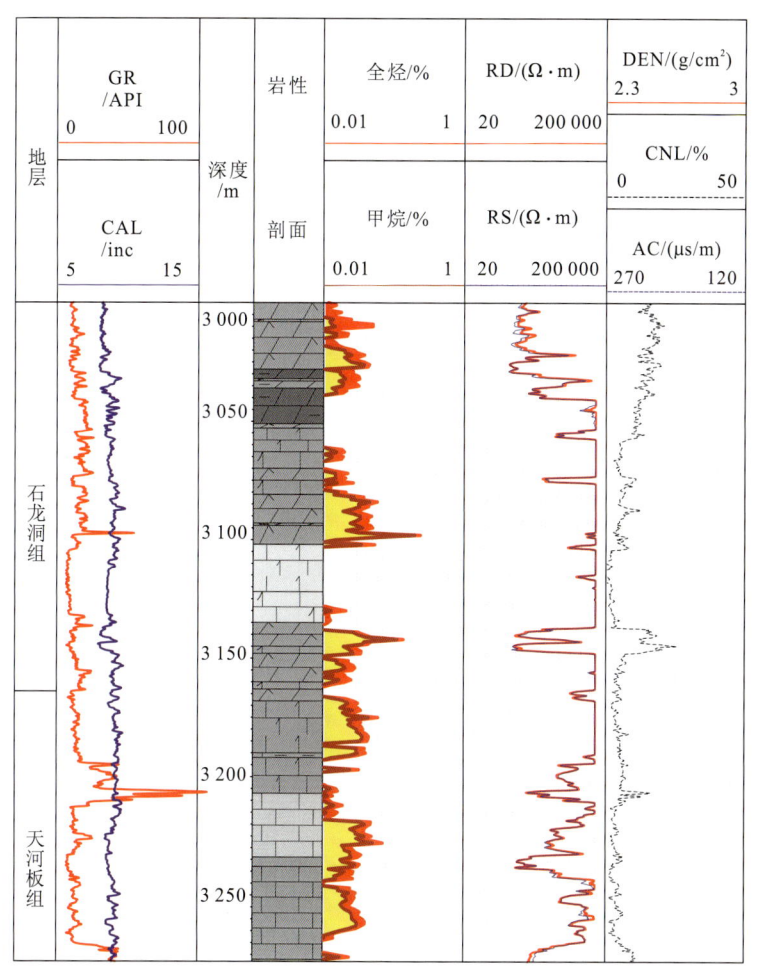

图 3-27　宜参 3 井石龙洞组-天河板组综合柱状图

# 第四章  奥陶系—志留系页岩气

奥陶纪—志留纪过渡时期是地质历史时期生物、环境、气候和构造古地理转变的关键时期。伴随着这一地史转折，全球范围内广泛发育了一套富有机质页岩，是我国目前四川盆地页岩气勘探开发的主力层系。中国地质调查局武汉地质调查中心于 2014 年在宜昌秭归杨林进行志留系页岩钻探（ZK6）调查时[图 4-1；据陈孝红等（2018b）修改]，井口发生轻微井涌，且能点燃，暗示区内具有良好的志留系页岩气的勘探前景。在此基础上，2015 年在宜昌远安石桥部署地质调查井宜地 1 井，钻获奥陶系五峰组—志留系龙马溪组优质页岩气储层 22 m，含气量为 $1.81 \sim 3.67 \, \text{m}^3/\text{t}$，初步查明了区内志留系页岩气储层特征。2016 年在宜昌龙泉部署的宜页 2 井压裂试气测试获得高产页岩气工业气流，实现了中扬子地区志留系页岩气调查突破（陈孝红 等，2016b）。此后中国石油化工股份有限公司江汉油田分公司在宜页 2 井南部枝江当阳区块部署三维地震 $100 \, \text{km}^2$，探井宜志页 1 井、宜志页 2 井。两口井压裂试气均获工业气流，进一步揭示宜昌斜坡志留系页岩气勘探潜力（图 4-1）。

## 第一节  页岩的分布与成因

### 一、页岩的时空分布

宜昌地区上奥陶统—下志留统富含有机质页岩自下而上划分为五峰组笔石页岩段、观音桥段和龙马溪组黑色页岩段（地质矿产部宜昌地质矿产研究所，1987）。五峰组源于孙云铸（1931）所创五峰页岩，后由张文堂（1962）改称五峰组。五峰组笔石页岩段是曾庆銮等（1983）从五峰组中进一步划分出来建立的，系指五峰组下部富含笔石的碳质硅质岩。五峰组的笔石带自下而上划分为 *Dicellograptus complanatus* 笔石带、*Dicellograptus complexus* 笔石带、*Peregocetus pacificus* 笔石带、*Normalograptus extraodinarius* 笔石带（简称 W1～W4 带）（图 4-2）。该段在宜昌黄花场—王家湾一带，地层发育较全，4 个笔石带均有发育，厚度稳定。但往南至长阳一带，笔石带缺失或只发育底部一个化石带，厚度减薄至 2.12 m。观音桥段产大量达尔曼虫或赫南特贝，称达尔曼层，命名剖面位于四川綦江观音桥。观音桥段在秭归新滩、宜昌点军联棚，以及黄陵东翼宜昌黄花场及其以北地区普遍存在，但厚度很小，为 0.17～0.30 m。南部长阳、宜都一带缺失。

# 第四章 奥陶系—志留系页岩气

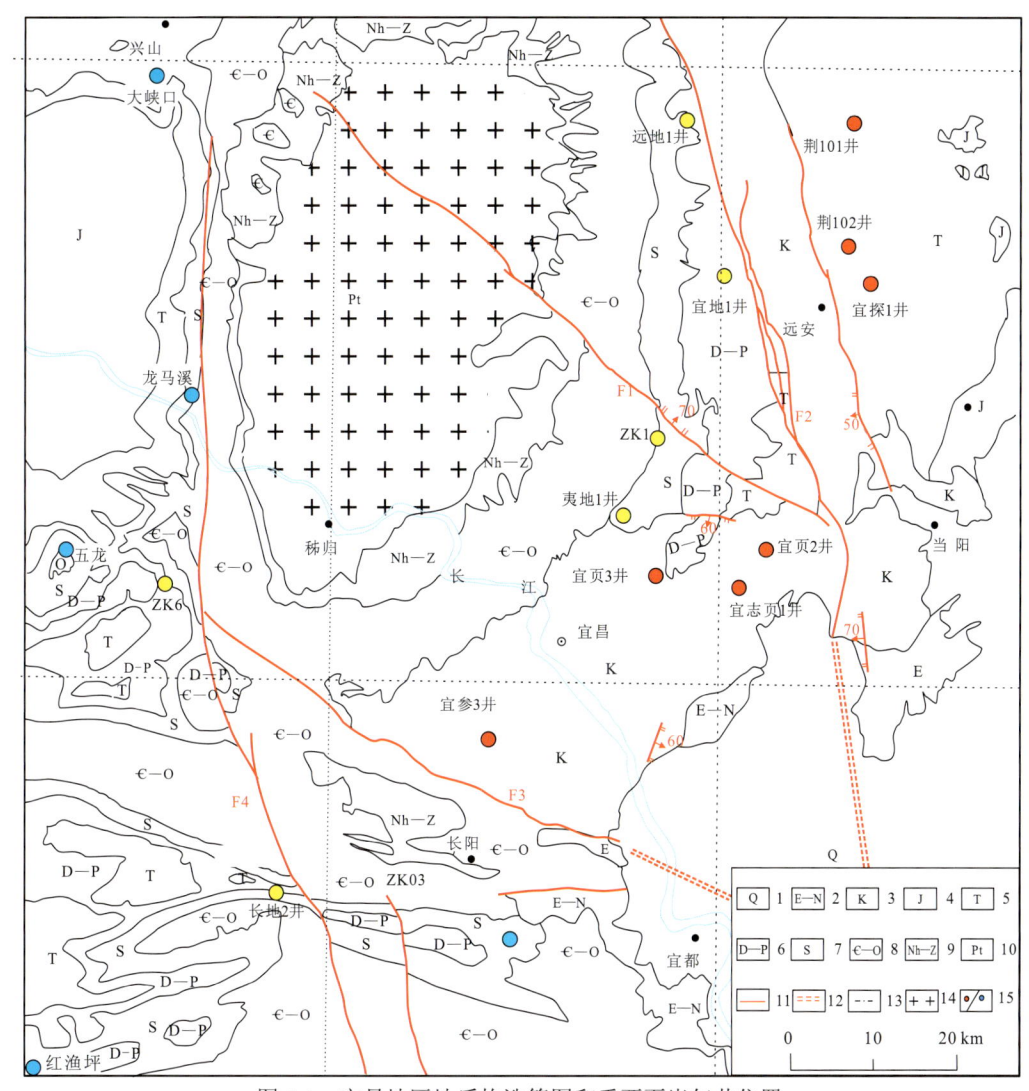

图 4-1 宜昌地区地质构造简图和重要页岩气井位置

1. 第四系；2. 古近系—新近系；3. 白垩系；4. 侏罗系；5. 三叠系；6. 泥盆系—二叠系；7. 志留系；8. 寒武系—奥陶系；9. 南华系—震旦系；10. 元古代；11. 主要断裂（F1—雾渡河断裂，F2—通城河断裂，F3—天阳坪断裂，F4—仙女山断裂）；12. 推测断层；13. 构造边界；14. 基底；15. 页岩气井

龙马溪组源于 Lee 等（1924）发现的龙马页岩，以黑色页岩的出现与下伏五峰组观音桥段泥灰岩、泥岩相区分，分下部黑色页岩段和上部黄绿色泥岩段。黑色页岩段在宜昌王家湾奥陶系—志留系界线剖面上厚约 51.9 m，自下而上产 *Normalograptus Persculptus* 笔石带、*Akidograptus ascensus* 笔石带、*Parakidograptus acuminatus* 笔石带、*Cystograptus vesiculosus* 笔石带、*Coronograptus cyphus* 笔石带、*Demirastrites triangularus* 笔石带和 *Lituigraptus convolutus* 笔石带（简称 L1～L7 带），上跨越了奥陶系赫南特阶上部（L1 带）、志留系鲁丹阶（L2～L5 带）和埃隆阶底部（L6-L7 带下部）（地质矿产部

图 4-2 宜昌地区上奥陶系—下志留系多重地层划分对比

宜昌地质矿产研究所，1987）。但最近有关宜地 1 井、宜页 2 井、秭归新滩和五龙一带笔石化石及宜昌分乡地区龙马溪组几丁虫生物带的详细研究，发现宜地 1 井奥陶系—志留系界线附近笔石带齐全，但龙马溪组黑色页岩段上部鲁丹阶的笔石 L4 带与埃隆阶的笔石 L7 带直接接触，期间缺失了鲁丹阶上部 L5 笔石带和埃隆阶底部 L6 笔石带（图 4-3），但在该剖面上 L7 笔石带地层仍表现为发育聚集式保存的黑色页岩（陈孝红 等，2018b）。

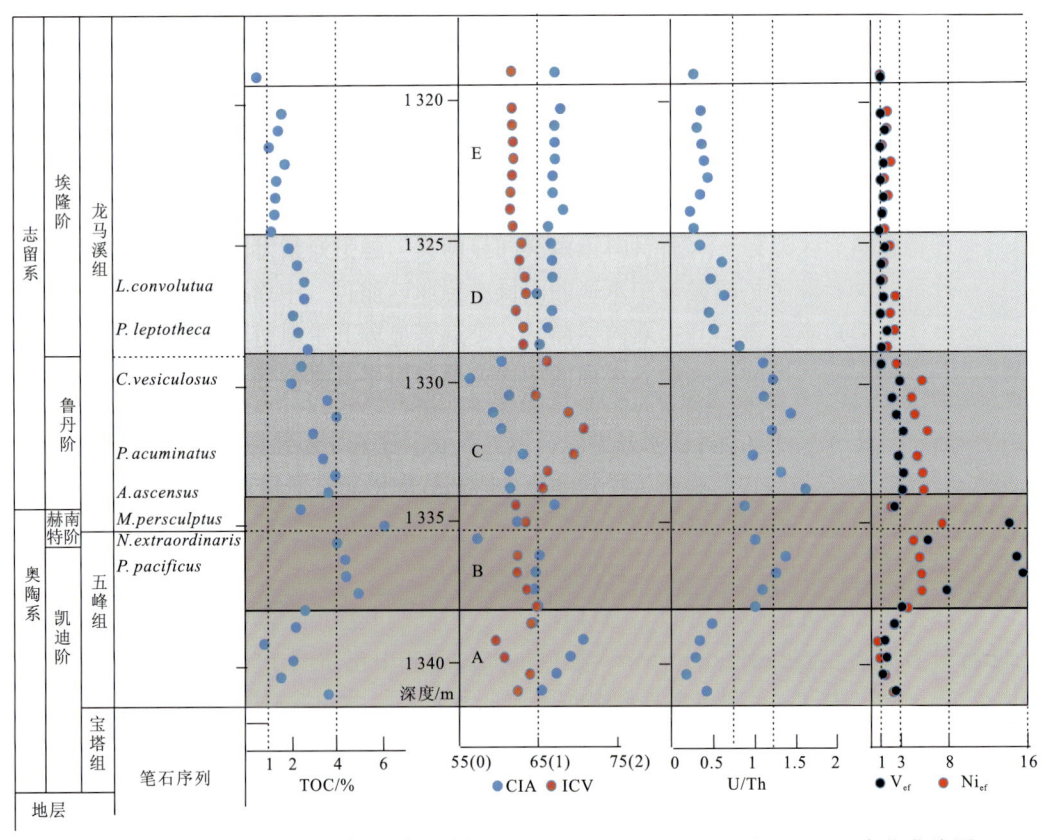

图 4-3 宜地 1 井五峰组—龙马溪组页岩 TOC，CIA、ICV，U/Th 及 $V_{ef}$、$Ni_{ef}$ 变化曲线图

ICV（index of compositional variability）为成分变异指数

另外，在秭归新滩、五龙一带见完整的奥陶系笔石序列，但龙马溪组底部最底层位笔石以 *Pristiograptus leei* 发育为特征，层位上与 L5 笔石带大致相当，缺失了赫南特阶上部和鲁丹阶下部 L1~L4 笔石带地层。不同地区笔石带缺失的位置和程度不同，增加了对奥陶系—志留系界线附近黑色页岩厚度预测的难度。从目前已知的实测剖面和钻井资料上来看，在奥陶纪—志留纪过渡时期宜昌地区古地貌起伏不平，宜昌北部至远安南部、荆门—京山及秭归西部地区为低洼地区，页岩厚度相对较大。南部长阳—松慈地区、北部远安界岭地区及西部荆门地区可能存在水下隆起，页岩厚度相对较薄（图4-4）。

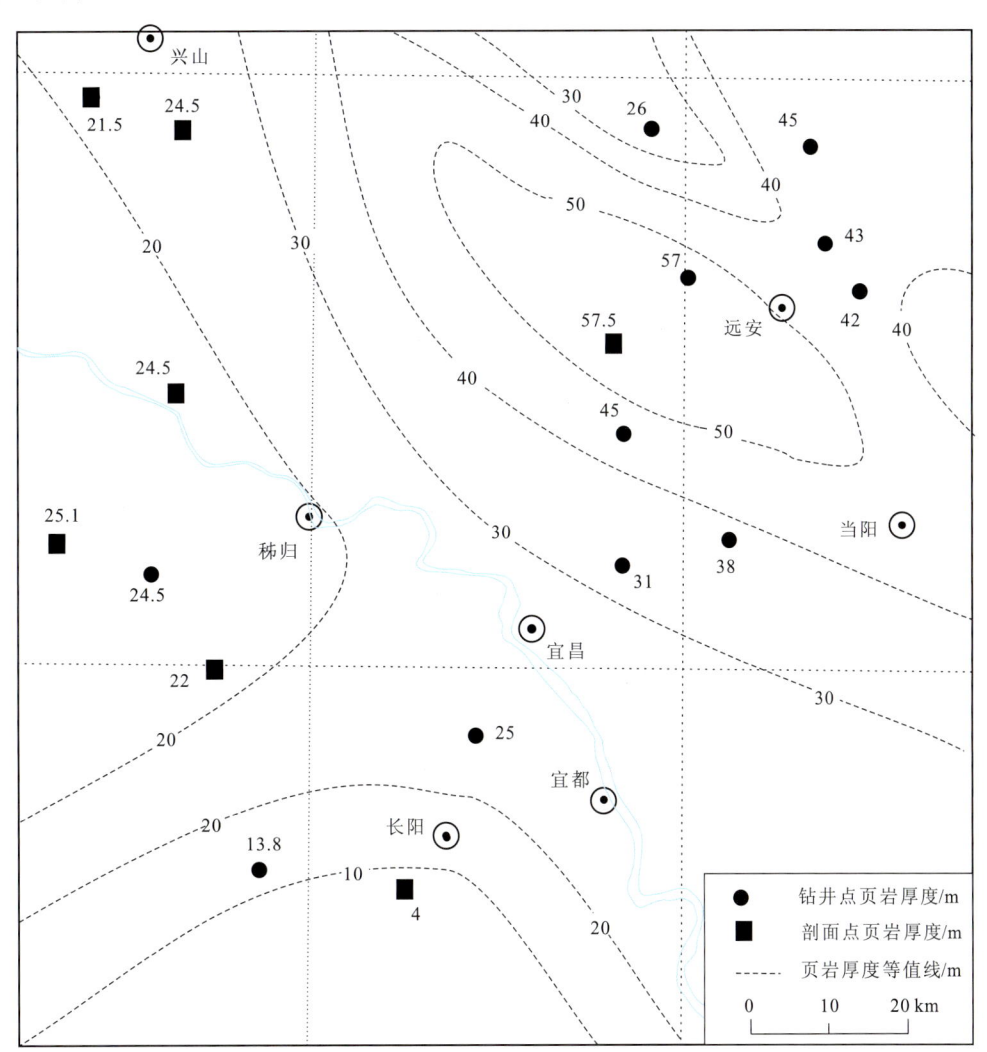

图 4-4  宜昌地区五峰组—龙马溪组黑色页岩厚度等值线图

## 二、页岩地球化学特征与成因

从笔石带发育程度与页岩厚度的对比上不难看出，地层的缺失似乎是制约页岩厚度的最直接因素，因此，地层缺失的原因也可能是揭开页岩成因的钥匙。虽然奥陶系—志留系界线附近地层的缺失现象已经早有发现,并被归结于宜昌地块上升的结果(陈旭 等,2001;地质矿产部宜昌地质矿产研究所,1987;穆恩之 等,1981),但类似宜地 1 井下志留系鲁丹阶与埃隆阶界线附近地层的缺失尚属首次发现。为准确限定富有机质页岩(TOC>1%)分布层位和有机质分布特点,进一步对比分析奥陶系—志留系界线附近及鲁丹阶与埃隆阶界线附近地层缺失原因,本书对宜昌地区奥陶系—志留系过渡期地层有机质碳同位素组成变化特点及不同古地理部位页岩中全岩氧化物和微量元素含量变化特点开展系统分析,以获得同期地层古气候、古地理和古环境变化特点。全部样品的测试由中国地质调查局武汉地质调查中心和国土资源部中南岩矿测试中心完成。其中全岩氧化物含量测试分析在 X 射线荧光光谱仪 AXIOS 上进行。微量元素在高电感耦合等离子体质谱仪 ICP-MS-X Series II 上进行。

(一)富有机质页岩的分布及其地球化学特点

对比分析宜昌地区奥陶纪—志留纪过渡期不同古地理部位宜地 1 井、宜页 2 井和宜页 3 井 TOC>1 富有机质页岩的 CIA 和 V 与 Ni 的富集系数($V_{ef}$和$Ni_{ef}$)变化特点(图 4-3~图 4-5),可以将宜昌地区奥陶系—志留系界线附近页岩划分为 5 个小层(A 层、B 层、C 层、D 层、E 层)。

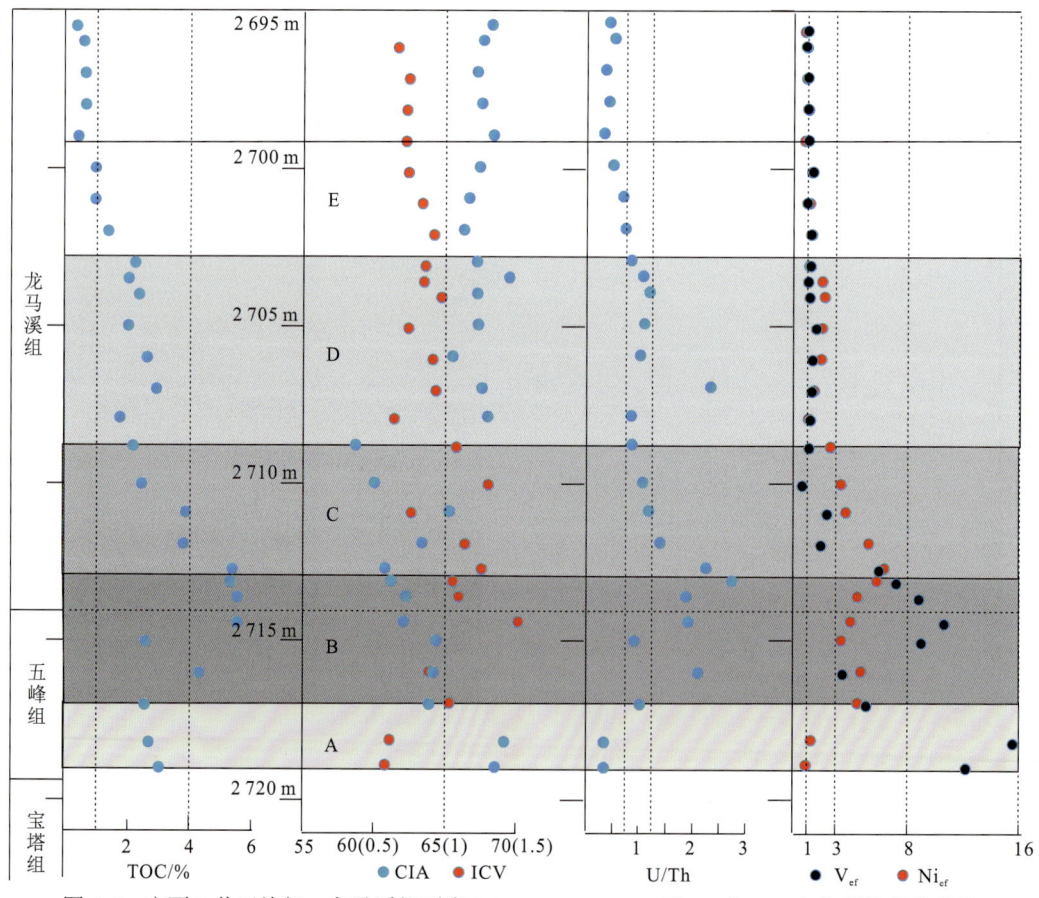

图 4-5 宜页 2 井五峰组—龙马溪组页岩 TOC、CIA、U/Th 及 $V_{ef}$和$Ni_{ef}$富集系数变化曲线

A 层位于五峰组底部,该层富有机质页岩的 CIA>65、ICV<1、U/Th<0.75、V 和 Ni 具有同步富集特点,但 V 的富集程度不同,V 的富集系数具有从宜地 1 井到宜页 3 井再到宜页 2 井逐步升高的特点,暗示晚奥陶纪中晚期宜昌地区构造活动较弱的温暖潮湿环境,但海底缺氧程度不同,宜页 2 井一带处于硫化分层的缺氧环境,往西、北有逐步改善的趋势。海底氧化还原环境特点与奥陶纪—志留纪过渡期富有机质页岩指示的古地理环境特点相似,宜页 2 井附近可能存在一个相对低洼的地区。

B 层位于五峰组上部至龙马溪组底部,层位上与凯迪阶上部—赫南特阶相当。该层富有机质页岩的 ICV 接近 1,CIA<65,U/Th>0.75(局部大于 1.25),V 和 Ni 同步明显富集,且 V 具有显著富集特点。该层 ICV、CIA 和 U/Th 指示当时逐步加强的构造活动导致区域环境逐步恶化,全区转化分层硫化的海洋环境。

C 层位于龙马溪组下部,层位上与鲁丹阶相当。该层富有机质页岩的 ICV>1,CIA<65,U/Th>0.75,局部大于 1.25,V 和 Ni 同步明显富集,但 Ni 具有更为富集的特点。强烈的构造活动在使该区继续保持奥陶纪末期硫化分层的缺氧环境同时,还导致大量陆源物质进入海盆,海盆中硫酸盐含量升高,有利于 Ni 的沉积富集。

D 层和 E 层位于龙马溪组中下部,层位上与埃隆阶下部相当。这两层富有机质页岩的 ICV<1、CIA>65、U/Th<0.75,局部(宜地 1 井 D 层下部,宜页 2 井 D 层)大多分布在 0.75~1.25,V 和 Ni 具有同步富集特点,指示宜昌地区的构造活动较弱,但伴随埃隆期构造挤压之后的松弛回弹,宜昌地区在埃隆期早期隆升,并造成鲁丹期—埃隆期过期地层缺失。海洋环境从早期硫化分层的缺氧环境,逐步转化为正常的海洋环境。

(二)页岩形成的构造和古气候背景

自 Nesbitt 等(1989,1982)提出用 CIA 指数指示气候变化以来,Yan 等(2010)将 CIA 指数成功运用于奥陶系—志留系界线附近地层古气候研究,取得了较好的效果。根据宜地 1 井、宜页 1 井和宜页 3 井奥陶系—志留系界线附近页岩全岩氧化物含量测试结果,按照 Nesbitt 等(1989,1982)和 Yan 等(2010)给出的地层 CIA,以及 Cullers 等(2000)和王自强等(2006)介绍的成分变异指数(index of compositional variability,ICV)计算方法和公式,获得宜昌地区奥陶系—志留系界线附近地层 CIA 和 ICV 指数变化特点(图 4-3~图 4-6)。

从 ICV 变化特点来看,在志留系鲁丹阶(龙马溪组黑色页岩段下部 L2~L5 笔石带)地层中的 ICV≤1,表明该地区含较少黏土矿物,属构造活动时期的初始沉积。而奥陶系凯迪期早、中期 W1 笔石带和志留系埃隆期 L7 笔石带地层中 ICV≤1,表明这些地层含较多黏土矿物,它们可能经历了再沉积作用或是强烈风化条件下的初始沉积(王自强 等,2006;Cullers et al.,2000)。结合 ICV≤1 的奥陶系凯迪阶中期 W1 笔石带和志留系埃隆期 L6~L7 笔石带地层中的 CIA 普遍大于 65,最大达到 75,反映它们处于温暖湿润条件下中等的化学风化程度,不难发现宜昌地区五峰组—龙马溪组内部地层的缺失应该与华南加里东期构造活动有关,是华夏板块向华南板块发生逆冲推覆,引起华南板块被动大陆边缘和板块内部绕曲变形的结果。

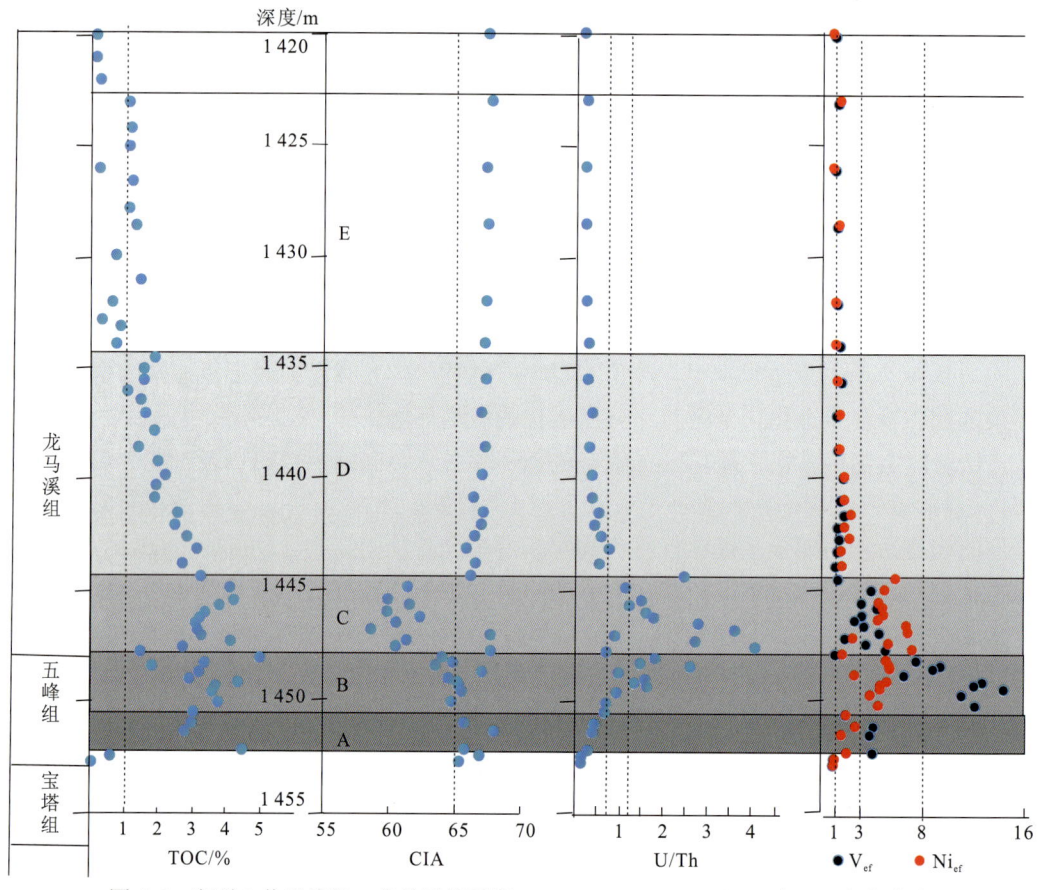

图 4-6 宜页 3 井五峰组—龙马溪组页岩 TOC、CIA、U/Th 及 $V_{ef}$ 和 $Ni_{ef}$ 变化曲线

宜地 1 井五峰组—龙马溪组下部黑色页岩全岩氧化含量变化所揭示的古气候和古构造环境变化特点与全岩氧化物所揭示的盐度变化及稀土元素所揭示的海洋环境变化特点相互印证。宜地 1 井富有机质页岩稀土元素含量变化与 $MgO/Al_2O_3$ 含量变化的对比研究，发现在 ICV>1 的龙马溪组下部（鲁丹阶），页岩中 $\delta Ce[\delta Ce=Ce_N/(La_N \times Pr_N)^{1/2}$，下标 N 表示经北美页岩标准化]，$\delta Eu[\delta Eu=Eu_N/(Sm_N \times Gd_N)^{1/2}]$ 和 $(La/Yb)_N$ 与 ICV 具有变现的协变关系（图 4-7），证明碎屑来源受构造强度或源岩的影响，气候（CIA）和上述环境指标不能较好地反映气候或环境特点，但 ICV<1，构造活动相关较弱的五峰组，其 $\delta Ce$、$\delta Eu$ 和 $(La/Yb)_N$ 与 ICV、CIA 之间的变化关系不明显，因此，可以用 CIA 和 $MgO/Al_2O_3$ 分别作为古气候和海水盐度的替代指标。从五峰组下部伴随 CIA 升高或气候变暖，页岩中 $(MgO/Al_2O_3)\times 100$ 从 15 下降到 10 以下，显示海水一度出现淡化（江纳言 等，1994）。与此相反，在赫南特期，伴随 CIA 下降或气候变冷，$(MgO/Al_2O_3)\times 100$ 出现明显升高，显示海水有咸化趋势。晚奥陶纪古气候与海水盐度变化的关系表明奥陶纪末期冈瓦纳大陆冰盖的消融与发育对海水淡水的补充和吸收，对华南地区的海水盐度产生影响，当冰盖融化时，大量富氧的淡水注入冈瓦纳北缘海盆之后，可能导致华南表层海水淡化。但

当冰期到来时,冰川形成吸收大量淡水可能造成表层海水咸化(Armstrong et al.,2009;Kaljo et al.,2003)。

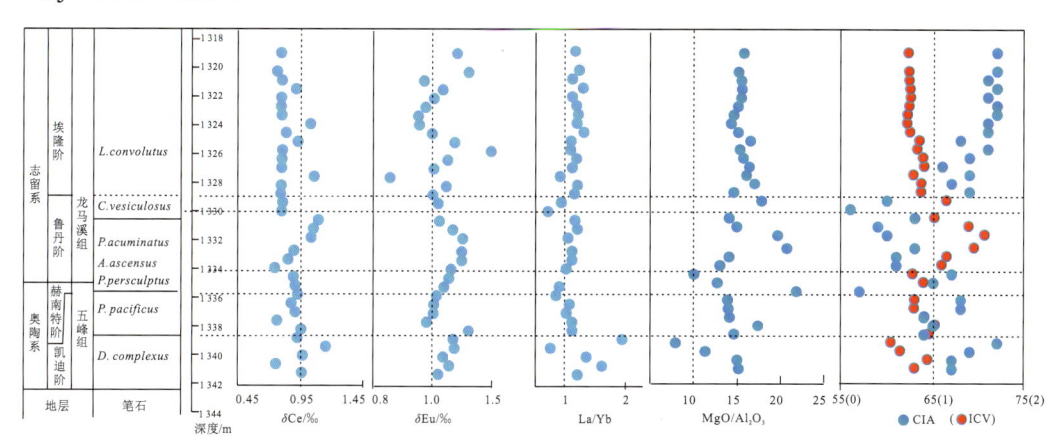

图 4-7 宜地 1 井五峰组—龙马溪组下部黑色页岩 MgO/Al$_2$O$_3$,$\delta$Ce,$\delta$Eu,La/Yb 与 CIA、ICV 变化曲线

## (三)页岩形成的古地理与古环境背景

U、Mo、V 和 Ni 等被认为是典型的氧化还原敏感微量元素,相关比值如 V/Cr、V/(V+Ni)、U/Th 和 Ni/Co 近年来被广泛用于判别古海洋底部氧化-还原条件(胡亚 等,2017;周炼 等,2011;Rimmer,2004;Jones et al.,1994;Hatch et al.,1992)。此外,还可利用 V-Ni 和 Mo-U 富集系数比或沉积物中 Mo-U 比来区分不同的海洋化学条件与底层水体特征(Algeo et al.,2012;Tribovillard et al.,2006)。在 Mo-U 富集系数对数交叉图上,宜昌地区三口页岩气井(宜地 1 井、宜页 2 井和宜页 3 井)均表现为随着 U 的富集程度升高,Mo 在早期快速升高,晚期区域平缓,具有弱局限-局限盆地的特征,在 Mo-TOC 图解上显示其具有颊湾-台内凹陷盆地过渡特点(图 4-8)(Algeo et al.,2006,2004)。

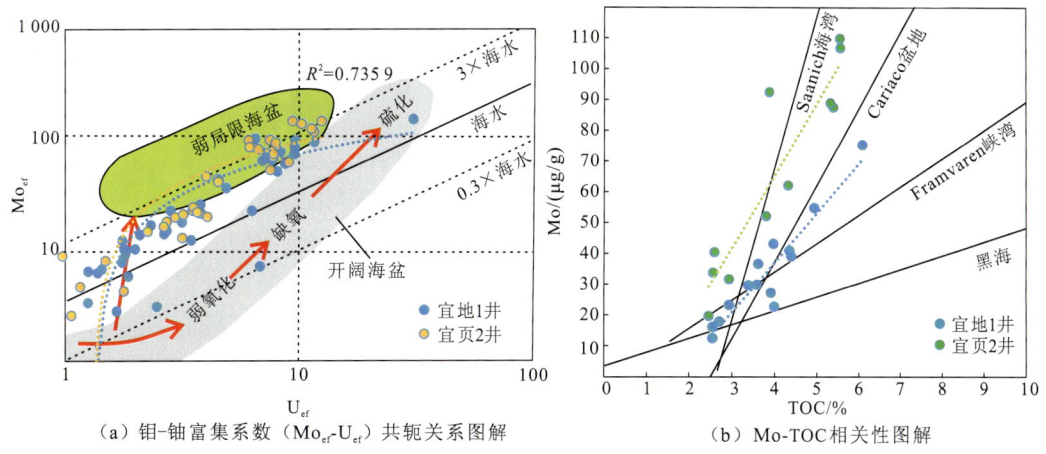

图 4-8 宜昌地区奥陶纪-志留纪过渡期环境判别图

## （四）页岩形成时期的生物多样性特点

宜昌斜坡中部普溪河浅钻（图 4-1，ZK1）龙马溪组下部有机碳同位素组成分析，结果发现最高 $\delta^{13}C$ 出现在龙马溪组最底部，为-27.49‰，此后快速下降至-30.32‰，进而下降到-30.68‰后振荡上升到-29.18‰（图 4-9）。对比分乡地区五峰组—龙马溪组笔石序列（汪啸风 等，1983），龙马溪组底部最大 $\delta^{13}C$ 应大致与观音桥层顶部对比，龙马溪组底部 Normalograptus perscuplptus 笔石带下部地层中 $\delta^{13}C$ 较低，普遍小于-29.5‰，至志留系 Parakidograptus acuminatus 笔石带中部附近 $\delta^{13}C$ 上升到-29.18‰。此后经历轻微下降之后，在 Cystograptus vesiculosus 笔石带达到鲁丹阶的最大值-28.98‰。由于宜昌地区志留系鲁丹阶（龙马溪阶）与埃隆阶（大中坝阶）界线附近缺失鲁丹阶上部 Coronograptus cyphus 笔石带和埃隆阶底部 Demirastrites triangularus 笔石带，因此，国外埃隆阶底部的碳同位素正偏离在宜昌地区并不明显，但从 Cystograptus vesiculosus 笔石带顶部与 Lituigraptus convolutus 笔石带底部碳同位素组成的相对值来看，埃隆阶底部或者 Demirastrites triangularus 笔石带存在一次碳同位素正偏离的趋势是存在的。综上，宜昌地区志留系底部有机碳同位素组成变化特点与冈瓦纳北缘和波罗的海地区相似（Hammarlund et al.，2019；Vecoli et al.，2009），具有大区或全球对比意义。

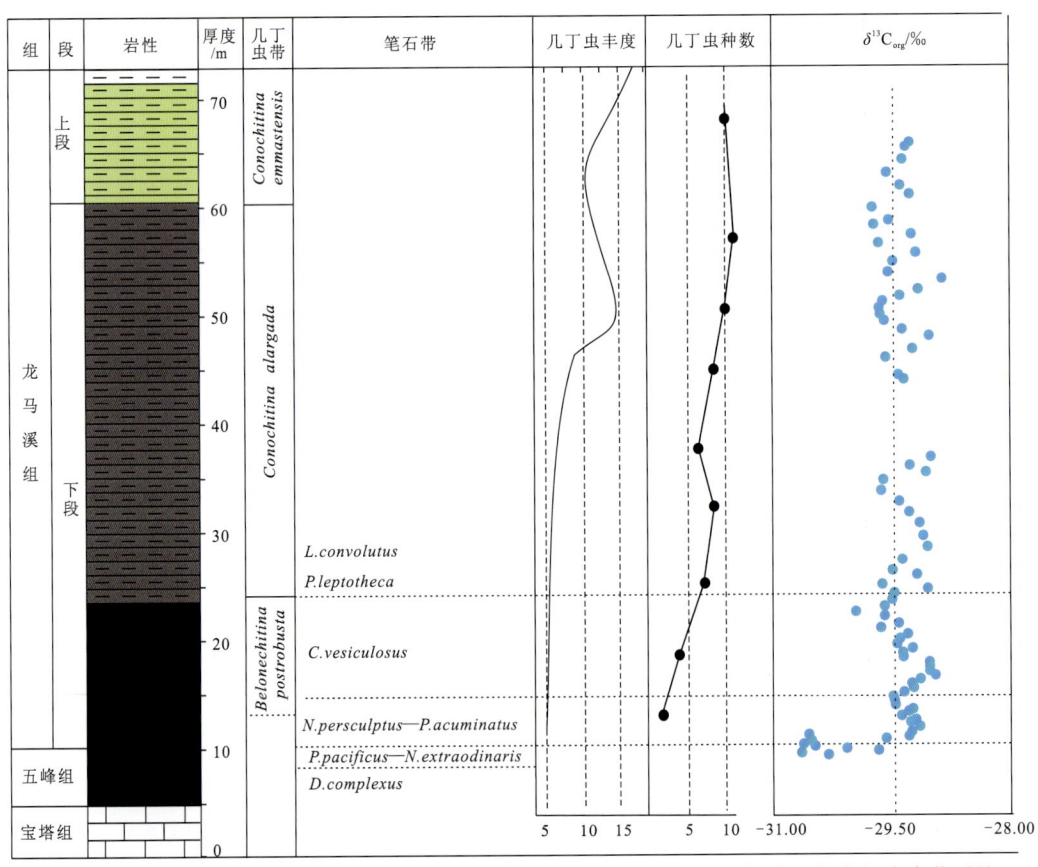

图 4-9 宜昌普溪河 ZK1 五峰组—龙马溪组下部几丁虫多样性和干酪根碳同位素组合变化对比

Loydell 等（2009）发现志留系埃隆阶上部（*Stimulograptus sedgiwicki* 笔石带），申伍德阶下部和侯墨阶中部三个碳同位素正偏离是碳酸盐风化增强的结果，同时与冈瓦纳南美部分的冰盖增长导致海平面下降引起的有机碳被强化埋藏有关。同时还发现，碳同位素的正偏离与笔石的绝灭和复杂疑源类的繁盛有关。$\delta^{13}C$ 正偏离与笔石的灭绝率具有较高的正相关性，在宜昌地区同样存在。即在宜昌地区奥陶纪末期笔石灭绝率最高的 *Normalograptus extraodinairus* 笔石带地层中发生了 $\delta^{13}C$ 的强烈正偏离，灭绝率最低的 *Normalograptus persculptus* 带地层中 $\delta^{13}C$ 的正偏离幅度较小，此后随着灭绝率在 *Akidograptus ascensus* 笔石带和 *Parakidograptus acuminatus* 笔石带下部的振荡升高（樊隽轩等，2004），$\delta^{13}C$ 也发生振荡升高。笔石在志留纪早期海洋中处于食物链的顶端，通常以浮游生物为食。笔石的绝灭势必造成低级浮游生物的繁盛。几丁虫生物的分类位置目前尚有争议，但通常被认为是某种浮游生物的卵（Paris et al.，2004）。从宜昌地区志留纪几丁虫的繁盛最初出现在 *Parakidograptus acuminatus* 笔石带（陈孝红等，2017b），在 *Cystograptus vesiculosus* 笔石带发生辐射演化（图4-9），几丁虫的多样性在鲁丹阶自下而上有逐步升高的趋势似乎与 $\delta^{13}C$ 的振荡升高具有一定的相关性。几丁虫多样性与 $\delta^{13}C$ 变化的正相关性在埃隆期的 *Lituigraptus convolutus* 笔石带地层中亦有同样的表现，但与埃隆期相比，*Lituigraptus convolutus* 笔石带地层沉积时期的古海洋环境与埃隆期硫化-缺氧的环境不同，自下而上有从贫氧到氧化的转变特点，因此 *Lituigraptus convolutus* 笔石带地层中TOC明显低于埃隆期地层中TOC。

有机质的富集除与浮游生物的大量繁盛有关外，还与有利于有机质保存的缺氧环境紧密相关。这一点从宜地1井和宜页2井五峰组—龙马溪组富有机质页岩中TOC与Ni/Co，$Mo_{xs}$ 和 $Ni_{xs}$ 含量均具有较好的相关性得到证实（图4-10）。从南部地区宜页2井TOC与 $Mo_{xs}$ 的相关性（$R^2=0.8284$）明显高于与 $Ni_{xs}$ 的相关性（$R^2=0.1314$），表明宜昌斜坡南部地区五峰组—龙马溪组页岩总有机碳含量与海底有机碳通量的关系更为明显，上升洋流似乎来自宜昌南部。

## 第二节 页岩气地质特征

### 一、页岩气有机地化特征

泥页岩有机地化特征是其生烃能力的重要表征，主要取决于三个因素：①岩石中原始沉积的有机物质的数量，即岩石中的TOC；②不同类型有机物质成因的联系和原始生成天然气的能力，即有机质类型；③有机物质转化成烃类天然气的程度，有机质热演化程度。

#### （一）有机质类型

宜昌远安宜地1井五峰组—龙马溪组中泥页岩干酪根 $\delta^{13}C$ 的系统测定发现，五峰组顶部和龙马溪组底部 $\delta^{13}C$ 普遍小于-29.5‰，龙马溪组下部 $\delta^{13}C$ 在-29.5‰附近振荡

(图 4-10)，指示龙马溪组底部有机质类型以 I 型为主，龙马溪组下部有少量为 $II_1$ 型（黄籍中，1988）。宜昌龙泉宜页 2 井五峰组—龙马溪组有机质显微组分中腐泥组含量在 88%～96%，镜质组含量在 5%～12%，未检出惰质组，干酪根类型指数在 79%～91.25%，主要为 I 型干酪根（表 4-1），对应样品的干酪根 $\delta^{13}C_{org}$ 为-30.3‰～-29‰，表明有机质类型以 I 型为主。

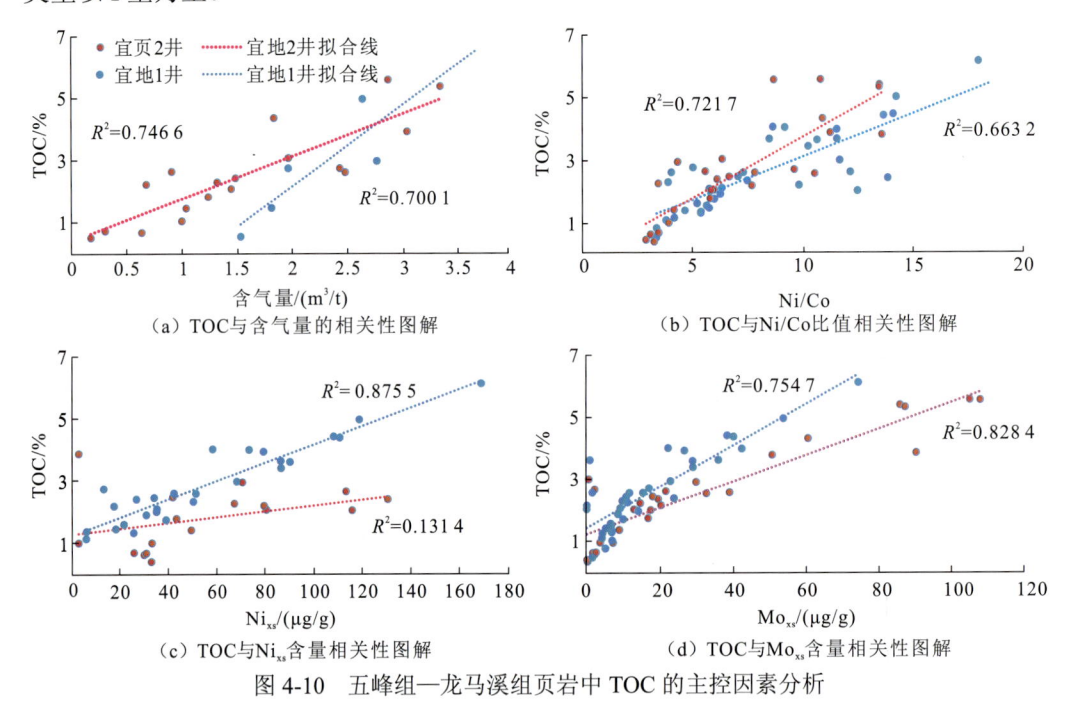

图 4-10 五峰组—龙马溪组页岩中 TOC 的主控因素分析

表 4-1 宜页 2 井五峰组—龙马溪组页岩干酪根镜鉴统计

| 序号 | 样品编号 | 显微组分占比/% |  |  |  |  | 类型指数 | 干酪根类型 |
|---|---|---|---|---|---|---|---|---|
|  |  | 腐泥组 | 树脂体 | 壳质组（不含树脂体） | 镜质组 | 惰性组 |  |  |
| 1 | EY2-1 | 94 | 0 | 0 | 6 | 0 | 89.50 | I |
| 2 | EY2-2 | 96 | 0 | 0 | 4 | 0 | 93.00 | I |
| 3 | EY2-3 | 90 | 0 | 0 | 10 | 0 | 89.50 | I |
| 4 | EY2-4 | 88 | 0 | 0 | 12 | 0 | 79.00 | $II_1$ |
| 5 | EY2-5 | 95 | 0 | 0 | 5 | 0 | 91.25 | I |

## （二）TOC

宜昌及周边五峰组—龙马溪组暗色泥岩有机质含量丰富，TOC 含量高（表 4-2）。实测和收集的样品测试结果中，TOC<1%的占样品总数的 14.7%，分布在 1%～2%的占总数的 35.3%，TOC>2%的占样品总数的 50%。总体上，TOC 自上而下逐渐增大。其中，龙马溪组上段黄绿色-深灰色页岩的 TOC 整体偏低，分布在 0.56%～1.39%，平均值为 0.56%。五峰组顶部—龙马溪组底部灰黑色-黑色页岩的有机碳值较高，在靠近底部位置达到最大，分布在 1.65%～5.53%，平均值为 3.25%。TOC>2%的优质页岩在宜昌地区主要分布在龙马溪组底部和五峰组上部，厚度分布在 20 m 左右（图 4-2、图 4-5和图 4-6）。

表 4-2　鄂西地区奥陶系五峰组—志留系龙马溪组泥页岩有机碳统计

| 地理位置 | 钻井 | TOC/% | 平均值/% |
|---|---|---|---|
| 建始龙坪 | 建页 1 井 | 0.80～3.93 | 2.20 |
| 恩施建始 | 建地 1 井 | 0.20～10.50 | 4.39 |
| 恩施建始 | 河页 1 井 | 0.11～5.01 | 1.33 |
| 远安石桥坪 | 宜地 1 井 | 0.80～6.00 | 3.32 |
| 宜昌龙泉 | 宜页 2 井 | 1.07～4.30 | 2.56 |
| 建始天生桥 | ZK1 | 1.10～5.00 | 3.17 |
| 巴东野三关 | ZK2 | 1.31～4.89 | 2.99 |
| 秭归杨林 | ZK6 | 0.90～4.50 | 2.11 |
| 宜昌黄花 | 夷地 1 井 | 0.24～5.53 | 1.79 |
| 宜昌远安 | 远地 1 井 | 0.42～4.25 | 1.73 |

区域上，五峰组—龙马溪组页岩 TOC 主要受控于奥陶纪—志留纪过渡期构造古地理的影响，水下隆起区富有机质页岩较薄，TOC 普遍较低，洼地富有机质页岩厚度较大，TOC 相对较高（图 4-4，表 4-2）。

（三）有机质成熟度

根据宜昌及周边五峰组—龙马溪组页岩 $R_o$ 为 1.5%～3.0%（图 4-11）。在实测值和收集的 $R_o$ 值中，$R_o$<2%的占样品总数的 15.6%，$R_o$ 为 2%～3%的占样品总数的 59.4%，$R_o$ 为 3%～4%的占样品总数的 25%，没有 $R_o$>4%的样品。区域上高值区主要分布在当阳—远安地区，最大值超过 3%，处在过成熟阶段。由高值区域向黄陵隆起方向有机质热演化程度呈现出逐渐变小的趋势，到黄陵隆起东缘泥页岩的有机质 $R_o$ 等效值降到 2.0%以下，这可能与黄陵隆起的抬升演化和隔热作用有关。

# 二、页岩气储集特征

（一）岩石矿物组成

宜页 2 井五峰组—龙马溪组岩性主要为灰黑色-黑色硅质页岩、泥页岩、钙质泥页岩为主。对宜页 2 井进行全岩和黏土 X 衍射实验分析可知，宜昌地区五峰组—龙马溪组矿物组成主要以石英、黏土矿物、碳酸盐矿物（方解石、白云石、文石）、长石（钾长石、斜长石）、黄铁矿等为主。黏土矿物主要以伊利石、伊蒙混层、绿泥石为主。

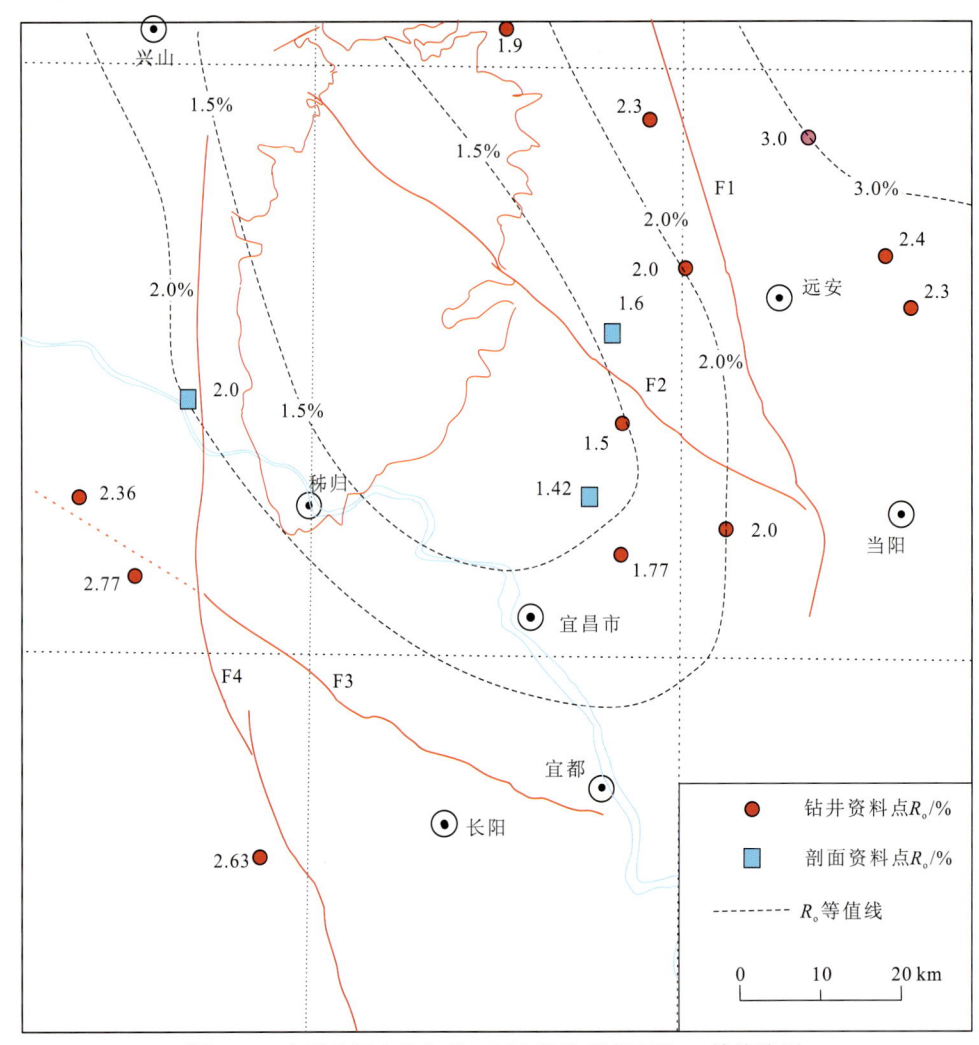

图 4-11 宜昌地区上奥陶统—下志留统黑色页岩 $R_o$ 等值线图

宜页 2 井中五峰组—龙马溪组自下而上石英含量逐渐减少，底部具有明显高石英含量特征，黏土矿物向上含量逐渐增加，碳酸盐矿物仅在五峰组—龙马溪组界面观音桥层发育；黏土矿物中自下而上伊蒙混层相对含量逐渐减少、绿泥石相对含量逐渐增加、伊利石相对含量逐渐增加。1~3 号小层，五峰组—龙马溪组底部具有最高的石英含量，含气性最好，为有利页岩气富集层段。石英含量与含气性二者相关性高，指示石英含量是影响含气性的重要因素（图 4-12，图 4-13）。

（二）物性特征

宜地 1 井五峰组—龙马溪组页岩样品孔隙度为 0.21%~8.77%，主要集中在 1.68%~6.03%，平均为 3.98%，大于 3% 的样品占比为 68.75%（图 4-14）。浙江油田钻探的荆 101 井龙马溪组下段优质页岩孔隙度为 1.0%~4.7%，平均为 2.19%。湖北省地质调查院在长

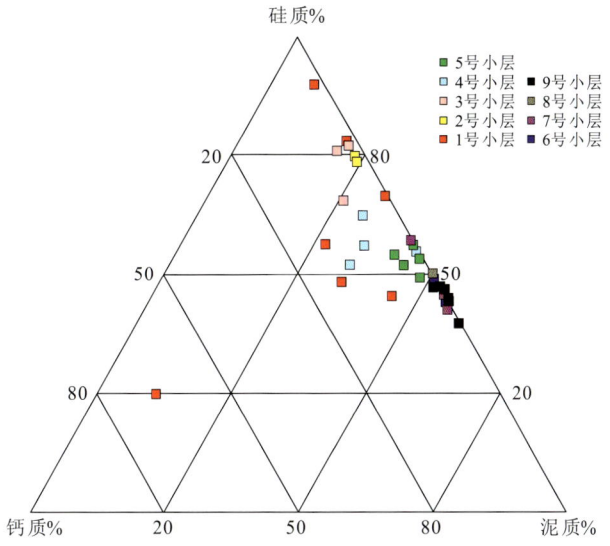

图 4-12  宜页 2 井五峰组—龙马溪组矿物成分占比三角图

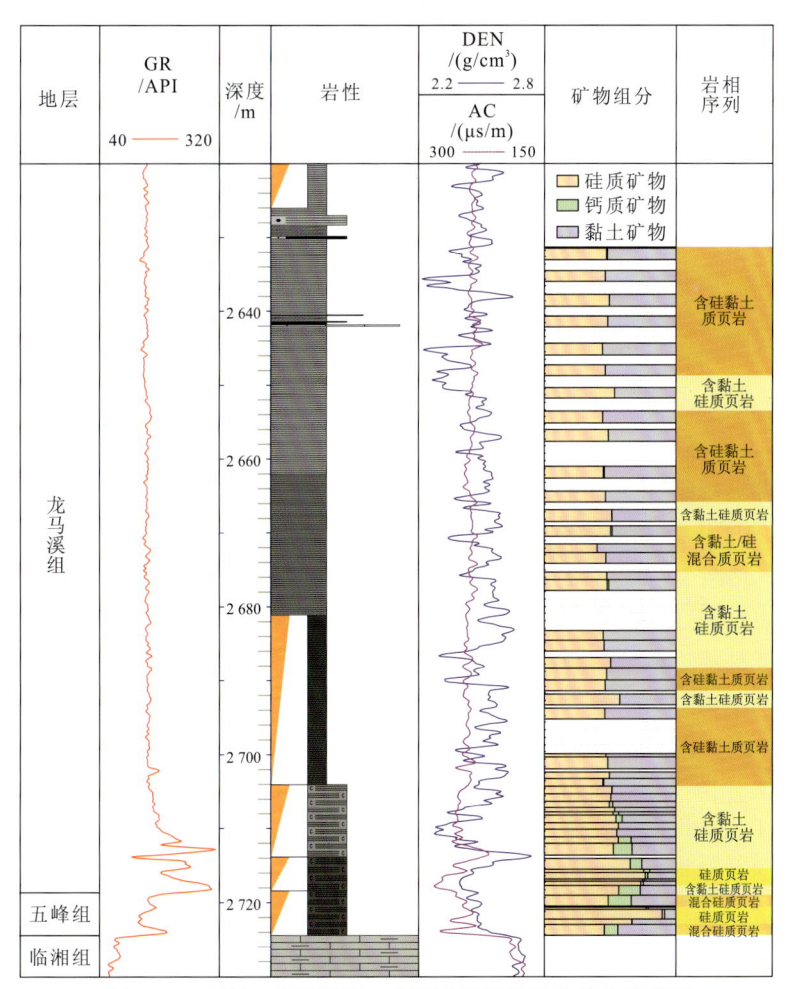

图 4-13  宜页 2 井五峰组—龙马溪组矿物组分综合柱状图

阳钻探的长地 2 井中页岩样品的孔隙度为 1.96%~2.98%，集中在 2%~2.7%，占比为 85.71%，平均为 2.36%。湖北煤炭地质勘查院在秭归地区实施的 ZD1 井页岩样品孔隙度为 0.6%~2.20%，平均为 1.36%。ZD2 井页岩样品孔隙度为 0.6%~2.20%，平均为 1.36%。此外，宜页 2 井五峰组—龙马溪组核磁共振测井结果显示，页岩孔隙度为 0.8%~4.7%，优质页岩段（8~9 号小层）孔隙度较高，分布在 2.0%~4.9%，平均为 3.1%（表 4-3）。

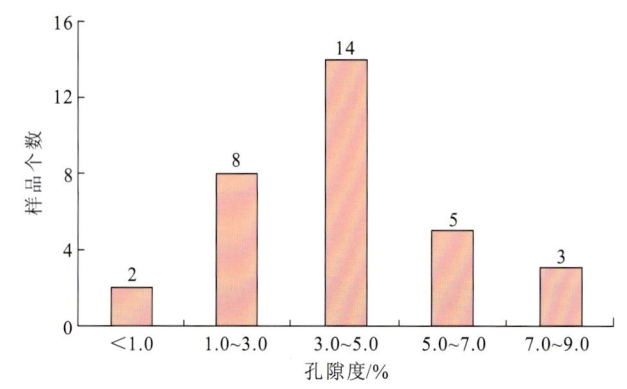

图 4-14　宜地 1 井五峰组—龙马溪组页岩孔隙度分布直方图

表 4-3　宜页 2 井五峰组—龙马溪组核磁测井孔隙度分布范围

| 小层 | 深度/m | 有效孔隙度/% | 平均值/% |
| --- | --- | --- | --- |
| 4号 | 2 687.2~2 704.8 | 0.8~2.0 | 1.1 |
| 5号 | 2 704.8~2 711.8 | 1.3~2.9 | 1.7 |
| 6号 | 2 711.8~2 713.4 | 1.4~2.9 | 2.0 |
| 7号 | 2 713.4~2 714.4 | 1.0~1.5 | 1.3 |
| 8号 | 2 714.4~2 718.6 | 2.0~4.9 | 3.1 |
| 9号 | 2 718.6~2 724.4 | 2.0~4.7 | 3.2 |

宜页 2 井五峰组—龙马溪组 14 块样品的水平渗透率为 0.034~12.4 mD，其中渗透率为 12.4 mD 的样品受裂缝影响明显，除去该值页岩段渗透率平均为 0.91 mD。宜地 1 井五峰组—龙马溪组 30 块样品的测试结果显示，页岩的水平渗透率为 0.021~5.52 mD，平均为 2.026 mD；垂直渗透率为 0.03~2.22 mD，平均为 0.417 4 mD。此外，利用脉冲法测试了 4 块样品的渗透率，在围压 20 MPa 的条件下仅一块样品的渗透率达到 3.21 mD，其余页岩渗透率为 $10.6 \times 10^{-3}$~1.79 mD。此外，宜昌普西河 ZK1 井泥页岩的渗透率为 0.004 3~0.013 3 mD，平均为 0.007 3 mD。浙江油田钻探的荆 101 井 7 块样品在原地应力条件下的基质渗透率为 0.085~0.382 mD，平均为 0.07 mD。湖北省地质调查院钻探的长地 2 井中页岩渗透率为 $0.37 \times 10^{-3}$~$2.16 \times 10^{-3}$ $\mu m^2$，平均为 0.78 mD。湖北煤炭地质勘查院在秭归地区实施的 ZD1 井页岩样品渗透率为 0.001 28~0.028 7 mD，平均为 0.009 46 mD；ZD2 井页岩样品渗透率为 0.001 88~0.045 5 mD，平均为 0.004 85 mD。

综上可知，宜昌地区五峰组—龙马溪组页岩的孔隙度主要分布在 1.5%~3.5%，渗透率多为 1.0 mD 以下，属于低孔低渗储层。五峰组—龙马溪组页岩孔隙度自上而下增大，

# 第四章 奥陶系—志留系页岩气

但渗透率未表现出明显的规律性。页岩的孔隙度和渗透率之间相关性较差,表明富有机质页岩中存在较多的孤立微孔隙和微裂缝,以至于出现部分高孔低渗或低孔高渗特征。分析发现,五峰组—龙马溪组 8~9 号小层页岩孔隙度最好,在生物地层上对应凯迪阶 WF2~WF3 笔石带,储层岩石类型以硅岩和硅质泥页岩为主,形成于深水硅质陆棚环境,有机质富集,石英类矿物含量较高,有利于优质储层的发育。

## (三)储集空间类型

利用氩离子抛光技术和扫描电子显微镜成像,对宜昌地区宜页 2 井和宜地 1 井中五峰组—龙马溪组页岩孔隙类型进行了鉴定分析。根据大小可将孔隙分为微米级孔隙和纳米级孔隙两类。纳米级孔隙是页岩发育的主要孔隙类型,可进一步分为岩石基质孔隙和微裂缝。其中岩石基质孔隙可分为有机质孔隙和无机孔隙。无机孔隙又可分为颗粒间孔隙(粒间孔隙)和颗粒内孔隙(粒内孔隙)。

**1. 有机质孔隙**

利用扫描电子显微镜对宜页 2 井五峰组—龙马溪组泥页岩孔隙特征进行观测,结果显示,有机质多与矿物质共生出现,呈散块状或填隙状分布,其内部孔隙较为发育(图 4-15)。孔隙形态多样,主要发育有圆形、椭圆形、不规则形状、弯月形等形态;有机质孔隙孔径变化范围较大,从纳米级到微米级,且以纳米级孔隙为主,一般镜下多见

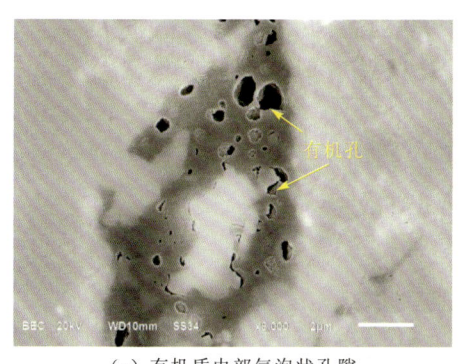

(a)有机质内部气泡状孔隙,龙马溪组,宜页2井　　(b)有机质内部海绵状孔隙,龙马溪组,宜页2井;

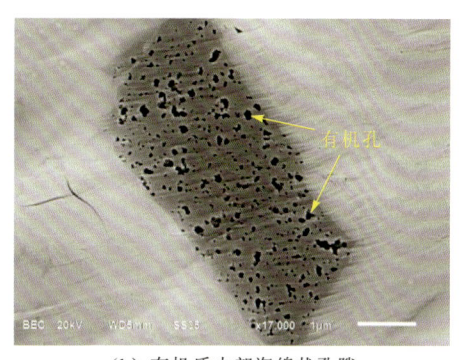

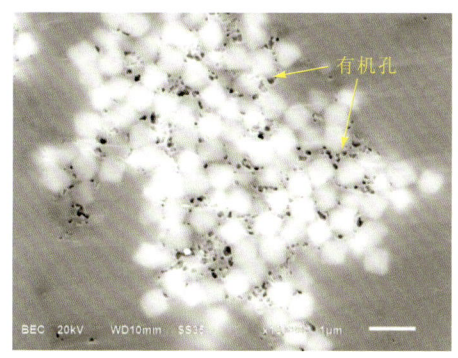

(c)黄铁矿集合体晶间有机质内部发育纳米孔隙,五峰组,宜页2井　　(d)石英颗粒间的有机质内部发育纳米孔隙,五峰组,宜页2井

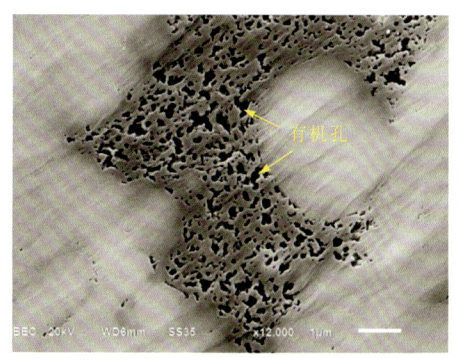

图 4-15 宜页 2 井五峰组—龙马溪组有机质孔隙

数十到几十纳米。据估算宜页 2 井五峰组—龙马溪组有机质孔面孔率一般介于 20%～60%，平均面孔率为 36.5%左右。但是，页岩中有机质孔隙的发育也存在非均质性，部分有机质纳米有机质孔发育程度差，甚至在扫描电镜下观测不到有机质孔隙。

### 2. 无机孔隙

宜昌地区五峰组—龙马溪组泥页岩中的无机孔隙主要包括粒间孔、溶孔、铸模孔、晶间孔和微裂缝。其中粒间孔容易受压实或挤压作用而收缩变小，以残余粒间孔为主，多为微米级，其多围绕颗粒边缘呈不规则线性分布，连通性一般较好[图 4-16（a）和（b）]。溶蚀孔主要为不稳定的矿物（如长石、碳酸盐矿物等）的溶蚀而形成，多分布在颗粒内部或接触部位，以不规则状为主[图 4-16（c）]。但当形成的溶孔较规则，大小和形态近似于原位的已溶颗粒，则称为铸模孔[图 4-16（d）]。晶间孔多见于不规则状黏土矿物和黄铁矿集合体中，多为纳米级，形态不规则，仅层状黏土矿物的晶间孔显示出一定程度排列方向，延展性较好，其余晶间孔特征不明显[图 4-16（e）和（f）]。宜页 2 井五峰组—龙马溪组页岩中微裂缝较发育，主要为纳米级，延伸长度较大，能够为页岩气提供重要的储集空间，同时可作为甲烷分子的渗流通道[图 4-16（g）和（h）]。

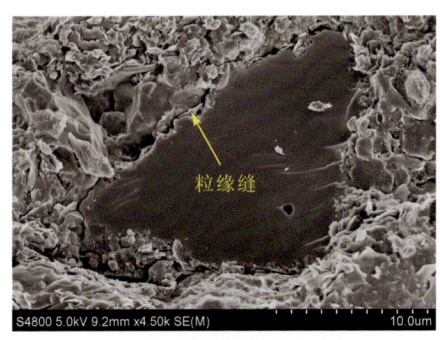

（a）沿石英颗粒边缘分布的粒间孔，龙马溪组，宜地1井

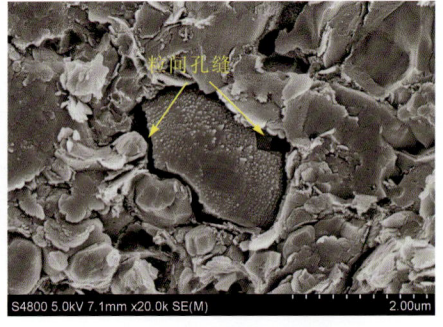

（b）石英与黏土矿物间的孔隙，龙马溪组，宜地1井

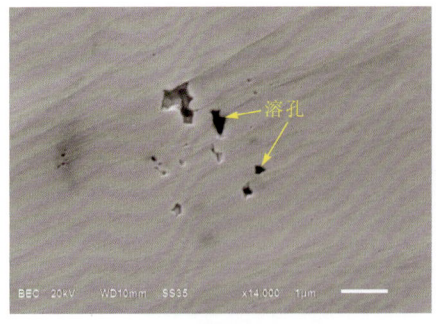

（c）矿物颗粒内部的溶孔，龙马溪组，宜页2井

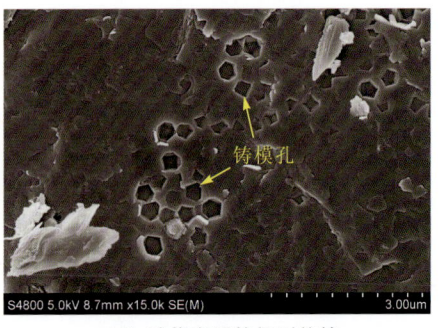

（d）矿物表明较规则的铸模孔，龙马溪组，宜页2井

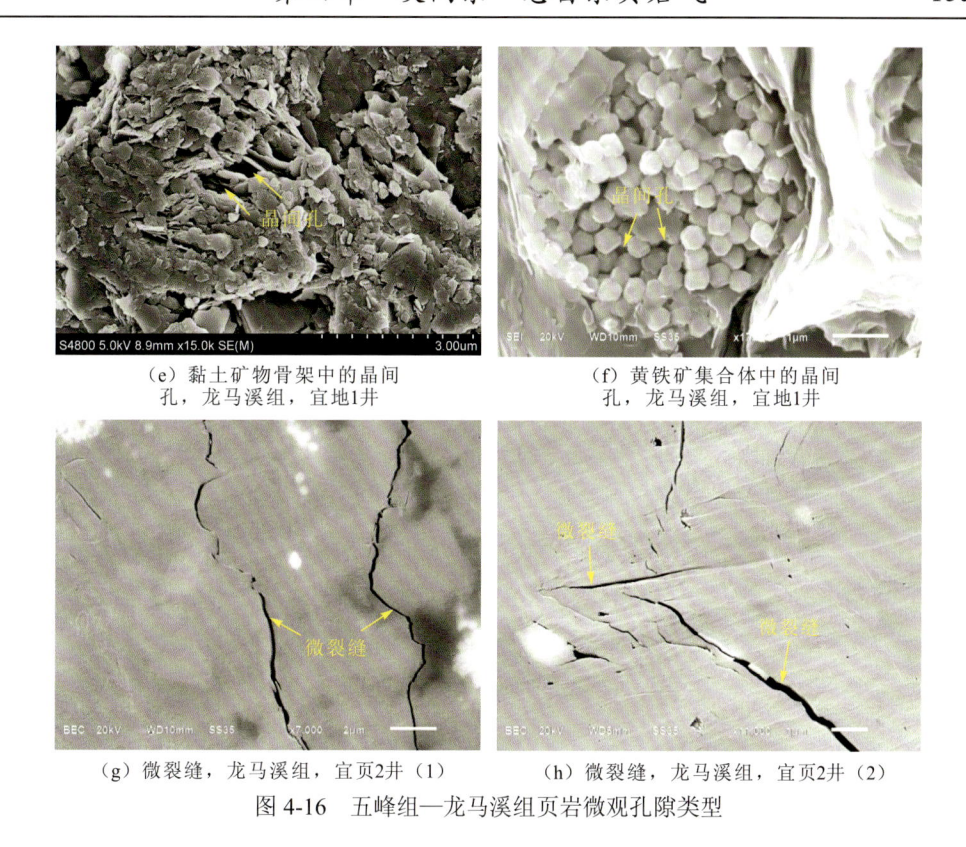

（e）黏土矿物骨架中的晶间孔，龙马溪组，宜地1井　　（f）黄铁矿集合体中的晶间孔，龙马溪组，宜地1井

（g）微裂缝，龙马溪组，宜页2井（1）　　（h）微裂缝，龙马溪组，宜页2井（2）

图 4-16　五峰组—龙马溪组页岩微观孔隙类型

## （四）孔隙结构特征

宜地1井页岩样品的液氮吸附-脱附曲线特征与水井沱组较一致，表明既存在较大的开放型孔隙，也存在细颈瓶状孔隙末端的半-非透气性微小孔，孔隙形态多为狭窄的缝形状孔隙。从孔径分布曲线来看，孔径 3～5 nm 和 50～70 nm 存在明显峰值，表明孔隙主要发育微孔和介孔（图 4-17）。据统计结果，页岩中直径小于 2 nm 的孔隙占 30%～40%，平均为 36.2%；直径在 2～50 nm 的孔隙占 48%～63%，平均为 56.3%；直径大于 50 nm 的孔隙占比在 10% 以下。

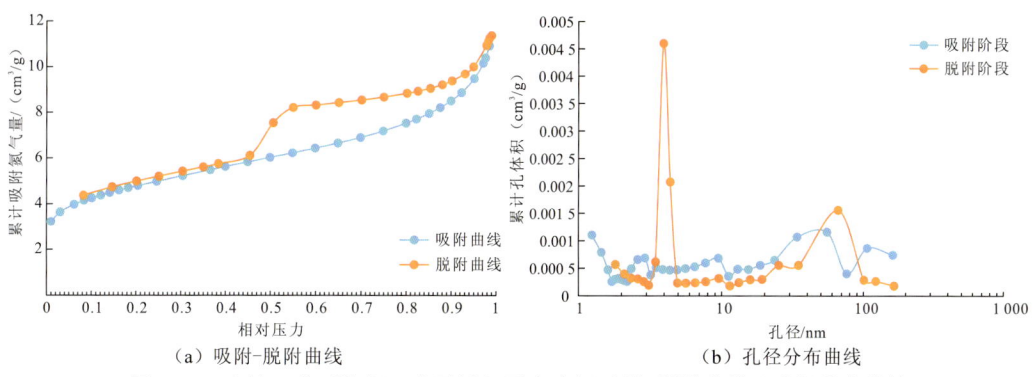

（a）吸附-脱附曲线　　（b）孔径分布曲线

图 4-17　宜地1井五峰组—龙马溪组页岩液氮吸附-脱附曲线及孔径分布曲线

## 三、页岩气顶底板特征

本区上奥陶统五峰组—下志留统龙马溪组页岩气层的顶板为下志留统新滩组,岩性主要为细粒碎屑岩类,包括碳质泥岩、泥岩、含粉砂泥岩及粉砂质泥岩等,厚度大于 100 m,横向分布稳定,纵向封堵性较好。底板为上奥陶统的临湘组和宝塔组,岩性绝大部分为灰岩,虽然临湘组厚度较薄,但加上连续沉积的宝塔组灰岩,总厚度大于 100 m,且横向分布稳定,纵向封堵性较好。此外,彭水及焦石坝页岩气藏勘探实践证明,针对五峰组—龙马溪组勘探页岩气,含气页岩层上段有二叠系—三叠系地层覆盖,通常具有较好的含气显示,而仅有志留系泥岩层封盖的地区,如渝页 1 井分布区,钻孔从下志留统上部开孔,揭示龙马溪组含气性较差。宜昌地区具有良好页岩气显示的宜地 1 井和宜页 2 井,均部署在二叠系—三叠系覆盖区,区内上覆盖层厚度可达 1 000~1 500 m,纵向上具有较好的封盖能力。

根据宜昌斜坡区五峰组—龙马溪组埋深,可推测出五峰组—龙马溪组顶板埋深为 0~5 km,靠近黄陵隆起周缘埋深逐渐减小,主体埋深为 0.5~2.5 km。

## 四、页岩气成因

对宜页 2 井奥陶系五峰组—志留系龙马溪组直井岩石样品解吸的页岩气和水平压裂放喷排液过程中采集的气体进行气体组分和同位素组成特点的分析测试(表 4-4)。宜页 2 井直井五峰组—龙马溪组页岩解吸气 $\delta^{13}CH_4$ 为 -38.6‰~-28.1‰,平均为 -34.17‰;$\delta^{13}C_2H_6$ 为 -40‰~-33.8‰,平均为 -37.53‰;$\delta^{13}C_3H_8$ 为 -36.5‰~-32‰,平均为 -34.2‰;解吸气氢同位素倒转 $\delta D_2 < \delta D_1$,其中 $\delta D = \delta D_1 - \delta D_2 = 18‰~31‰$,平均为 22.78‰。烃类同位素表现为局部倒转特征,即 $\delta^{13}C_2 < \delta^{13}C_1 < \delta^{13}C_3$,其中 $\delta^{13}C = \delta^{13}C_1 - \delta^{13}C_3 = -0.4‰~-1.9‰$,平均为 -1.075‰。

表 4-4 五峰组—龙马溪组页岩气组分和碳、氢同位素分析对比表

| 地区 | 井号 | 井段/m | CH₄ | C₂H₆ | C₃H₈ | nC₄H₁₀ | CO₂ | N₂ | CH₄ | C₂H₆ | C₃H₈ |
|---|---|---|---|---|---|---|---|---|---|---|---|
| 宜昌 | 宜页2井 | 2 970~3 476 | 96.03 | 1.16 | 0.03 | 0.001 | 0.21 | 2.57 | — | — | — |
| | | 2 970~3 476 | 96.06 | 1.17 | 0.03 | 0.001 | 0.18 | 2.57 | — | — | — |
| | | 2 970~3 476 | 96.32 | 1.20 | 0.02 | | 0.16 | 2.30 | -36.01 | -40.06 | -39.15 |
| | | 2 970~3 476 | 96.44 | 1.16 | 0.02 | | 0.12 | 2.26 | -35.84 | -39.99 | -38.92 |
| | | 2 970~3 476 | 96.29 | 1.21 | 0.02 | | 0.18 | 2.30 | -35.89 | -39.87 | -39.18 |

(气体组分占比/%,$\delta^{13}C$(PDB)/‰)

续表

| 地区 | 井号 | 井段/m | 气体组分占比/% ||||||  $\delta^{13}$C（PDB）/‰ |||
|---|---|---|---|---|---|---|---|---|---|---|---|
| | | | CH₄ | C₂H₆ | C₃H₈ | $n$C₄H₁₀ | CO₂ | N₂ | CH₄ | C₂H₆ | C₃H₈ |
| 涪陵 | XX1井 | 2 660～3 653 | 98.39 | 0.58 | 0.02 | — | 0.25 | 0.76 | -29.97 | -34.06 | -37.14 |
| | XX5井 | 3 158～4 065 | 98.25 | 0.62 | 0.02 | — | 0.28 | 0.84 | -30.31 | -34.41 | -37.05 |
| | XX6井 | 2 662～4 121 | 98.44 | 0.54 | 0.02 | — | 0.23 | 0.76 | -29.87 | -34.33 | -36.62 |
| | XX7井 | 2 742～4 144 | 98.30 | 0.63 | 0.02 | — | 0.34 | 0.72 | -30.48 | -34.29 | -37.14 |
| 威远 | 威201井 | 1 520～1 523 | 99.09 | 0.48 | — | | 0.42 | 0 | -37.3 | -38.2 | — |
| | | 1 520～1 523 | 98.32 | 0.46 | 0.01 | | 0.36 | 0.81 | -36.9 | -37.9 | |
| | 威201-H1井 | 2 840 | 98.56 | 0.37 | — | | 1.06 | 0.43 | -35.4 | -37.9 | |
| | | 2 840 | 95.52 | 0.32 | 0.01 | | 1.07 | 2.95 | -35.1 | -38.7 | |
| | 威202井 | 2 595 | 99.27 | 0.68 | 0.02 | | 0.02 | 0.01 | -36.9 | -42.8 | -43.5 |
| | 威203井 | 3 137～3 161 | 98.27 | 0.57 | — | | 1.05 | 0.08 | -35.7 | -40.4 | |

注：威远、涪陵地区天然气地化数据来自魏祥峰等（2016）和吴伟等（2014）文献

宜页2井水平井井口4次采气测试气体组分以 $CH_4$ 为主，为96.03%～96.44%，平均为96.23%；$C_2H_6$ 为1.16%～1.28%，平均为1.18%；$C_3H_8$ 为0.02%～0.03%，含微量的 $C_4H_{10}$，未检测到 $C_5$+以上组分。天然气干燥系数（$C_1/C_{1-5}$）为0.99，属典型的干气。在同位素组成上，气体同位素组成特点与解吸气相似，$\delta^{13}CH$ 为-38.6‰～-28.1‰，平均为-34.17‰；$\delta^{13}C_2H_6$ 为-40‰～-33.8‰，平均为-37.53‰；$\delta^{13}C_3H_8$ 为-36.5‰～-32‰，平均为-34.2‰；烃类同位素表现为局部倒转，即 $\delta^{13}C_2<\delta^{13}C_3<\delta^{13}C_1$，其中 $\delta^{13}C=\delta^{13}C_1-\delta^{13}C_3$=3.08‰～3.29‰，平均为3.17‰。同位素组成特点指示五峰组—龙马溪组页岩气为有机质高成熟演化阶段形成的热成因油型气。这一结论与五峰组—龙马溪组页岩的 $R_o$ 为2.0%，干酪根类型以Ⅰ型为主的特征相吻合。此外，宜地1井五峰组—龙马溪组7个页岩样品的干酪根碳同位素 $\delta^{13}C_{org}$ 平均为-30.98‰，表现为 $\delta^{13}C_2<\delta^{13}C_3<\delta^{13}C_1<\delta^{13}C_{org}$，符合碳同位素分馏方向，表明宜昌地区五峰组—龙马溪组页岩气来源于自生的烃源岩，具有源储一体的特征。

## 五、页岩气富集主控因素与富集模式

### （一）页岩含气性及其影响因素

对宜地1井奥陶系五峰组—志留系龙马溪组页岩含气量大于 $1 m^3/t$ 的页岩进行样品系统采集，获得了该井奥陶系五峰组—志留系龙马溪组页岩气储层的有机质成熟度和类型、孔隙度和岩石矿物成分特点（表4-5）。结果表明该井优质页岩气储层厚度约为22 m，

表 4-5  宜地 1 井页岩气储层有机地化、物性和岩石矿物特征

| 采样号 | 井段深度/m | 有机质 类型 | $R_o$/% | 垂直渗透率/mD | 孔隙度/% | 石英 | 长石 | 方解石 | 白云石 | 黄铁矿 | 黏土矿物 |
|---|---|---|---|---|---|---|---|---|---|---|---|
| Y01-1y | 1 341 | — | — | — | 4.79 | 35.5 | 8.5 | 1.1 | 3.1 | — | 51.8 |
| Y01-2y | 1 340 | II$_1$ | 2.04 | — | 4.82 | 60.5 | 5.5 | | 3.0 | — | 31.0 |
| Y01-3y | 1 339 | — | — | 0.000 8 | 1.55 | 90.5 | — | 3.8 | 5.7 | — | — |
| Y01-4y | 1 338 | | | 0.002 0 | 1.19 | 81.8 | 2.2 | 12.1 | 3.9 | | |
| Y01-5y | 1 337 | | | | 5.57 | 59.0 | 4.6 | | | 5.5 | 30.9 |
| Y01-6y | 1 336 | | 1.93 | 0.043 0 | 2.92 | 64.1 | 3.9 | 5.0 | 5.3 | — | 21.7 |
| Y01-7y | 1 335 | I | — | 0.000 5 | 1.02 | 53.7 | 5.7 | — | 4.6 | 2.3 | 33.7 |
| Y01-8y | 1 334 | | | 0.000 6 | 1.32 | 63.4 | 3.7 | 1.2 | 2.5 | | 29.2 |
| Y01-9y | 1 333 | | | 0.003 0 | 4.62 | 72.5 | 3.7 | | 2.6 | 4.5 | 16.7 |
| Y01-10y | 1 332 | | | 0.770 0 | 3.63 | 27.0 | 6.8 | | 7.5 | 2.8 | 55.9 |
| Y01-11y | 1 331 | | | 0.200 0 | 3.30 | 57.3 | 6.2 | 1.6 | 7.5 | 5.0 | 22.4 |
| Y01-12y | 1 330 | | | 0.006 0 | 3.61 | 11.0 | 4.2 | 1.1 | 83.7 | | — |
| Y01-13y | 1 329 | II$_1$ | 2.10 | 0.350 0 | 1.68 | 40.1 | 7.8 | | 6.6 | 5.7 | 39.8 |
| Y01-14y | 1 328 | | | 0.001 8 | 4.27 | 42.8 | 5.1 | 2.4 | 2.1 | 1.8 | 45.8 |
| Y01-15y | 1 327 | | | — | 6.39 | 44.5 | 5.4 | | | 4.9 | 45.2 |
| Y01-16y | 1 326 | | | — | 6.30 | 39.5 | 8.6 | | | 5.0 | 46.9 |
| Y01-17y | 1 325 | | | 0.710 0 | 3.16 | 32.5 | 8.0 | | | 5.2 | 54.3 |
| Y01-18y | 1 324 | II$_1$ | 2.04 | 1.280 0 | 8.77 | 39.8 | 6.4 | | | 3.9 | 49.9 |
| Y01-19y | 1 323 | — | — | 0.000 3 | 3.40 | 43.2 | 5.1 | | | 1.7 | 50.0 |
| Y01-20y | 1 322 | | | 0.015 2 | 4.86 | 43.9 | 8.6 | | | — | 47.5 |
| Y01-21y | 1 321 | | | — | 4.83 | 38.6 | 7.3 | | | 2.3 | 51.8 |
| Y01-22y | 1 320 | II$_1$ | 1.83 | 2.220 0 | — | 36.7 | 5.4 | | | 3.8 | 54.1 |

TOC 为 0.8%~6.1%，平均为 2.7%。有机质类型以 I、II$_1$ 型为主，等效有机质成熟度为 1.8%~2.1%，平均为 2%。岩石矿物以石英、黏土为主，石英体积分数为 11%~90%，平均为 49%，黏土矿物体积分数为 16.7%~55.9%，平均为 40.98%。孔隙度为 0.2%~8.8%，平均为 4%。相比重庆涪陵焦石坝焦页 1 井同期页岩气储层，宜地 1 井页岩气储层具有相对较低的 TOC、含气量和孔隙度。与同地区宜地 2 井寒武系页岩气储层相比，具有较低的 TOC 和含气量，但具有较高的孔隙度和硅质含量（陈孝红 等，2018）。

对宜地1井表征页岩气储层的重要参数（TOC，孔隙度、岩石矿物成分含量和含气性）进行相关性分析，结果表明页岩气储存的含气性与 TOC 呈明显的正相关性[图 4-18（a）]，孔隙度与 TOC、渗透率及长石、黏土和黄铁矿含量具有一定的正相关性[图 4-18（a）和（c）～（f）]，与石英含量则具有弱的负相关性[图 4-18（b）]。宜地1井奥陶系五峰组—志留系龙马溪组页岩的含气性和储层物性特点证明高的 TOC、良好的渗透率和高的易溶蚀矿物含量有利于页岩气的形成和保存。采用亚离子抛光后进行电镜观察发现，页岩孔隙发育程度总体较差，主要孔隙类型为有机质孔隙，其次为矿物粒间孔隙、矿物溶蚀孔隙、黄铁矿晶间孔隙和少量有机质与矿物之间孔隙、有机质内微裂隙等。矿物粒间孔隙多为残余粒间孔隙，形态呈狭缝状，部分被黄铁矿充填。矿物溶蚀孔多为黏土矿物、碳酸盐矿物和碎屑颗粒粒间、粒内溶孔，多呈不规则状，连通性差。微裂缝较发育，缝宽约 0.053～0.184 μm，连通性差。黄铁矿晶粒之间的孔隙中往往充填黏土矿物或有机质（陈孝红 等，2018b）。五峰组—龙马溪组页岩气储层的这种孔隙特征进一步证明其在沉积之后遭受过较强的有机流体改造。古隆起是有机流体运移的指向区，因此，晚奥陶纪开始的宜昌上升在奥陶纪—志留纪过渡期所形成的水下隆起，以及印支期开始形成的黄陵隆起，可能对五峰组—龙马溪组页岩气的富集成藏具有重要的控制作用。

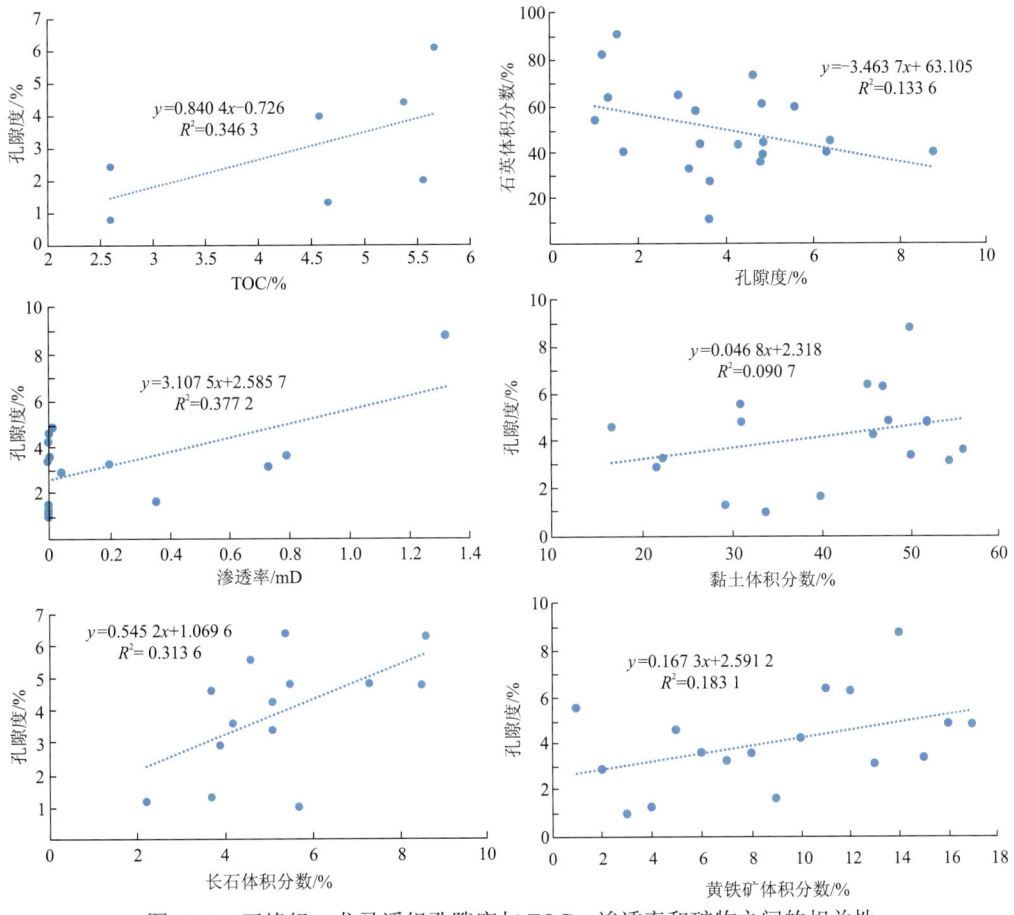

图 4-18　五峰组—龙马溪组孔隙度与 TOC、渗透率和矿物之间的相关性

## （二）页岩有机流体活动

为了评估奥陶系—志留系界线富有机质页岩流体活动特点，课题组与中国地质大学（武汉）有关专家一起，对宜地1井五峰组观音桥层方解石脉进行系统研究。宜地1井观音桥层发育两个垂直地层，几乎贯穿整个观音桥层的通道[图4-19，据Chen等（2020）修改]。通道内中充填有两个世代的方解石晶体。早期形成的晶体、中晶，为从裂缝边缘向裂缝中央生长的他形亮晶方解石[内层块状方解石（oac）]。晚期形成的方解石，粗晶，自形-半自形充填在脉体的中央[内层块状方解石（ibc）]。沥青（bv）呈不规则状充填在两类方解石之间。通道顶部，在观音桥层与龙马溪组页岩之间形成一个典型的V形凹痕，并为龙马溪组黑色页岩充填。观音桥层内部发育的这一通道表面上与脱水通道相似，但具有一系列与脱水通道不同的特征：首先垂直通道被方解石充填，明显的凹痕显示向下挤压，并上覆具有微层理的泥岩充填；其次，通道中早期形成的方解石遭受过强烈挤压而变形，但观音桥层未见构造变形；第三是通道切穿通过腕足壳体，证明通道在成岩压实之后形成。因此，这个V形凹痕，向下延伸的通道应该是龙马溪组有机流体向观音桥层迁移的结果，即龙马溪组富有机质页岩有机质产甲烷作用形成超压后，引起龙马溪组下伏具有较强非均质性和脆性矿物的观音桥层产生裂缝，龙马溪组的有机流体向观音

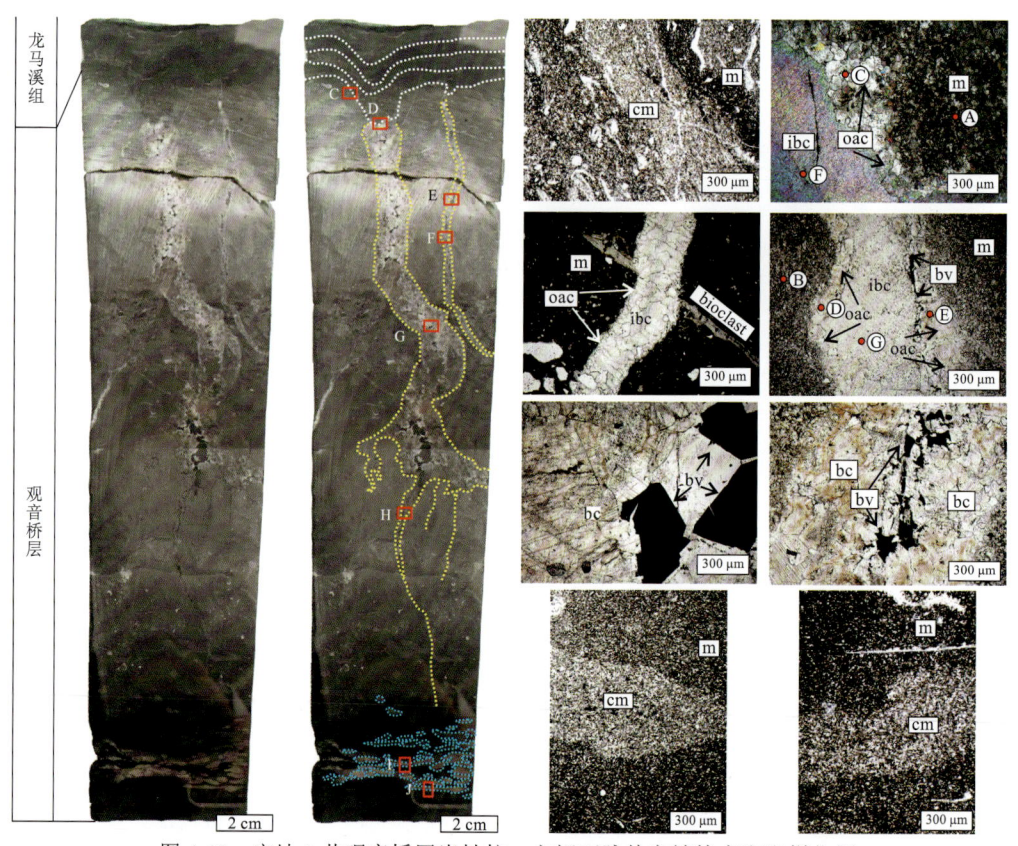

图4-19　宜地1井观音桥层岩性柱，方解石脉体充填特点和取样位置

m为微晶灰岩，cm为亮晶方解石，bc为块状方解石，oac为外层角状方解石，ibc为内层块状方解石，bv为沥青

桥层裂缝迁移的结果。充填在两个地层之间的沥青质体也同样说明龙马溪组富有机质页岩热演化过程产生超压，引起油气在两个方解石脉形成世代之间向通道内的油气充注。

为揭示龙马溪组富有机质页岩超压状态下有机体下渗对地层中微量元素和碳同位素组成的影响，对宜地 1 井观音桥层，及上覆龙马溪组、下伏五峰组中所夹灰岩层进行了碳同位素组成，以及 Mo、U 含量测定（图 4-20），结果显示，方解石脉体的碳同位素较围岩具有更为明显的碳同位素负偏离，灰岩层的顶、底比灰岩层中部具有更明显的碳同位素负偏离，指示通道内部，以及灰岩层顶、底发生了较为明显的甲烷厌氧氧化或甲烷硫酸盐还原作用（Chen et al.，2020）。U、Mo 均为氧化还原敏感元素，宜地 1 井中灰岩的丰度和富集特点存在明显的不协调性[图 4-20，据 Chen 等（2020）修改]同样证明，观音桥层上覆龙马溪组、下伏五峰组有机流体活动向下、向上进入观音桥层，造成观音桥层中部 Mo 含量下降和 U 含量升高。主要是因为被 Mn 的氢氧化物表面吸附 Mo 在环境变化，遇到还原的流体，被吸附的 Mo 又被释放出来进入孔隙水（汤冬杰 等，2015）。而 U 在类似于 $Fe^{3+}$ 至 $Fe^{2+}$ 转变的还原条件下，$U^{6+}$ 被还原为 $U^{4+}$，并多以沥青铀矿（$UO_2$、$U_3O_8$）或表面活性很大的羟基络合物的形式发生沉淀（常华进 等，2019）。综上所述，五峰组—龙马溪组页岩在沉积成岩期后还发生了有机流体向观音桥层的迁移，引起地层中碳同位素组成和微量元素改变。从不同古地理部位观音桥层碳同位素负偏离程度推测，五峰组—龙马溪组页岩中的有机流体不仅发生了垂向运移，而且还沿湘鄂西水下潜隆发生了水平方向的运移，以至于沿古隆起方向观音桥层碳同位素负偏离更为明显（Chen et al.，2017）。

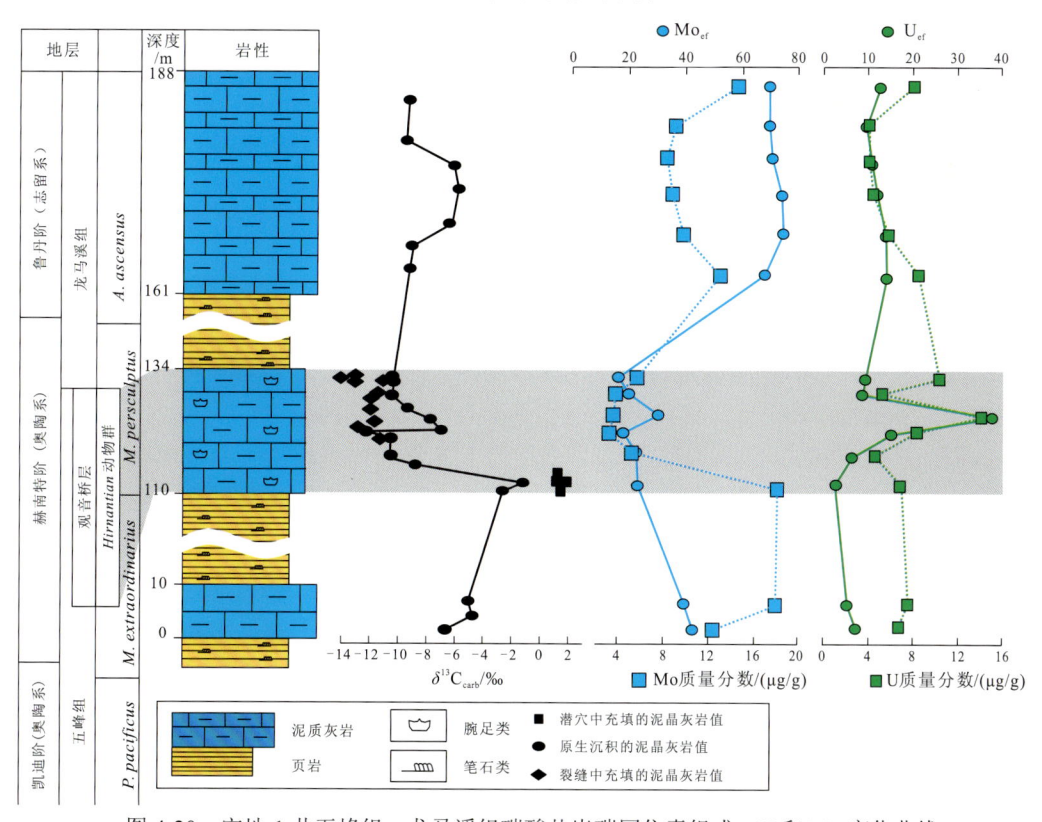

图 4-20 宜地 1 井五峰组—龙马溪组碳酸盐岩碳同位素组成，U 和 Mo 变化曲线

## (三) 页岩气成藏演化史

### 1. 页岩埋藏-热演化史

位于黄陵隆起东南缘的宜页 2 井,在加里东期—海西期,黄陵背斜周缘地区处于稳定的海相沉积环境,黄陵隆起东缘与黄陵隆起南缘沉积环境基本相似,在不同时期沉积亚相存在一定差异。印支期—燕山期、喜山期强烈的构造抬升作用,使得黄陵隆起东缘地区和南缘地区抬升剥蚀强度存在很大差异。

目前宜昌斜坡带已完成宜页 2 井、宜页 3 井两口志留系参数井钻探。宜页 2 井位于宜昌斜坡区东北部,开孔层位为白垩系五龙组,完钻层位为奥陶系大湾组;宜页 3 井位于宜昌斜坡区中部,开孔层位白垩系五龙组,完钻层位为震旦系灯影组。其中,宜页 2 井钻遇奥陶系 87.88 m(大湾组厚 32.88 m 未钻穿,牯牛潭组厚 18 m,庙坡组厚 2 m,宝塔组厚 11 m,临湘组厚 19 m,五峰组厚 5 m),志留系厚度为 1 294.5 m(龙马溪组厚 632 m,罗惹坪组厚 227 m,纱帽组厚 435.5 m),泥盆系云台观组厚 41.5 m,石炭系厚度为 62 m(大埔组厚 11 m,黄龙组厚 51 m),二叠系厚度为 488 m(梁山组厚 5.5 m,栖霞组厚 256.5 m,茅口组厚 170 m,龙潭组厚 2.5 m,下窑组厚 27 m,大隆组厚 26.5 m),三叠系厚 623 m(大冶组厚 563 m,嘉陵江组厚 60 m),白垩系五龙组厚 191 m。

获取的钻井数据和区域地质资料揭示了宜昌斜坡区震旦系—下志留系均呈整合接触关系,显示了震旦纪—早志留纪稳定的海相沉积环境,泥盆系不整合覆盖于志留系之上,上石炭统—下三叠统整合接触并不整合覆盖于泥盆系之上,研究区中北部白垩系不整合覆盖于志留系—三叠系之上。

研究结果表明,震旦纪—寒武纪黄陵背斜周缘地区呈现西南部为深水陆棚相、中部为斜坡相、向东北逐渐转变成台地相的东北高西南低的古地貌特征,该段时期内黄陵隆起南缘深水陆棚相-斜坡相,黄陵隆起东缘表现为开阔台地相,东缘地层沉积厚度较南缘明显减薄;早志留纪黄陵隆起周缘地区地形产生变化,呈现出东北低、西南高的新古地貌特征,黄陵隆起东缘整体处于深水陆棚相沉积环境,黄陵隆起南缘则处于深水陆棚—浅水陆棚过渡带,该时期东缘地层厚度比南缘略厚。因此,燕山运动之前,黄陵隆起东缘与南缘沉积地层基本一致,不同地层沉积厚度存在一定差别。

区域地质调查和二维地震数据显示,黄陵隆起东缘和南缘均位于构造较稳定的宜昌斜坡带,区内地层呈西北向东南方向单斜构造,两个地区在燕山运动、喜山运动中表现为一个整体,因此黄陵隆起东缘构造演化期次与南缘基本一致,但构造强度存在较大差异,不仅如此,黄陵隆起东缘东西部位抬升剥蚀厚度也存在较大差异。以宜页 2 井为例:宜页 2 井位于黄陵隆起东缘中部,燕山运动期构造剥蚀强度弱于宜页 1 井和宜页 3 井,石炭系—三叠系未剥蚀殆尽,侏罗纪晚期该井附近剥蚀厚度约为 2 800 m;早白垩纪,由于受东部江汉盆地拉张沉降影响较强,黄陵隆起东缘地区沉积有巨厚的白垩系—古近系,角度不整合覆盖在志留系—三叠系之上,沉积厚度超过 2 500 m,在宜页 2 井处可达 3 000 m;晚白垩纪,受黄陵隆起第二阶段快速抬升剥露影响,白垩系—古近系遭受剥蚀,剥蚀厚度超过 2 000 m；整理前人低温热年代学研究结果，分析认为 60~30 Ma 整个黄陵隆起周缘地区构造活动较弱，处于低速剥露阶段；30 Ma 至今，受喜山运动影响，黄陵隆起开始新一期的快速冷却剥露，宜页 1 井地区下白垩统遭受剥蚀，剥蚀厚度超过 1 500 m（图 4-21）。

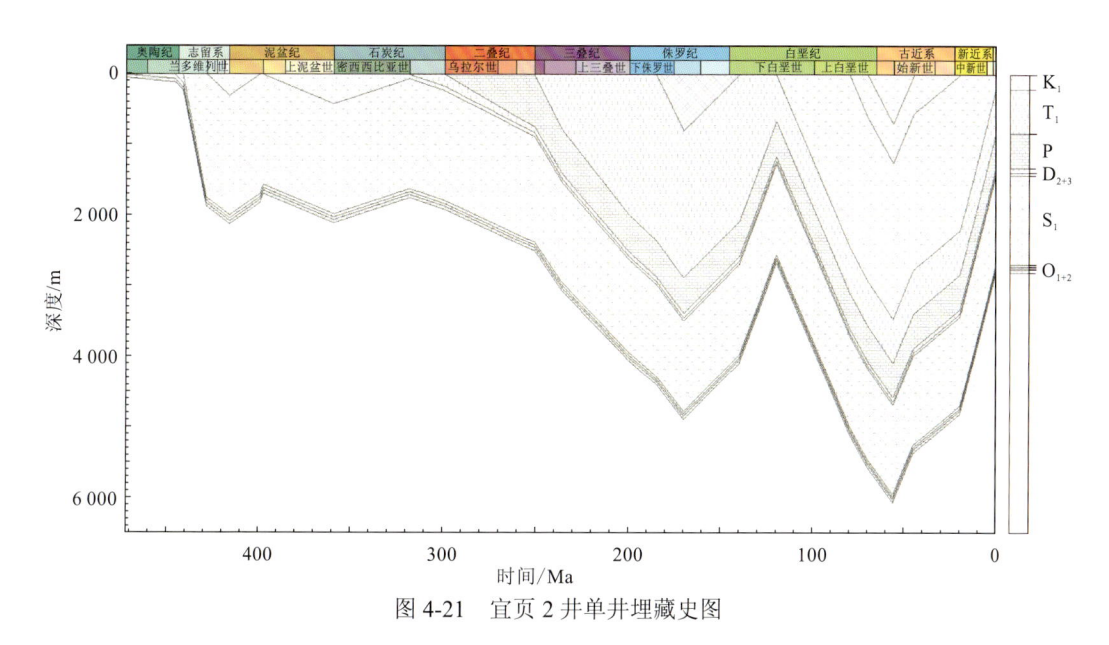

图 4-21 宜页 2 井单井埋藏史图

### 2. 宜昌斜坡区中部和东北部典型单井热史模拟

郭彤楼等（2005）通过对江汉盆地当阳复向斜当深 3 井实测地温剖面和样品热导率进行测试，获取了江汉盆地前印支运动期低热流值和剥蚀量，基本代表了中扬子地区稳定海相沉积期热流值；分析宜页 1 井陡山沱组、水井沱组页岩成熟度和宜页 3 井水井沱组、五峰组—龙马溪组页岩成熟度数据，获取了宜页 1 井单井埋藏-热演化史恢复结果，结合宜页 2 井五峰组—龙马溪组黑色页岩成熟度数据分析，采用 Sweeney 等（1990）有机质成熟模型正演计算的生油岩系成熟度史结果，恢复了宜昌斜坡区宜页 2 井古地温史及页岩热演化史（图 4-22），结果显示宜页 2 井与宜页 3 井五峰组—龙马溪组页岩在燕山运动期以来经历的最大古地温存在一定差异，与邹辰（2016）对当阳复向斜地区多口钻井五峰组—龙马溪组页岩成熟度研究结果一致，表明宜昌斜坡区和当阳复向斜目的层页岩成熟度受黄陵隆起控制作用明显，呈东部成熟度高、西部成熟度低的特征。

### 3. 页岩生排烃史

与寒武系页岩气相比，黄陵隆起周缘的五峰组—龙马溪组页岩气在中志留纪进入低熟油阶段，中三叠世进入生油高峰期，早侏罗世开始生气。但随后遭受强烈的构造抬升，志留系被剥蚀殆尽，页岩气藏被破坏。但在黄陵隆起南部和东部地区，在燕山运动早期

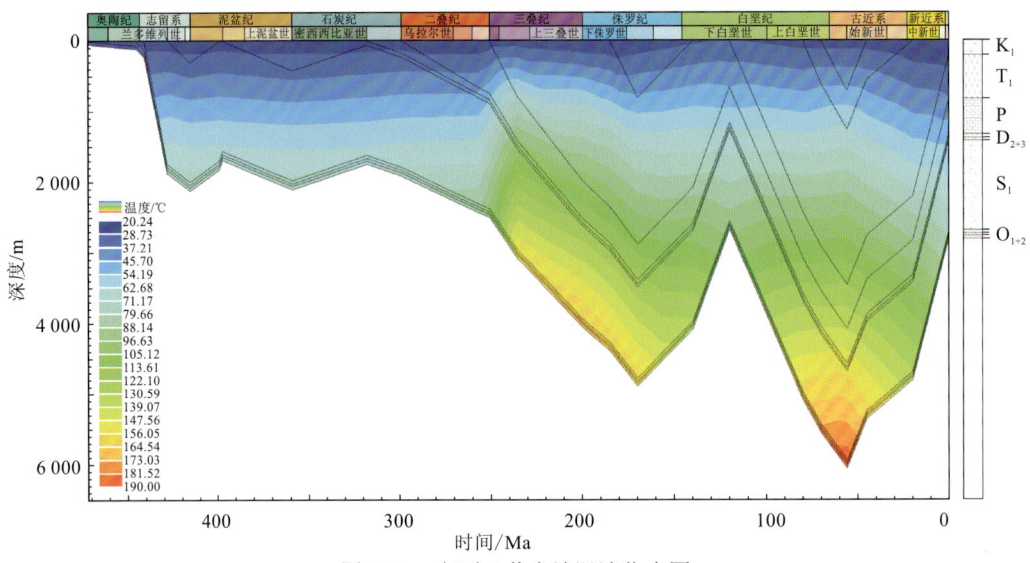

图 4-22 宜页 2 井古地温演化史图

区域抬升过程中遭受的剥蚀相对较弱，而在区域性挤压逐渐向松弛的弹性回落燕山运动晚期，页岩气储层随边缘块断-拗陷盆地发生明显的深埋。且再次埋藏的深度接近或超过印支期最大埋深，以至于发生了烃源岩的二次生烃（沃玉进 等，2007）。之后，伴随喜山期的区域挤压抬升而抬升，发生解吸逸散。由于宜昌地区志留系页岩在其有机质进入生油高峰之后，开始生气的燕山运动早期发生了黄陵基底隆升，出现了明显的油气运移指向区，宜昌斜坡成为油气运移的重要通道，因此，在宜昌斜坡再次深埋发生二次生烃时，页岩中大量富集的原油裂解形成干气，提升了页岩气储层中页岩的含气性。加之五峰组—龙马溪组干气形成时间较晚，抬升或页岩气解吸逸散时间短，因此，宜昌地区东部和南部地区志留系页岩气保存良好，地层普遍具有超压的特点。

对宜页 2 井和宜页 3 井五峰组—龙马溪组岩心观察发现，相较于研究区水井沱组，该套页岩气储层脉体较少发育。其中，宜页 2 井页岩气层段观察到 2 条高角度方解石细脉，脉宽 1～2 mm。宜页 3 井页岩气层段观察到 3 条高角度方解石细脉，脉宽 1～3 mm。方解石脉体中检测到两期盐水包裹体，一期均一温度为 121.3～144.4 ℃，另一期均一温度为 94.8～97.5 ℃。脉体捕获的气包裹体较少，见少量气包裹体与 94.8～97.5 ℃一期盐水包裹体伴生，表现出五峰组—龙马溪组页岩受喜山期构造抬升作用影响，岩石破裂压力降低，当破裂压力低于储层内页岩气自封压力时，造成页岩气解吸逸散，页岩气藏重新调整。

（四）页岩气保存特点与保存富集模式

宜昌斜坡及周边秭归盆地和当阳复向斜地区在奥陶纪—志留纪过渡期属于典型的深水陆棚-盆地相沉积，黑色页岩发育。南边湘鄂西褶皱带长阳—五峰一带和北部神农架阳日一带属于古隆起,黑色页岩部分缺失。五峰组—龙马溪组页岩气主要发现在具有黑色页岩发育的宜昌斜坡及周边秭归盆地和当阳复向斜地区(表4-6)。比较而言,宜昌斜坡和当阳复向斜地区页岩的含气性相对较高,秭归盆地周边略低。从埋深与页岩含气性特点上看,页岩的埋深对页岩气的保存影响不大:一方面与五峰组—龙马溪组页岩气混合成因相关,埋深较浅的宜昌斜坡上部在燕山运动期油气调整阶段原油向隆起方向迁移时所聚集的油气,消减了喜山期黄陵隆起抬升剥蚀之后,页岩气侧向逸散对页岩含气量的影响;另一方面反映志留系页岩气的顶、底板条件好,页岩气纵向扩散不明显。宜页2井偶极子声波测井地应力解释结果表明,五峰组—龙马溪组页岩气储层的最小水平主应力为41.72～60.51 MPa,平均为50.49 MPa。最大主应力为54.34～89.55.02 MPa,平均为64.62 MPa,与顶板应力差平均为3.78～6.02 MPa,与底板应力差为14 MPa左右,反映宜昌斜坡地区五峰组—龙马溪组页岩气具有良好的顶、底板遮挡条件,保存条件优越。

表4-6 宜昌斜坡及周边五峰组—龙马溪组页岩含气性

| 井号 | 构造单元 | 沉积相 | 底深/m | 最高解吸气含气量/(m³/t) | 总含气量/(m³/t) |
|---|---|---|---|---|---|
| 秭地3井 | 秭归盆地 |  | 1 162 | — | 1.70 |
| 远地1井 | 宜昌斜坡 | 陆棚-盆地相 | 790 | — | 1.95 |
| 宜地1井 |  |  | 1 340 | 2.16 | 3.17 |
| 宜页3井 |  |  | 1 452 | 1.57 | 3.86 |
| 宜页2井 |  |  | 2 720 | 1.16 | 3.33 |
| 宜志页1井 |  |  | 2 819 | — | 5.36 |
| 荆101井 | 当阳复向斜 | 陆棚-盆地相 | 4 100 | 2.49 | 4.92 |
| 荆102井 |  |  | 3 130 | 2.14 | 4.20 |
| 宜探1井 |  |  | 3 500 | — | 3.80 |
| 宜探2井 |  |  | 3 980 | 1.18 | 3.69 |
| 宜探3井 |  |  | 3 573 | 1.89 | 5.81 |

综合页岩TOC富集机理和页岩有机流体活动特点,页岩含气性影响因素和页岩气保存特点,结合页岩埋藏史、热演化史和生烃史分析,不难发现宜昌地区奥陶系五峰组—志留系龙马溪组页岩气的富集一方面与页岩的沉积环境相关,受控于页岩形成时期的古地理特点,主要富集在早志留纪扬子地台内部发育的凹陷盆地中。另一方面与页岩沉积成岩演化过程中有机质生排烃过程的有机流体活动有关,受控于古隆起、古斜坡的形成与演化的影响。观音桥层碳同位素组成变化显示有机流体有向加里东运动形成的湘鄂西

水下潜隆古斜坡方向运移的特点。宜页 2 井单井埋藏生烃史研究表明，伴随黄陵隆起在印支期的快速隆升，区内五峰组—龙马溪组页岩在进入生油高峰期之后也发生了一次较大的调整，不排除页岩中储存的油气向黄陵隆起方向运移与聚集的可能。虽然目前尚未获得五峰组—龙马溪组页岩多次排烃及其时间的直接证据，但从五峰组—龙马溪组页岩中有限的流体包裹体证据和页岩底界发育的一组与黄陵隆起平行的小型断裂来看，黄陵隆起快速隆升引起地层不均匀抬升所产生的小型断裂对五峰组—龙马溪组页岩油气向黄陵隆起方向的运移扩散产生重要的阻滞作用。因此，五峰组—龙马溪组页岩气的富集受控加里东期湘鄂西水下古隆起和中新生代黄陵隆起和与之相伴的断裂等多重因素的控制，具有古隆起-断裂复合控藏的特点。

## 六、页岩气有利区优选与目标评价

（一）志留系页岩气发现

2015 年 6 月 28 日至 10 月 6 日在宜昌市远安县石桥坪村部署实施的宜地 1 井钻获上奥陶统五峰组—下志留系龙马溪组底部笔石页岩时，岩心浸水实验气泡溢出强烈。对井深 1 280~1 340 m 段的 26 个黑色页岩样品进行了现场解吸，结果显示，解吸气含气量为 0.14~2.16 m³/t，总含气量为 1.69~3.67 m³/t。纵向上，黑色页岩段含气性具有明显的由上至下逐渐升高的趋势，其中底部 1 319~1 341 m 段含气量较高，为优质含气页岩段，解吸气含气量为 0.60~2.16 m³/t，总含气量为 1.81~3.67 m³/t，气体组分分析解吸气主要为甲烷（陈孝红等，2018b）。

为全面评价五峰组—龙马溪组页岩气储层特征和页岩含气性，结合二维地震勘探，在宜昌市龙泉镇双泉大队部署实施宜页 2 井。该井于 2017 年 1 月 8 日完钻，完钻井深 2 801.88 m。该井钻获奥陶系五峰组—志留系龙马溪组暗色页岩厚 89 m，富有机质页岩厚 33 m，TOC 为 1.07%~4.31%，平均为 2.56%。钻探过程中，在钻井液密度 1.29 g/cm³ 条件下，目的层气测全烃录井显示由 0.05%上升至 1.12%，岩心浸水实验气泡溢出剧烈，现场解吸气含气量为 0.62~3.29 m³/t，平均为 1.63 m³/t，并点火成功，火焰为蓝色。宜页 2 井的实施，进一步确定宜昌地区五峰组—龙马溪组页岩的含气性，全面获取了页岩气的储层评价参数。

（二）页岩气储层评价和有利区优选

对宜地 1 井、宜页 2 井和宜页 3 井进行页岩气储层样品的系统采集和分析测试，获得区域不同埋深页岩的 TOC、孔隙度和现场解吸气特征（表 4-7）。综合分析宜昌地区五峰组—龙马溪组页岩气储层测井和实验室分析测试结果，参考长宁威远和涪陵焦石坝地区五峰组—龙马溪组页岩气储层评价标准，宜昌地区五峰组—龙马溪组页岩气储层评价标准见表 4-8。根据该页岩气评价标准，对宜页 2 井储层进行重新评价，结果表明宜昌地区五峰组—龙马溪组页岩气优质储层分布在五峰组和龙马溪组底部，其中五峰组储层为Ⅱ类储层，厚 5.9 m，龙马溪组储层为Ⅰ类储层，厚 4.2 m（表 4-9）。

表 4-7 宜昌斜坡不同井深五峰组—龙马溪组富有机质页岩厚度、孔隙度和含气性特点

| 指标 | | 宜地 1 井 | 宜页 2 井 | 宜页 3 井 | 宜探 1 井 |
|---|---|---|---|---|---|
| TOC/% | >1 | 22 | 24 | 29.4 | 21 |
| | >2 | 13 | 16.68 | 13.2 | 18 |
| 孔隙度（最小值~最大值/平均值）/% | | 1.68~6.03/3.98 | 1.4~3.7/2.65 | 1.28~3.68/1.96 | 优质层平均为 3 |
| 含气量（最小值~最大值/平均值）/（m³/t） | | 1.81~3.67/2.56 | 1.03~3.33/1.97 | 0.71~3.86/1.88 | 1.2~4.3/2.7 |
| 底深/m | | 1 341 | 2 724 | 1 453 | 3 504 |

表 4-8 宜昌地区五峰组—龙马溪组页岩气储层评价标准

| 储层类型 | 划分依据 |
|---|---|
| Ⅰ类页岩气层段 | TOC≥4%，孔隙度≥3.5%，DEN≤2.45 g/cm³，含气量≥3.5 m³/t |
| Ⅱ类页岩气层段 | 2%≤TOC<4%，2.5%≤孔隙度<3.5%，2.45 g/cm³<DEN≤2.50 g/cm³，2.5 m³/t≤含气量<3.5 m³/t |
| Ⅲ类页岩气层段 | 1%≤TOC<2%，1.5%≤孔隙度<2.5%，2.50 g/cm³<DEN≤2.55 g/cm³；1.5 m³/t≤含气量<2.5 m³/t |
| Ⅳ页岩气层段 | TOC<1%，孔隙度<1.5%，2.55 g/cm³<DEN；含气量<1.5 m³/t |

表 4-9 宜昌地区宜页 2 井五峰组—龙马溪组页岩气储层测井评价结果

| 小层 | 井段/m | 厚度/m | TOC/% | 孔隙度/% | 密度/（g/m³） | 含气性/（m³/t） | 评价 |
|---|---|---|---|---|---|---|---|
| 1 | 2 685.9~2 703.5 | 17.6 | 0.5~1.5/0.8 | 0.8~2.2/1.1 | 2.51 | 0.7 | Ⅳ |
| 2 | 2 703.9~2 714.3 | 9.4 | 1.5~3.8/2.2 | 1.3~2.9/1.7 | 2.46 | 1.7 | Ⅲ |
| 3 | 2 714.3~2 718.5 | 4.2 | 3.0~5.8/4.6 | 2.4~4.9/3.1 | 2.44 | 4.0 | Ⅰ |
| 4 | 2 718.5~2 724.4 | 5.9 | 2.0~4.7/3.2 | 2.0~4.7/3.2 | 2.48 | 3.6 | Ⅱ |

区域内五峰组厚度稳定，虽然鲁丹阶与埃隆阶界线附近存在水下剥蚀现象，龙马溪组页岩下部Ⅰ类储层在湘鄂西水下潜隆周边，如宜页 3 井—宜地 1 井一线以西地区优质储层的厚度相对较小，约为 13 m，向盆地方向逐步增厚，从宜页 2 井的 16.68 m 增加到荆 101 井的 26.4 m。但鲁丹阶顶部的水下剥蚀，埃隆期在海侵时发生了填平补齐，富有机质页岩厚度接近，荆门—当阳地区五峰组—龙马溪组页岩气优质储层的含气性、孔隙度和 TOC 特征与宜页 2 井接近，从页岩优质储层特点上来看，宜昌斜坡和荆门—当阳地区均属于五峰组—龙马溪组页岩气勘探有利区（图 4-23）。

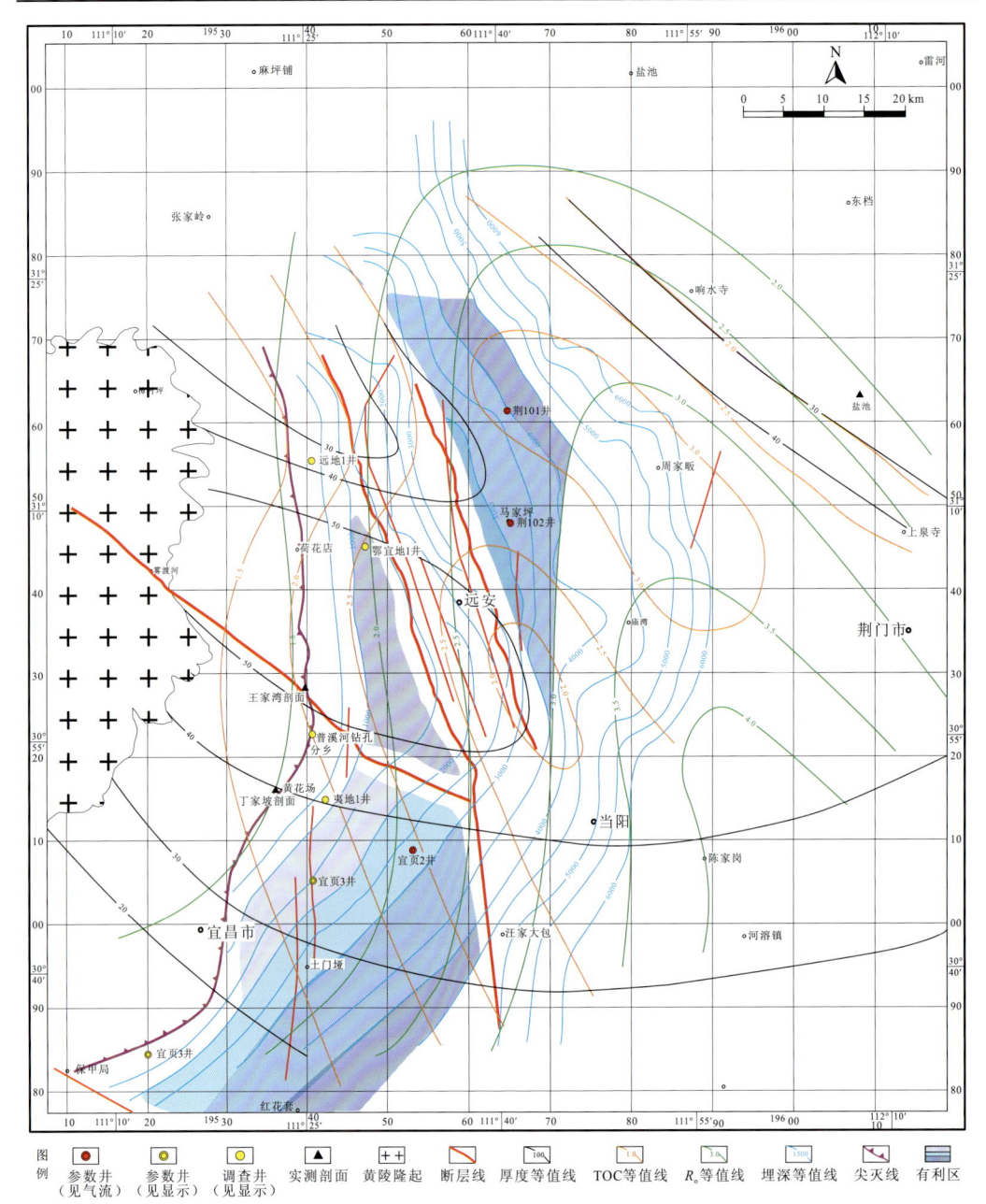

图 4-23 宜昌斜坡五峰组—龙马溪组页岩气有利区与资源埋深分布特征

## 七、页岩气资源潜力

### （一）参数选取

志留系龙马溪组页岩气有利区面积为 1 590 km², 大致以远安地堑为界划分为当阳和龙泉两个页岩气勘探目标区（图 4-23）。其中属于宜昌斜坡的龙泉目标区在平面上东侧

## 第四章 奥陶系—志留系页岩气

通城河断裂地表出露界限以西 2 km 为界,北西部以志留系底界埋深>1 000 m 为界,南西侧以志留系龙马溪组页岩厚度>15 m 为边界,扣除雾渡河断裂地表出露界线两侧各 2 km,目标区总面积为 1 185.56 km²。从纵向上看,目标区埋深为 1 000~5 000 m,呈北西浅南东深的趋势,面积为 404.44 km²。

有利区内页岩气优质储层厚度存在一定的横向变化,但储层 TOC、孔隙度含气性特点与宜页 2 井接近或略高些,宜页 2 井位于目标区近中部,因此,目标区资源量计算所需参数均可大致以宜页 2 井参数为基础。依据测井资料,宜页 2 井五峰组—龙马溪组页岩气储层分为 4 个小层。各储层的岩石密度采用宜页 2 井测井解释结果。含气性、孔隙度参考了宜地 1 井、宜页 2 井、宜页 3 井实测数据和宜页 2 井测井数据。压力系数以宜页 2 井压裂试气施工过程的实测值为依据,实测值为 1.3。因为地层为超压,整体含气饱和度均较高,为 60% 左右。含气性以现场解吸为基础,参考测井数据,详细参数见表(表 4-10)。

表 4-10 宜页 2 井资源评价基本参数

| 小层 | 井段/m | 厚度/m | 密度/(g/cm³) | 孔隙度/% | 吸附气含气量/(m³/t) | 游离气含气量/(m³/t) | 总含气量/(m³/t) | 含气饱和度/% |
|---|---|---|---|---|---|---|---|---|
| 1 号 | 2 685.9~2 703.9 | 5.9 | 2.48 | 4.1 | 1.4 | 2.1 | 3.5 | 60 |
| 2 号 | 2 703.9~2 714.3 | 4.2 | 2.44 | 4.7 | 1.4 | 2.1 | 3.5 | 60 |
| 3 号 | 2 714.3~2 718.5 | 10.4 | 2.45 | 3.74 | 0.9 | 0.9 | 1.8 | 58 |
| 4 号 | 2 718.5~2 724.4 | 18 | 2.5 | 2.98 | 0.4 | 0.4 | 0.8 | 58 |

### (二)资源量计算

宜昌地区五峰组—龙马溪组气有利区面积合计为 1 590 km²,预测地质储量 4 880.49 亿 m³(表 4-11)。

表 4-11 五峰组—龙马溪组页岩气资源量计算表

| 项目 | 1 号小层 | 2 号小层 | 3 号小层 | 4 号小层 | 合计/平均值 |
|---|---|---|---|---|---|
| 厚度/m | 5.9 | 4.2 | 10.4 | 18.0 | 38.5 |
| 密度/(g/cm³) | 2.48 | 2.44 | 2.45 | 2.5 | — |
| 面积/km² | 1 590 | 1 590 | 1 590 | 1 590 | — |
| 孔隙度/% | 4.10 | 4.70 | 3.74 | 2.98 | — |
| 含气饱和度/% | 60 | 60 | 58 | 58 | — |

续表

| 项目 | | 1号小层 | 2号小层 | 3号小层 | 4号小层 | 合计/平均值 |
|---|---|---|---|---|---|---|
| 含气量/($m^3$/t) | 总含气量 | 3.5 | 3.5 | 1.8 | 0.8 | — |
| | 吸附气 | 1.4 | 1.4 | 0.9 | 0.4 | — |
| | 游离气 | 2.1 | 2.1 | 0.9 | 0.4 | — |
| 计算资源量 | 总资源量/亿 $m^3$ | 991.09 | 771.54 | 1 400.52 | 1 717.34 | 4 880.49 |
| | 吸附气资源量/亿 $m^3$ | 321.85 | 225.42 | 360.30 | 282.81 | 1 190.38 |
| | 比例/% | 32.47 | 29.22 | 25.73 | 16.47 | 24.40 |
| | 游离气资源量/亿 $m^3$ | 669.24 | 546.13 | 1 040.23 | 1 434.54 | 3 690.14 |
| | 比例/% | 67.53 | 70.78 | 74.27 | 83.53 | 75.60 |

## 第三节 宜页 2HF 井五峰组—龙马溪组页岩含气性测试

为了获取宜昌地区志留系页岩气水平井钻完井工艺参数，取全、取准地层温度、压力、流体及产能等各项评价参数，评价宜昌地区五峰组—龙马溪组页岩层段勘探潜力，中国地质调查局决定在宜页 2 井基础上侧钻水平井宜页 2HF 井，实施压裂试气。

## 一、宜页 2HF 井钻完井一体化工程

宜页 2HF 井是中扬子地区第一口针对奥陶系五峰组—志留系龙马溪组页岩气储层钻探的水平井。该井由中国地质调查局武汉地质调查中心组织实施，中石化江汉石油工程有限公司负责施工。该井于 2017 年 7 月 10 日开钻，8 月 12 日完钻，完钻井深为 3 476.31 m，总进尺为 1 231.31 m，水平段长 506.31 m。

宜昌地区地质工作程度低、区域背景和实钻资料少、页岩气储层差异化特征明显，对本井钻井工程技术提出了严峻挑战，主要难点有：①三维地震资料缺乏，二维地震资料少，目的层刻画程度低；②周围钻探邻井少，可对比分析资料少，页岩层钻遇率要求高（>90%），实钻过程中轨迹调整频繁，易造成井眼轨迹不规则，导致模拟钻具和套管下入困难；③页岩微裂缝发育，在钻进和固井顶替过程中易发生漏失，同时水平段页岩层井段易发生井壁失稳、发生掉块、垮塌，造成较为严重的井下复杂/故障，影响钻探工程安全；④油基钻井液条件下固井油膜及虚泥饼难以驱替，影响固井一、二界面胶结质量，且水平段套管下入困难，居中度难以保证，顶替效率低。

针对以上难点，宜页 2HF 井钻完井工程在施工之前开展了精细的钻探地质和工程设计，在实施过程中采用低勘探区二维地质导向技术。

### （一）水平井穿行层位

根据宜页 2 井五峰组—龙马溪组页岩气储层测井评价结果（表 4-9），选择页岩气藏

品质最好的层段 2 714.4～2 724.4 m，共 10 m 作为目的层段。该段页岩孔隙度为 4.2%～4.9%，TOC 为 4.0%～4.8%，总含气量为 2.89～3.39 m³/t。

钻井要求严格控制靶点井斜方位，长井段井眼水平轨迹垂直方向中靶半径控制在 10 m 以内，水平方向中靶半径控制在 10 m 以内（根据实钻地层产状，做相应调整）。

（二）水平轨迹穿行方向

焦石坝五峰组—龙马溪组页岩气勘探结果表明，水平段方位与最小主应力方向夹角＜40°的页岩气井产能明显较高。宜页 2 井钻探及特殊测井资料显示该地区最小主应力方向为北偏西 10°或南偏东 10°，初步确定宜页 2HF 井水平段方位为-50°～30°或者 130°～210°。

2016-Z7 二维地震剖面显示（图 4-24），宜页 2 井南边地层产状变化幅度较大，水平段地质导向存在风险，且往南同相轴振幅减弱明显，分析可能存在页岩相变。宜昌及周边地区志留系龙马溪组富有机质泥页岩厚度、页岩品质平面分布特征分析表明，目标区页岩整体北厚南薄，北边页岩品质优于南边。浙江油田部署在宜页 2 井北边的荆 101 井钻获暗色泥页岩厚 60.9 m，全烃含量最高为 2.13%，含气量为 4.2 m³/t。荆 102 井黑色页岩厚 55 m，主要含气页岩厚 23.2 m，TOC 平均为 3.0%，含气量为 3.1～3.6 m³/t。两口井实钻证实北边页岩厚度大，沉积相稳定，落实程度比南边高。宜页 2 井北边同相轴反射强且稳定，虽然北边距离宜页 2 井约 3.5 km 处存在逆断层，但该断层规模较小，涪陵页岩气开发经验证实断层距离水平段 1 km 以外时，断层对页岩气产能影响较小。宜页 2HF 井水平段止端距离断层约 2.5 km（图 4-24），因此该断层对页岩气保存条件影响有限。

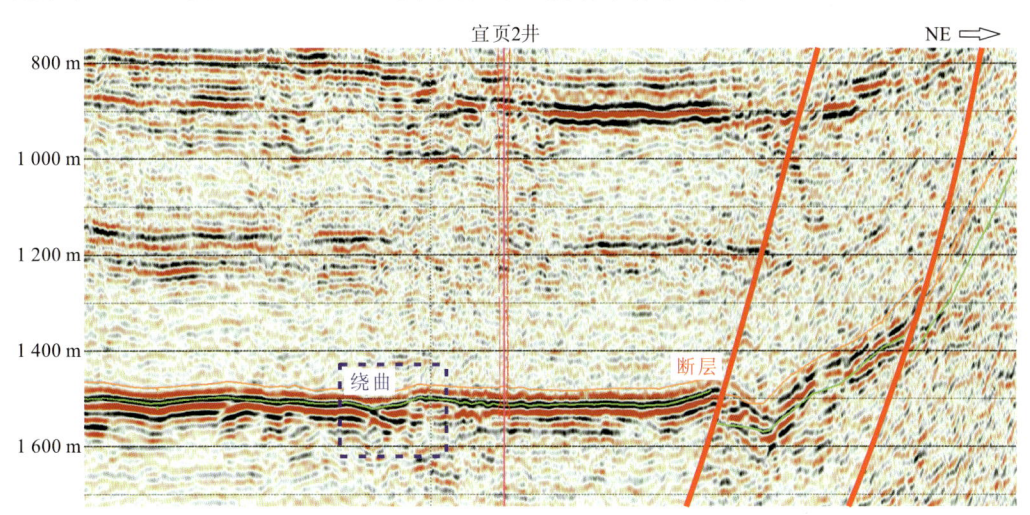

图 4-24 过宜页 2 井 2016-Z7 地震剖面

综合已有二维地震资料解释、邻井页岩气含气性特征及地质勘探程度分析，宜页 2HF 井水平段确定为向北穿行。二维地震资料及导眼井岩心观察结果表明，井区五峰组—龙马溪组地层产状为南东向倾角约为 8°，沿最小主应力北偏西 10°方向地层倾角约为 6°，水平井向北穿行为上翘型水平井，局部井段上倾角度可能大于 6°，在新区部署实施存在较大的钻探风险。为降低风险，精细刻画储层特征，沿北偏东 10°方向部署新的过井二维地震测线 2017HY-Z1。并据此设计井眼轨迹（表 4-12）。

表 4-12 宜页 2HF 井井眼轨迹设计数据表

| 设计垂深/m | A 点 | 2 689.70 | 造斜点深度/m | 2 245.00 |
|---|---|---|---|---|
| | B 点 | 2 668.60 | 第一造斜率/（°/30 m） | 4.2 |
| 设计方位角/（°） | A 点 | 15 | 第二造斜率/（°/30 m） | 4.0 |
| | B 点 | 15 | 水平段 | 方位角/（°） | 长度/m |
| 靶前位移/m | 461.75 | | A-B | 15 | 1 500 |
| 设计靶区 | 水平段井眼轨迹垂直方向中靶半径控制在 5 m 内，水平方向中靶半径控制在 10 m 内 | | | | |

### （三）井眼轨迹剖面设计

分析 2017HY-Z1 线二维地震资料综合处理与解释结果，宜页 2HF 井井眼轨迹剖面设计采取分段落实的思路。以靶前距 900 m 处设置 C 靶点，靶前距 1 000 m 处设置 D 靶点；C、D 靶点为风险点，在钻进过程中应充分考虑地质、工程风险，确保顺利通过；AC 段、DB 段为稳定地层段，确保优质地层钻遇率；CD 段为地震反射不连续带，通过该段以快速通过为第一选择，减小井下复杂情况出现概率（图 4-25）。

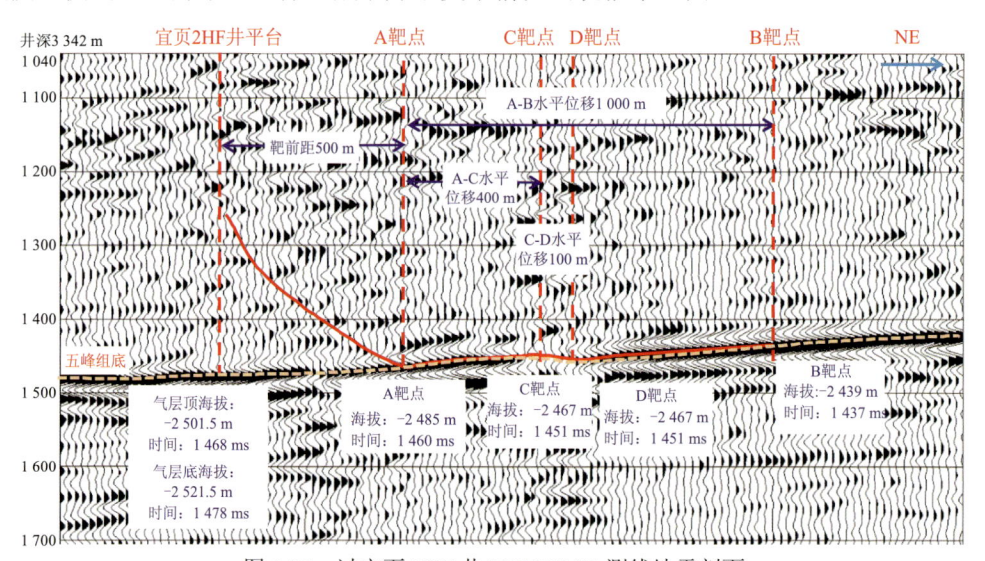

图 4-25 过宜页 2HF 井 2017HY-Z1 测线地震剖面

基于 2017-Z1 测线地震剖面，在明确了地质靶点垂深条件下，采用"直—增—稳"三段制轨道进行"定垂深、井斜"轨迹剖面设计和"定斜深、井斜"轨迹剖面初步设计，结果表明："直—增—稳"三段制轨道不能满足地质需求。综合考虑靶前位移、靶点垂深等轨迹控制因素，最终确定了靶前位移 461.75 m，井眼轨迹剖面采用"直—增—稳—增—稳"五段制轨道（表 4-12，图 4-25）。

## （四）着陆控制

着陆控制是指从造斜井段开始钻至油层内的靶窗这一过程。增斜是着陆控制的主要特征，进靶控制是着陆控制的关键和结果。技术要点可概括为：略高勿低、先高后低、寸高必争、早扭方位、微增探顶、动态监控、矢量进靶。靶点垂深和工具造斜率的不确定性，是影响水平井着陆最重要的两个因素。在实际施工中，要将工具造斜率看成是不确定的，然后按工具最大造斜率和最小造斜率分别预测井底数据和待钻井眼轨道，得出两种方案完成后的井眼轨迹的可能变化范围，依次分析找到合理施工方案，同时要提高测量盲区内已钻井眼的预测精度，尽可能减小或消除工具造斜率不确定性给水平井待钻井眼轨迹带来的影响。最大和最小造斜率对应的轨道是两个最极端的情况，若能保证这两条轨道能中靶，则所有可能的轨道都可以中靶。

宜页 2HF 井为确保精确入靶，在入靶前不同层位精选多个关键点计算地层视倾角，动态预测 A 靶点垂深，并提出相应轨迹调整措施（图 4-26）。

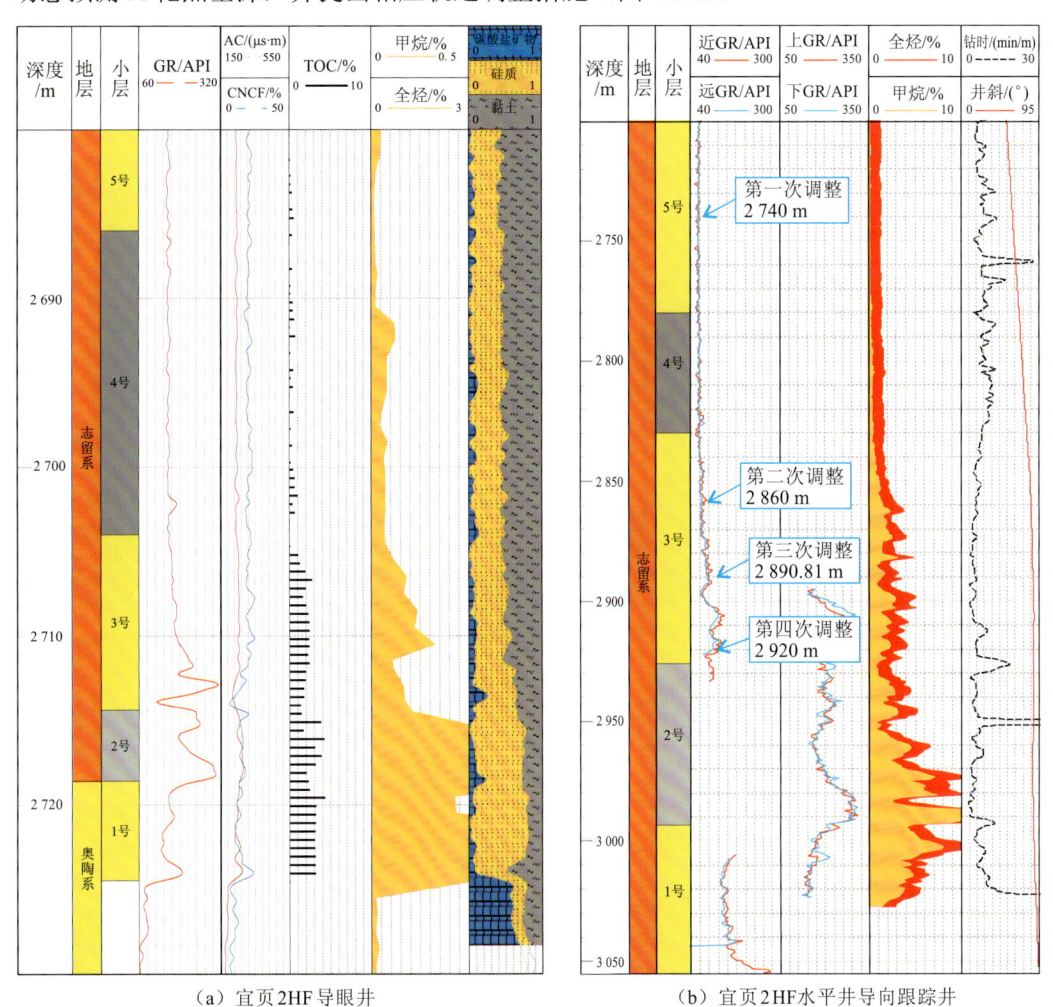

（a）宜页 2HF 导眼井　　　（b）宜页 2HF 水平井导向跟踪井

图 4-26　宜页 2HF 井入靶前地层对比及轨迹调整点图

## （五）水平段井眼轨迹控制

水平段轨迹控制的技术要点可概括为钻具稳平、上下调整、多开转盘、注意短起、动态监控、留有余地、少扭方位。为达到上述目的，宜页 2HF 井水平井钻探过程采用了 Powerdrive Arche 旋转导向工具。水平段穿行时均为复合钻进，在坚持"勤调微调"的原则下，以控制或减缓井斜的变化趋势，以确保井眼轨迹平滑。同时，还可利用调整钻压、增加划眼次数的方式来达到控制井斜的目的。但由于志留系页岩气储层经历了多期次构造改造，地层褶皱变形强烈，水平段在实钻过程中发生多次反转（图 4-27）。根据地层

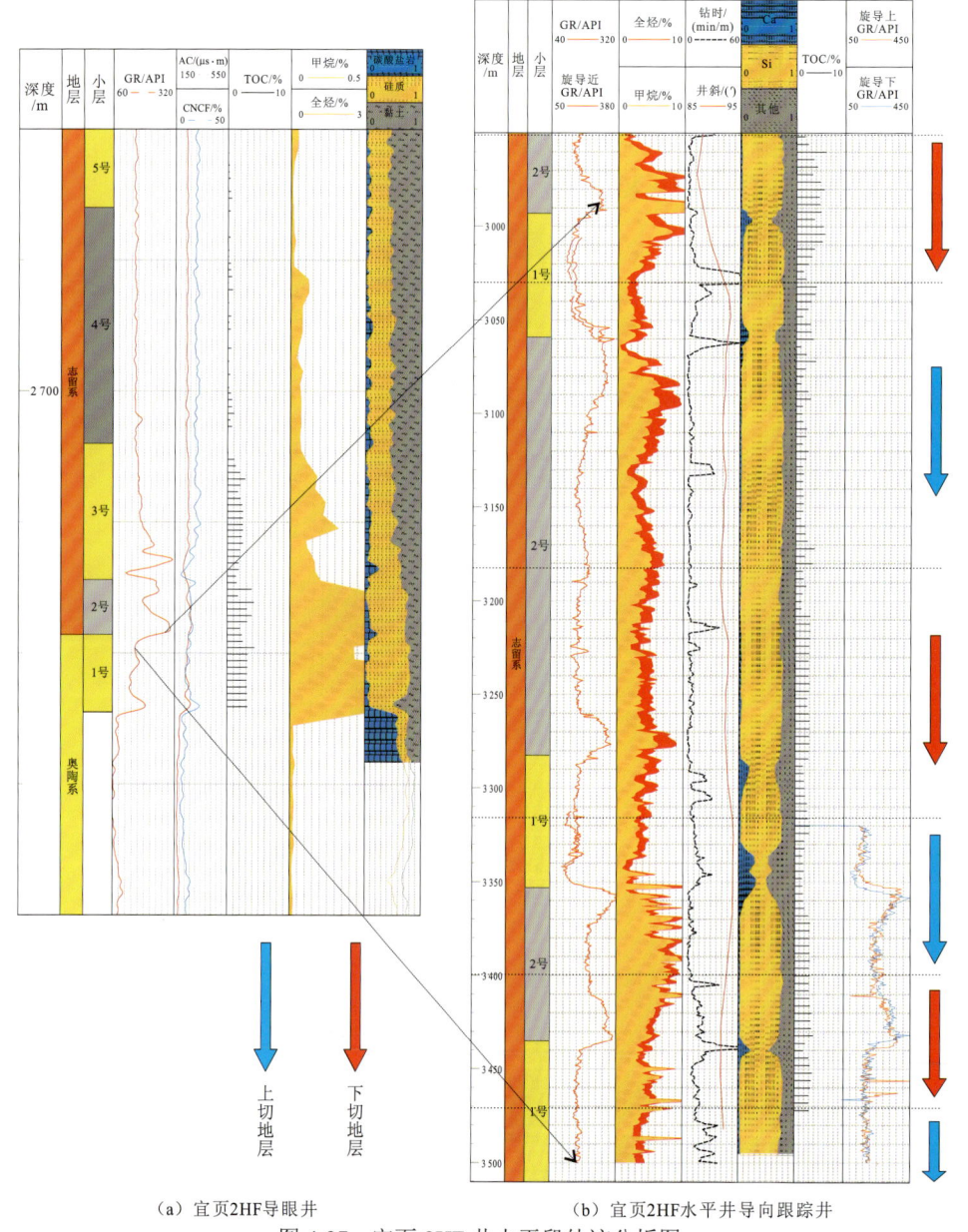

(a) 宜页2HF导眼井　　　　　　　(b) 宜页2HF水平井导向跟踪井

图 4-27　宜页 2HF 井水平段轨迹分析图

## 二、宜页 2HF 井综合地质评价

### （一）地层概述

宜页 2HF 井在原导眼井基础上侧钻，侧钻层位为龙马溪组，钻遇地层主要为志留系龙马溪组和奥陶系五峰组，龙马溪组可分为龙一段和龙二段，其中龙一段进一步划分为 4 个小层（2~5 号小层）。A 靶点斜深 2 970.00 m，对应导眼井 2 号小层中部，距页岩底部 8.34 m 的位置，水平井（宜页 2HF 井）与导眼井（宜页 2 井）GR 曲线中对比结果（图 4-27），二者的 GR 曲线抬升及齿状部位均对应较好，层位对比正常。A-B 靶上段地层中，很明显看到地层有重复出现，GR 曲线形态指示水平井主要是 1 号小层地层有重复，即三次钻遇 1、2 号小层折返。B 靶点斜深 3 476.21 m，对应导眼井 1 号小层顶部，距页岩底部 4.70 m 的位置。

由于导眼井优质页岩层段主要集中在 1、2 号小层，本段地层主要在 1、2 号层间上下穿行，完钻井深优质储层钻遇率达到 100%，钻遇效果良好（表 4-13 和表 4-14）。

表 4-13　宜页 2HF 井设计与实钻分层对比表

| 地层 | | | 设计分层 | | | 实钻分层 | | | 地层 | |
|---|---|---|---|---|---|---|---|---|---|---|
| 系 | 组 | 段 | 小层 | 斜深/m | 垂深/m | 厚度/m | 斜深/m | 垂深/m | 厚度/m | 小层 | 段 | 组 |
| 志留系 | 龙马溪组 | 二段 | | 2 671.00 | 2 616.00 | 411.00 | 2 673.00 | 2 619.49 | 409.00 | | 二段 | 龙马溪组 |
| | | 一段 | 5 号 | 2 805.00 | 2 678.00 | 134.00 | 2 780.00 | 2 670.11 | 126.00 | 5 号 | 一段 | |
| | | | 4 号 | 2 907.00 | 2 697.00 | 102.00 | 2 835.00 | 2 682.86 | 55.00 | 4 号 | | |
| | | | 3 号 | 3 006.22 | 2 704.00 | 101.00 | 2 926.00 | 2 688.27 | 91.00 | 3 号 | | |
| | | | 2 号 | 4 506.23 | 2 656.00 | 1500.00 | 2 992.00 | 2 690.47 | 66.00 | 2 号 | | |
| | | | | | | | 3 068.00 | 2 688.56 | 76.00 | 1 号 | | 五峰组 |
| | | | | | | | 3 284.00 | 2 679.78 | 216.00 | 2 号 | 一段 | 龙马溪组 |
| | | | | | | | 3 356.00 | 2 675.21 | 72.00 | 1 号 | | 五峰组 |
| | | | | | | | 3 436.00 | 2 671.08 | 80.00 | 2 号 | 一段 | 龙马溪组 |
| | | | | | | | 3 476.21 | 2 669.65 | 40.21 | 1 号 | | 五峰组 |

表 4-14 宜页 2HF 井地质综合分段（甜点段）数据表

| 甜点段号 | 顶深/m | 底深/m | 段长/m | 小层 |
| --- | --- | --- | --- | --- |
| 1 | 2 895.2 | 2 921.2 | 26.0 | 3 号 |
| 2 | 2 923.4 | 2 945.4 | 22.0 | 3 号、2 号 |
| 3 | 2 945.4 | 2 948.8 | 3.4 | 2 号 |
| 4 | 2 948.8 | 2 959.4 | 10.6 | 2 号 |
| 5 | 2 959.4 | 2 961.0 | 1.6 | 2 号 |
| 6 | 2 961.0 | 2 992.4 | 31.4 | 2 号、1 号 |
| 7 | 2 994.0 | 3 009.0 | 15.0 | 1 号 |
| 8 | 3 009.0 | 3 041.8 | 32.8 | 1 号 |
| 9 | 3 041.8 | 3 049.6 | 7.8 | 1 号 |
| 10 | 3 051.0 | 3 117.2 | 66.2 | 2 号、1 号 |
| 11 | 3 117.2 | 3 159.0 | 41.8 | 2 号 |
| 12 | 3 159.0 | 3 249.4 | 90.4 | 2 号 |
| 13 | 3 249.4 | 3 260.8 | 11.4 | 2 号 |
| 14 | 3 260.8 | 3 279.4 | 18.6 | 2 号、1 号 |
| 15 | 3 286.6 | 3 341.0 | 54.4 | 1 号 |
| 16 | 3 357.0 | 3 448.0 | 91.0 | 2 号、1 号 |

（二）页岩储层综合评价

由于宜页 2HF 井钻探过程中井下出现大量复杂状况，为保证项目顺利实施，采用套内测井方式进行自然伽马和补偿中子测井。自然伽马值、气测录井、地化录井和元素录井等数据是宜页 2HF 井储层评价的主要依据。据此，根据五峰组—龙马溪组页岩气储层测井评价标准（表 4-8），并参照焦石坝页岩气储层划分经验，在宜页 2HF 井共解释页岩气层 23 层，其中 I 类页岩气层段 391.4 m/10 层，II 类页岩气层段 117.0 m/6 层，III 类页岩气层段 59.2 m/1 层，IV 类页岩气层段 56.0 m/1 层，其余为干层 28.4 m/5 层。其中 I 类储层主要分布在 1、2 号层中，岩性为碳质页岩、碳质硅质岩，气测最高全烃为 14.02%，甲烷占比达 11.38%，孔隙度普遍大于 4.0%。II 类页岩气储层分布在 3、4 号层中，以碳质页岩为主，气显较 I 类储层略低，孔隙度为 3.6%～3.9%。III 类页岩气层以黑色碳质页岩中，气层显示弱于 II 类页岩气层段，计算孔隙度为 3.1%～3.5%。IV 类页岩气层段岩性为深灰色页岩，气测显示较弱，计算孔隙度小于 3.0%。

## 三、宜页 2HF 井压裂试气工程

### (一)目的任务

宜页 2HF 井压裂试气的目的为评价中扬子板块黄陵背斜东南缘五峰组—龙马溪组页岩含气性与产能,落实中扬子板块黄陵背斜东南缘五峰组—龙马溪组页岩层段流体性质。压裂试气方式为水平段分段加砂压裂后合试求产。

### (二)压裂设计思路

宜页 2HF 井为中扬子地区五峰组—龙马溪组第一口水平压裂井,无借鉴经验。根据宜页 2HF 井储层水平应力差大、非均质性强、储层薄等特点,在压裂设计上采用"主缝+复杂裂缝"的思路。压裂前开展小压试验,压裂过程中采用微地震监测,按照"一段一策"的策略,适时调整压裂方案。

压裂地质分段上要根据储层岩性、电性、物性、地化、含气性、可压性等"六性"特征进行综合分析,尽量保证段内均质性较好,减少段内跨越小层,避免岩性、物性、地应力压差过大。据此,优选孔隙度和TOC、石英含量作为综合评价主要依据将宜页 2HF 井水平段划分出 16 个甜点段(表 4-14),确定了桥塞和射孔位置。

在压裂参数上,基于宜页 2HF 井储层物性、流体物性等参数,建立宜页 2HF 井压裂产能模型。根据宜页 2HF 井产能模拟结果,产量随裂缝半长增加而增大,裂缝半长大于 300 m 后,累产增加幅度变缓,主缝导流能力大于 20 mD·m 后,累产增加幅度变缓,优化裂缝半长为 300~340 m,导流能力为 20~30 mD·m。

据水平井偶极子声波测井解释地应力结果,B 靶点附近最小水平主应力为 54 MPa。根据支撑剂的抗压性能,选择抗压强度为 52 MPa 的低密度陶粒作为支撑剂。液体体系采用"前置酸+低黏滑溜水+高黏滑溜水+胶液"组合,并且满足如下要求:①摩阻低,悬砂性能稳定,伤害低,整体配伍性好;②滑溜水黏度可调,低黏滑溜水黏度<6 mPa·s,高黏滑溜水黏度为 9~15 mPa·s,中黏胶液黏度为 40~60 mPa·s;③高黏滑溜水和胶液在≥20℃条件下能够破胶,滑溜水和胶液破胶液表面张力<28 mN/m。

### (三)压裂施工概况

为了在主压裂施工前获取裂缝延伸压力、闭合压力、净压力、近井筒摩阻、压裂液效率、天然裂缝发育特征等参数,在第 1 段压裂施工前开展了小型压裂测试。

宜页 2HF 井小压试验,限压 90 MPa。采用低黏滑溜水 2 m³/min、4 m³/min、6 m³/min、7 m³/min、8 m³/min、9 m³/min、10 m³/min 逐级提排量;按照 10 m³/min、9 m³/min、8 m³/min、7 m³/min、6 m³/min、4 m³/min、2 m³/min、1 m³/min、0 m³/min 逐级降排量,停泵压力为 43.54 MPa。测压降 3 h,泵压从 43.54 MPa 下降到 32.93 MPa(图 4-28)。

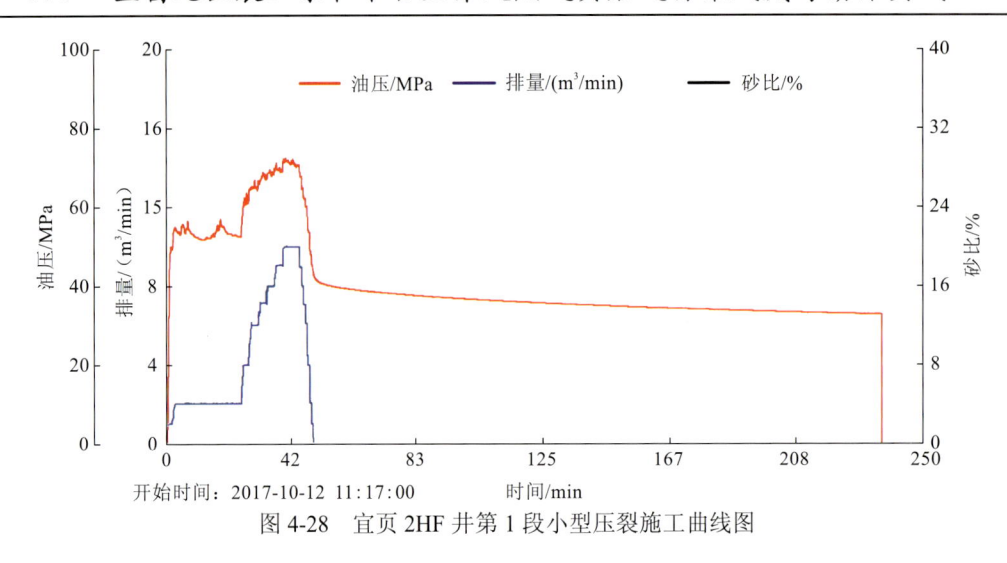

图 4-28　宜页 2HF 井第 1 段小型压裂施工曲线图

采用 MinFrac 软件进行升排量测试分析，获得裂缝延伸压力为 65.5 MPa，延伸压力梯度为 2.47 MPa/100 m。通过降排量对近井筒摩阻进行分析，总施工摩阻为 27.14 MPa，孔眼摩阻为 1.72 MPa（排量为 10 m³/min），弯曲摩阻为 13.63 MPa，孔眼摩阻较小，但近井筒弯曲摩阻较大。采用 G 函数分析方法对停泵阶段压降数据进行分析，瞬时停泵压力为 41.767 MPa，井底闭合压力为 64.636 MPa，闭合压力梯度为 2.41 MPa/100 m，停泵时缝内净压力约为 3.37 MPa。G 函数曲线呈波动向上趋势，表现出多次裂缝闭合特征（图 4-29）。据此，优化了实时优化射孔参数和压裂规模，按照"一段一策"的原则于 2017 年 10 月 13 至 17 日完成宜页 2HF 井十段压裂，入井总液量为 14973.4 m³，总加砂量为 548.5 m³。

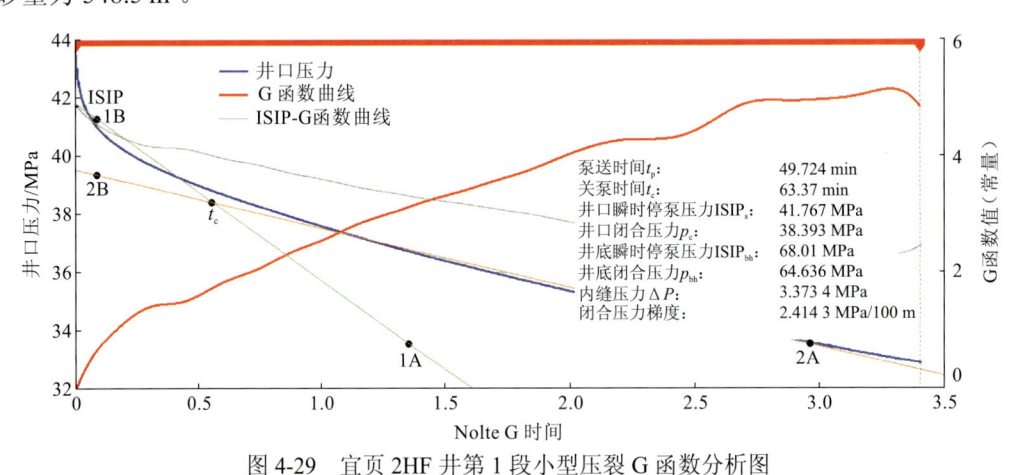

图 4-29　宜页 2HF 井第 1 段小型压裂 G 函数分析图
ISIP（initial shut in pressure）为初始停泵压力

（四）压后分析

宜页 2HF 井压裂施工过程中，认真贯彻落实"一段一策"施工思路，在每段压裂之后开展系统的压后分析，包括施工过程分析、G 函数曲线分析、微地震监测。

## 第四章 奥陶系—志留系页岩气

施工排量为 12.0~15 m³/min，施工压力为 35.91~76.08 MPa。入地总液量为 14 973.4 m³（泵送液量为 209 m³，压裂液量为 14 683.7 m³，洗井液量为 80.7 m³），其中盐酸 73 m³，滑溜水 12 753.5 m³，胶液 1 484.2 m³；总加砂量为 548.5 m³（其中 70/140 目 250 m³，40/70 目 288.1 m³，30/50 目 10.4 m³）。与设计相比（图 4-30），第 1 段、第 2 段、第 3 段、第 5 段和第 6 段的符合率超过 90%，第 4 段、第 8 段和第 9 段的实际用量达到设计的 80%~90%。第 10 段加砂较少，主要是判断压遇断裂，未进行规模加砂压裂。总体上看，储层保存层条件较好的第 1~6 段加砂情况也较好。实际使用液量情况与砂量相似，第 1~6 段液量使用情况与设计相符，第 7~10 段低于预期（图 4-31）。

| | 第1段 | 第2段 | 第3段 | 第4段 | 第5段 | 第6段 | 第7段 | 第8段 | 第9段 | 第10段 |
|---|---|---|---|---|---|---|---|---|---|---|
| 设计砂量/m³ | 50.8 | 63.8 | 56.8 | 56.8 | 63.8 | 63.8 | 63.8 | 71.8 | 68.7 | 63.8 |
| 实际砂量/m³ | 51.8 | 65.0 | 55.7 | 47.5 | 62.5 | 67.8 | 45.3 | 62.6 | 57.6 | 32.7 |
| 完成率/% | 102.0 | 101.9 | 98.1 | 83.6 | 98.0 | 106.3 | 71.0 | 87.2 | 83.8 | 51.3 |

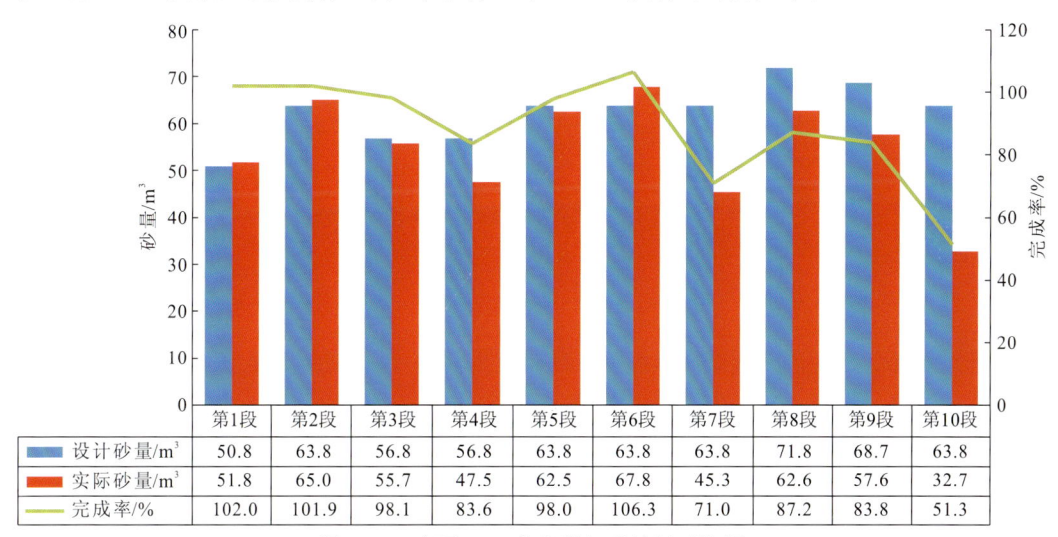

图 4-30 宜页 2HF 井各段加砂情况对比图

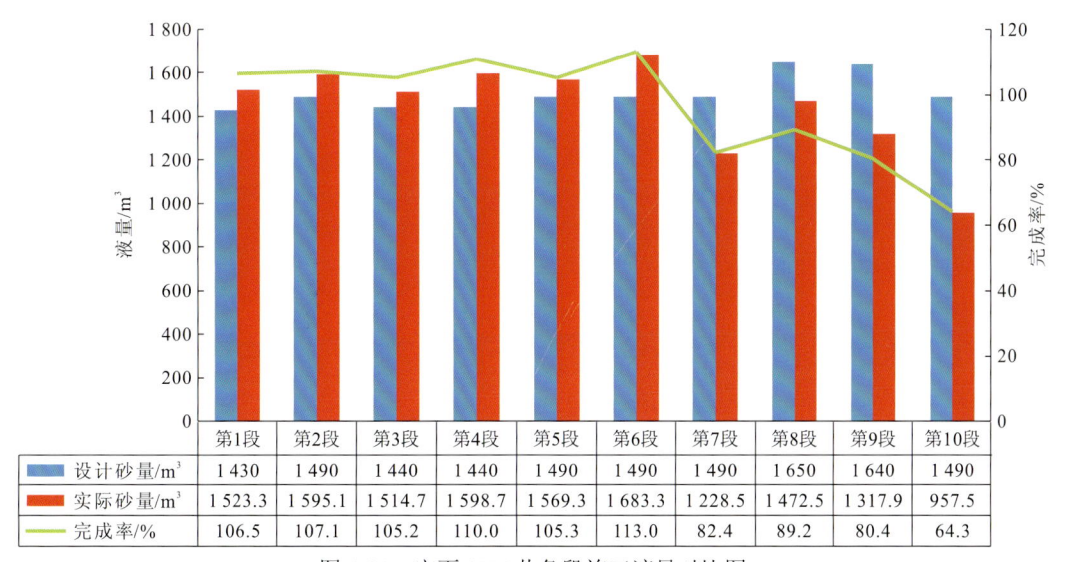

| | 第1段 | 第2段 | 第3段 | 第4段 | 第5段 | 第6段 | 第7段 | 第8段 | 第9段 | 第10段 |
|---|---|---|---|---|---|---|---|---|---|---|
| 设计砂量/m³ | 1 430 | 1 490 | 1 440 | 1 440 | 1 490 | 1 490 | 1 490 | 1 650 | 1 640 | 1 490 |
| 实际砂量/m³ | 1 523.3 | 1 595.1 | 1 514.7 | 1 598.7 | 1 569.3 | 1 683.3 | 1 228.5 | 1 472.5 | 1 317.9 | 957.5 |
| 完成率/% | 106.5 | 107.1 | 105.2 | 110.0 | 105.3 | 113.0 | 82.4 | 89.2 | 80.4 | 64.3 |

图 4-31 宜页 2HF 井各段施工液量对比图

压裂过程第 1~8 段采取酸液处理。处理段普遍产生酸降，酸降为 1~10 MPa。第 1 段酸降较高，整体无明显规律性。G 函数分析显示第 4 段、第 5 段、第 7 段压裂施工停泵后 ISIP-$Gdp/dG$>$P(t)$，$Gdp/dG$ 曲线均呈波动状，表明这几段较好地沟通了天然裂缝，压裂效果相对较好。其余各段 $Gdp/dG$ 曲线较为平滑，表明以主缝为主，未形成复杂网络，证明压裂总体欠保守（图 4-32）。

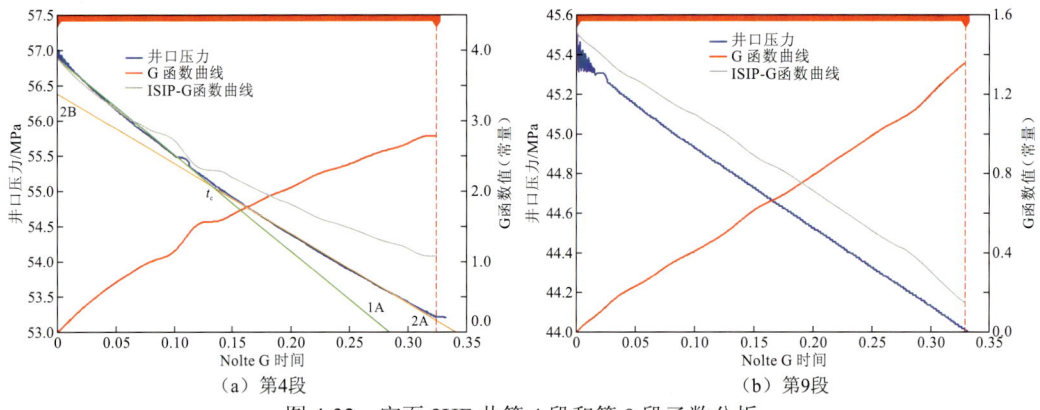

图 4-32　宜页 2HF 井第 4 段和第 9 段函数分析

### （五）微地震监测

通过对每一压裂段开展微地震监测，获取宜页 2HF 井压裂微地震事件的空间分布、单段压裂的波及体长度、宽度和高度等微地震事件波及体特征（表 4-15，图 4-33）。宜页 2HF 井全部十段压裂微地震监测到的事件数量太少且能量太弱，通过放大微地震事件能级，获取的部分压裂段（第 1~4 段、第 6 段）微地震事件得到的波及体可能存在一定的误差。

表 4-15　宜页 2HF 井压裂微地震监测分段统计表

| 压裂段 | 事件数量 | 波及体长度/m 总长度 | 东翼 | 西翼 | 波及体宽度/m | 波及体高度/m | 波及体长宽比 |
|---|---|---|---|---|---|---|---|
| 1 | 4 | 188 | 90 | 98 | 56 | 39 | 3.00 |
| 2 | 2 | 99 | 73 | 26 | 38 | 34 | 2.61 |
| 3 | 4 | 174 | 96 | 78 | 63 | 67 | 2.76 |
| 4 | 4 | 134 | 97 | 37 | 43 | 44 | 3.12 |
| 5 | 13 | 241 | 142 | 99 | 73 | 65 | 3.30 |
| 6 | 6 | 237 | 118 | 119 | 43 | 75 | 5.51 |
| 7 | 13 | 322 | 180 | 142 | 95 | 80 | 3.39 |
| 8 | 25 | 384 | 172 | 180 | 85 | 89 | 4.52 |
| 9 | 13 | 282 | 112 | 170 | 45 | 73 | 6.27 |
| 10 | 26 | 455 | 248 | 207 | 97 | 89 | 4.69 |

注：第 1~4 段、第 6 段监测到事件数量太少，统计结果可能存在误差。

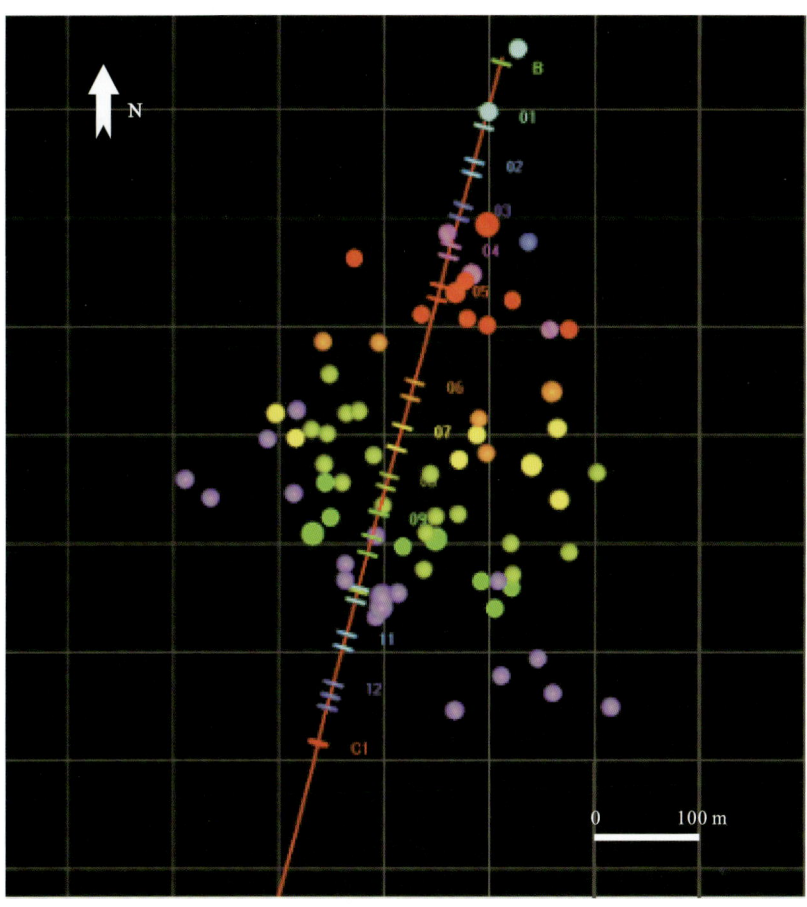

图 4-33 宜页 2HF 井微地震事件空间分布图

从微地震事件相对较多的第 5 段、第 7 段、第 8 段、第 9 段和第 10 段的统计结果来看，宜页 2HF 井微地震事件波及体的平均长度约为 300 m，最大可达 450 m，且沿井筒两翼发育规模较对称（图 4-28）。波及体宽度平均约为 80 m，长宽比约为 3～6，尤其第 8 段、第 9 段和第 10 段，微地震事件波及体的长宽比在 4 以上，单缝特征比较明显，体积压裂效果不理想。波及体的高度为 34～89 m，最大不超过 90 m。需要说明的是，由于地面微地震监测在高度方向的定位误差比水平方向大，加之本次监测到的微地震事件能量非常弱，高度的监测结果较实际情况可能偏大。

（六）试气测试

宜页 2HF 井完成十段压裂，共下入 9 只 SJS 球笼式复合桥塞（四机赛瓦牌）。采用连续油管带钻塞工具串入井钻除 5 只 SJS 球笼式复合桥塞，下至井深 3 188.40 m 处遇阻，多次更换工具尝试通过遇阻点无果后放喷排液、测试求产。测试期间累计返排液量为 3 132.25 m³，返排率为 20.92%。产气 28×10⁴ m³，完成 3 个工作制度试气求产（表 4-16）。3 个工作制度下压力、产量波动满足《勘探试油工作规范》（SY/T 6293—2008）稳定求产标准。

表 4-16 宜页 2HF 井求产数据分析

| 时间 | 油嘴直径/mm | 孔板厚度/mm | 压力/MPa | 火焰高度/m | 气产量/($\times 10^4$ m³/d) | 返排液量/(m³/h) | 压力变化/MPa | 最大产量波动/% |
|---|---|---|---|---|---|---|---|---|
| 11月4日 2:00~15:00 | 8 | 12 | 3.26~3.69 | 1~2 | 1.9~2.1 | 5.9~6.8 | 0.33 | 6.7 |
| 11月6日 17:00~7日 19:00 | 10 | 15 | 2.93~3.16 | 2~3 | 3.0~3.3 | 8.3~13.7 | 0.23 | 4.2 |
| 11月28日 6:00~20:00 | 9 | 12 | 2.98~3.31 | 2~3 | 2.6~2.9 | 5.9~7.9 | 0.33 | 4.6 |

# 参 考 文 献

常华进, 储雪蕾, 冯连君, 等, 2019. 氧化还原敏感微量元素对古海洋沉积环境的指示意义[J]. 地质论评, 55(1): 91-99.

陈骏, 姚素平, 季峻峰, 等, 2004. 微生物地球化学及其研究进展[J]. 地质论评, 50(6): 620-632.

陈忠, 颜文, 陈木宏, 等, 2016. 海底天然气水合物分解与甲烷归宿研究进展[J]. 地球科学进展, 21(4): 394-400.

陈孔全, 张斗中, 庹秀松, 2020. 中扬子地块西部地区结构构造与页岩气保存条件的关系[J]. 天然气工业, 40(4): 9-19.

陈孟莪, 肖宗正, 1991. 峡东上震旦统陡山沱组发现宏体化石[J]. 地质科学(4): 317-324.

陈孟莪, 肖宗正, 1992. 峡东上震旦统陡山沱组宏体化石生物群[J]. 古生物学报, 31: 513-520.

陈孟莪, 陈忆元, 张树森, 1981. 宜昌松林坡灯影组顶部石灰岩中的小壳化石组合[J]. 地球科学(1): 32-41.

陈平, 1984. 鄂西宜昌计家坡下寒武统小壳化石的发现及其意义[M]//中国地质科学院地层古生物论文集编委会. 地层古生物论文集(第十三辑). 北京: 地质出版社: 49-66.

陈孝红, 李华芹, 陈立德, 等, 2003. 三峡地区震旦系碳氧同位素地层[J]. 地质评论, 41(1): 66-73.

陈孝红, 王传尚, 刘安, 等, 2017a. 湖北宜昌地区寒武系水井沱组探获页岩气[J]. 中国地质, 44(1): 188-189.

陈孝红, 危凯, 张保民, 等, 2018b. 湖北宜昌寒武系水井沱组页岩气分布发育主控地质因素和富集模式[J]. 中国地质, 45(2): 207-226.

陈孝红, 危凯, 张淼, 2017b. 湖北宜昌志留系龙马溪组几丁虫及其年代和生物复苏意义[J]. 地质学报, 91(12): 2595-2607.

陈孝红, 张保民, 张国涛, 等, 2018a. 湖北宜昌地区奥陶系五峰组—志留系龙马溪组获高产页岩气工业气流[J]. 中国地质, 45(1): 199-200.

陈孝红, 张国涛, 胡亚, 2016a. 鄂西宜昌地区埃迪卡拉系陡山沱组页岩沉积环境及其页岩气地质意义[J]. 华南地质与矿产, 32(2): 106-116.

陈孝红, 周鹏, 张保民, 等, 2015. 峡东埃迪卡拉系陡山沱组稳定碳同位素记录及其年代地层意义[J]. 中国地质, 42(1): 207-223.

陈孝红, 周鹏, 张保民, 等, 2016b. 峡东地区上埃迪卡拉系岩石、生物、层序和碳同位素地层及其年代学意义[J]. 华南地质与矿产, 32(2): 87-105.

陈旭, 戎嘉余, 周志毅, 等, 2001. 上扬子区奥陶—志留纪之交的黔中隆起和宜昌上升[J]. 科学通报, 46(12): 1052-1056.

陈义才, 沈忠民, 李延军, 等, 2002. 过成熟碳酸盐烃源岩有机碳含量下限值探讨: 以鄂尔多斯盆地奥陶系马家沟组为例[J]. 石油实验地质(5): 427-430.

陈颖杰, 刘阳, 徐婧源, 等, 2015. 页岩气地质工程一体化导向钻井技术[J]. 石油钻探技术, 43(5): 56-62.

戴金星, 1982. 各类天然气的成因鉴别[J]. 中国海上油气, 6(1): 12-14.

戴金星, 1993. 天然气碳氢同位素特征和各类天然气鉴别[J]. 天然气地球科学, 4(2/3): 1-40.

戴金星, 倪云燕, 黄士鹏, 等, 2016. 次生型负碳同位素系列成因[J]. 天然气地球科学, 27(1): 1-7.

戴金星, 宋岩, 戴春林, 等, 1995. 中国东部无机成因气及其气藏形成条件[M]. 北京: 科学出版社.

地质矿产部宜昌地质矿产研究所, 1987. 长江三峡地区生物地层学(2): 早古生代分册[M]. 北京: 地质出版社.

丁道桂, 刘光祥, 2007. 扬子板内递进变形: 南方构造问题之二[J]. 石油实验地质, 2(3): 238-247.

丁启秀, 陈忆元, 1981. 湖北峡东地区震旦纪软躯体后生动物化石的发现及其意义[J]. 地球科学(2): 53-57.

丁启秀, 邢裕盛, 王自强, 等, 1993. 湖北庙河—莲沱地区灯影组管状化石及遗迹化石[J]. 地质论评, 39(2): 119-123.

丁悌平, 高建飞, 石国钰, 等, 2013. 长江水氢、氧同位素组成的时空变化及其环境意义[J]. 地质学报, 87(5): 663-675.

樊茹, 邓胜徽, 张学磊, 2011. 寒武系碳同位素漂移事件的全球对比性分析[J]. 中国科学(地球科学), 41(12): 1829-1839.

樊隽轩, 陈旭, 希茨, 等, 2004. 华南奥陶纪末大灭绝前后笔石分异度、新生率与灭绝率的数值分析. 生物大灭绝与复苏: 来自华南古生代和三叠纪的证据 (上卷)[M]. 合肥: 中国科学技术大学出版社.

付宜兴, 张萍, 李志祥, 等, 2007. 中扬子区构造特征及勘探方向建议[J]. 大地构造与成矿学, 31(3): 308-314.

傅家谟, 1982. 有机地球化学[M]. 北京: 科学出版社.

刚文哲, 高岗, 1997. 论乙烷碳同位素在天然气成因类型研究中的应用[J]. 石油实验地质, 19(2): 165-166.

管树巍, 吴林, 任荣, 等, 2017. 中国主要克拉通前寒武纪裂谷分布与油气勘探前景[J]. 石油学报, 38(1): 9-22.

郭旭升, 2014. 南方海相页岩气"二元富集"规律: 四川盆地及周缘龙马溪组页岩气勘探实践认识[J]. 地质学报, 88(7): 1209-1218.

国家能源局, 2014. 透射光-荧光干酪根显微组分鉴定及类型划分方法: SY/T 5125-2014[S]. 北京: 国家能源局.

何治亮, 汪新伟, 李双建, 等, 2011. 中上扬子地区燕山运动及其对油气保存的影响[J]. 石油实验地质, 33(1): 1-11.

胡文瑞, 2017. 地质工程一体化是实现复杂油气藏效益勘探开发的必由之路[J]. 中国石油勘探, 22(1): 1-5.

湖北省地质矿产局, 1996. 湖北省岩石地层[M]. 武汉: 中国地质大学出版社.

# 参 考 文 献

胡亚, 陈孝红, 2017. 三峡地区前寒武纪—寒武纪转折期黑色页岩地球化学特征及其环境意义[J]. 地质科技情报, 36(1): 61-71.

黄籍中, 1988. 干酪根稳定碳同位分类依据[J]. 地质地球化学(3): 66-68.

惠荣妞, 连莉文, 1994. 产甲烷菌等微生物群体在中浅层天然气藏形成中的作用[J]. 天然气地球科学(2): 38-39.

贾成业, 贾爱林, 2017. 页岩气水平井产量影响因素分析[J]. 天然气工业, 37(4): 80-88.

孔金祥, 杨百全, 1991. 四川碳酸盐岩自生自储气藏类型及形成机制[J]. 石油学报, 12(2): 20-27.

李超, 程猛, ALGEO T J, 等, 2015. 早期地球海洋水化学分带的理论预测[J]. 中国科学: 地球科学, 45: 1829-1838.

李建森, 李廷伟, 彭喜明, 等, 2014. 柴达木盆地西部第三系油田水水文地球化学特征[J]. 石油与天然气地质, 35(1): 50-55.

李天义, 何生, 何治亮, 等, 2012. 中扬子地区当阳复向斜中生代以来的构造抬升和热史重建[J]. 石油学报, 33(2): 213-224.

李再会, 汪雄武, 王晓地, 2007. 黄陵岩基 A 型花岗岩的厘定[J]. 沉积与特提斯地质, 27(3): 70-77.

刘安, 欧文佳, 黄惠兰, 等, 2018. 湘鄂西地区奥陶系—志留系滑脱带古流体特征及页岩气保存意义[J]. 天然气工业, 38(5): 34-43.

刘宝泉, 梁狄刚, 方杰, 等, 1985. 华北地区中上元古界, 下古生界碳酸盐岩有机质成熟度与找油远景[J]. 地球化学, 13(2): 150-162.

刘丹, 李剑, 谢增业, 等, 2014. 川中震旦系灯影组原生-同层沥青的成因及意义[J]. 石油实验地质, 36(2): 218-223.

刘鸿允, 沙庆安, 1963. 长江峡东区震旦系新见[J]. 地质科学(4): 177-187.

刘鹏举, 尹崇玉, 陈寿铭, 等, 2010. 华南埃迪卡拉纪陡山沱期管状微体化石分布、生物属性及其地层学意义[J]. 古生物学报, 49(3): 308-324.

刘鹏举, 尹崇玉, 陈寿铭, 等, 2012. 华南峡东地区埃迪卡拉(震旦)纪年代地层划分初探[J]. 地质学报, 86(6): 849-866.

刘新民, 付宜兴, 郭战峰, 等, 2009. 中扬子区南华纪以来盆地演化与油气响应特征[J]. 石油实验地质, 31(2): 160-165.

楼章华, 马永生, 郭彤楼, 等, 2006. 中国南方海相地层油气保存条件评价[J]. 天然气工业, 26(8): 8-11.

罗胜元, 陈孝红, 刘安, 等, 2019. 中扬子宜昌地区下寒武统水井沱组页岩气地球化学特征及其成因[J]. 石油与天然气地质, 40(5): 999-1010.

罗志立, 刘树根, 刘顺, 2000. 四川盆地勘探天然气有利地区和新领域探讨(下)[J]. 天然气工业, 20(5): 4-8.

吕苗, 朱茂炎, 赵美娟, 2009. 湖北宜昌茅坪泗溪剖面埃迪卡拉系岩石地层和碳同位素地层研究[J]. 地层学杂志, 33(4): 359-372.

马国干, 李华芹, 张自超, 等, 1984. 华南地区震旦纪时限范围的研究[J]. 宜昌地质矿产研究所所刊, 8: 1-29.

马永生, 楼章华, 郭彤楼, 等, 2006. 中国南方海相地层油气保存条件综合评价技术体系探讨[J]. 地质学报, 80(3): 406-417.

梅廉夫, 刘昭茜, 汤济广, 等, 2010. 湘鄂西—川东中生代陆内递进扩展变形: 来自裂变径迹和平衡剖面的证据[J]. 地球科学, 35(2): 161-174.

穆恩之, 1954. 论五峰页岩[J]. 古生物学报, 2(2): 153-170.

穆恩之, 陈旭, 李积金, 等, 1981. 华中区晚奥陶世古地理图及其说明书[J]. 地层学杂志, 5(3): 165-170.

聂海宽, 包书景, 高波, 2012. 四川盆地及其周缘下古生界页岩气保存条件研究[J]. 地学前缘, 19(3): 280-294.

潘仲芳, 2015. 中南地区重要矿产成矿作用与找矿方向[M]. 武汉: 湖北人民出版社.

彭善池, 2008. 华南寒武系年代地层系统的修订及相关问题[J]. 地层学杂志, 32(3): 239-245.

彭善池, 2009. 华南新的寒武纪生物地层序列和年代地层系统[J]. 科学通报, 54: 2691-2698.

彭松柏, 李昌年, TIMOTHY K, 等, 2010. 鄂西黄陵背斜南部元古宙庙湾蛇绿岩的发现及其构造意义[J]. 地质通报, 29(1): 2-20.

邱登峰, 李双建, 袁玉松, 等, 2015. 中上扬子地区地史模拟及其油气地质意义[J]. 油气地质与采收率, 22(4): 6-13.

渠洪杰, 康艳丽, 崔建军, 2014. 扬子北缘黄陵地区晚中生代盆地演化及其构造意义[J]. 地质科学, 49(4): 1074-1080.

全国地层委员会, 2001. 中国地层指南及中国地层指南说明书[M]. 北京: 地质出版社.

饶丹, 章平澜, 邱蕴玉, 2003. 有效烃源岩下限指标初探[J]. 石油实验地质(s1): 578-581.

汤冬杰, 史晓颖, 赵相宽, 等, 2015. Mo-U 共变作为古沉积环境氧化还原条件分析的重要指标: 进展、问题与展望[J]. 现代地质, 29(1): 1-12.

唐友军, 文志刚, 徐耀辉, 2006. 岩石热解参数及在石油勘探中的应用[J]. 西部探矿工程, 125(9): 87-88.

沈传波, 梅廉夫, 刘昭茜, 等, 2009. 黄陵隆起中—新生代隆升作用的裂变径迹证据[J]. 矿物岩石(2): 54-60.

沈建伟, 毛家仁, 桂林中, 2005. 晚泥盆世微生物碳酸盐沉积、礁和丘及层序地层、古环境和古气候的意义[J]. 中国科学(D 辑)(7): 43-53.

孙云铸, 1931. 中国含笔石地层[J]. 中国地质学会志, 10: 291.

汪啸风, 陈孝红, 王传尚, 等, 2001. 震旦系底界及内部年代地层单位划分[J]. 地层学杂志, 25(增刊): 370-376.

汪啸风, 李华芹, 陈孝红, 1999. 末前寒武系年代地层: 问题, 进展与建议[J]. 现代地质, 13(4): 379-384.

汪啸风, 曾庆銮, 周天梅, 等, 1983. 中国三峡东部地区奥陶系与志留系界线的生物地层[J]. 中国科学(B 辑)(12): 1124-1130.

王平, 刘少峰, 王凯, 等, 2012. 鄂西弧形构造变形特征及成因机制[J]. 地质科学, 47(1): 22-36.

王钦贤, 陈多福, 2010. 地质历史时期天然气水合物分解释放的地质地球化学证据[J]. 现代地质, 24(3): 552-558.

王淑芳, 董大忠, 王玉满, 等, 2015. 中美海相页岩气地质特征对比研究[J]. 天然气地球科学, 26(9):

1666-1678.

王新强, 史晓颖, JIANG G Q, 等, 2014. 华南埃迪卡拉纪—寒武纪过渡期的有机碳同位素梯度和海洋分层[J]. 中国科学(地球科学), 44(6): 1142-1154.

王自强, 尹崇玉, 高林志, 等. 2002. 湖北宜昌峡东地区震旦系层型剖面化学地层特征及其国际对比[J]. 地质论评, 48(4): 408-415.

王自强, 尹崇玉, 高林志, 等, 2006. 宜昌三斗坪地区南华系化学蚀变指数特征及南华系划分、对比的讨论[J]. 地质论评, 52(5): 577-585.

王自强, 高林志, 尹崇玉, 2001. 峡东地区震旦系层型剖面的界定与层序划分[J]. 地质论评, 47(5): 449-458.

危凯, 刘安, 李海, 等, 2017. 鄂西长阳 ZK04 钻孔埃迪卡拉系陡山沱组 C 同位素组成特征及其地层对比意义[J]. 地质通报, 36(5): 800-810.

魏国齐, 王志宏, 李剑, 等, 2017. 四川盆地震旦系、寒武系烃源岩特征、资源潜力与勘探方向[J]. 天然气地球科学, 28(1): 1-13.

魏国齐, 杨威, 谢武仁, 等, 2018. 四川盆地震旦系—寒武系天然气成藏模式与勘探领域[J]. 石油学报, 39(12): 1317-1327.

沃玉进, 周雁, 肖开华, 2007. 中国南方海相层系埋藏史类型与生烃演化模式[J]. 沉积与特提斯地质, 27(3): 94-100.

邬立言, 顾信章, 1986. 热解技术在我国生油岩研究中的应用[J]. 石油学报, 7(2): 13-19.

吴奇, 梁兴, 鲜成钢, 等, 2015. 地质-工程一体化高效开发中国南方海相页岩气[J]. 中国石油勘探, 20(4): 1-23.

夏新宇, 戴金星, 2000. 碳酸盐岩生烃指标及生烃量评价的新认识[J]. 石油学报(4): 36-41

肖开华, 陈红, 沃玉进, 等, 2005. 江汉平原区构造演化对中、古生界油气系统的影响[J]. 石油天然气地质, 26(5): 688-693.

肖芝华, 谢增业, 李志生, 等, 2008. 川中-川南地区须家河组天然气同位素组成特征[J]. 地球化学, 37(3): 28-30.

谢军, 张浩淼, 余朝毅, 等, 2017. 地质工程一体化在长宁国家级页岩气示范区中的实践[J]. 中国石油勘探, 22(1): 21-28.

谢军, 赵圣贤, 张鉴, 等, 2017. 四川盆地页岩气水平井高产的地质主控因素[J]. 天然气工业, 37(1): 1-12.

谢树成, 刘邓, 邱轩, 等, 2016. 微生物与地质温压的一些等效地质作用[J]. 中国科学(地球科学), 46: 1087-1094,

邢裕盛, 尹崇玉, 高林志, 1999. 震旦系的范畴、时限及内部划分[J]. 现代地质: 中国地质大学研究生院学报(2): 202-204.

徐大良, 彭练红, 刘浩, 等, 2013. 黄陵背斜中新生代多期次隆升的构造-沉积响应[J]. 华南地质与矿产, 29(2): 92-97.

薛耀松, 周传明, 2006. 扬子区早寒武世早期磷质小壳化石的再沉积和地层对比问题[J]. 地层学杂志,

30(1): 64-74.

姚威, 许锦, 夏文谦, 等, 2019. 四川盆地涪陵地区茅一段酸解气、吸附气特征及气源对比[J]. 天然气工业(6): 45-50.

尹崇玉, 唐烽, 刘鹏举, 等, 2009. 华南埃迪卡拉(震旦系)陡山沱组生物地层学研究的新进展[J]. 地球科学, 30(4): 421-432.

雍自权, 张旋, 邓海波, 等, 2012. 鄂西地区陡山沱组页岩段有机质富集的差异性[J]. 成都理工大学学报(自然科学版), 39(6): 570-572.

余武, 沈传波, 杨超群, 2017. 秭归盆地中新生代构造-热演化的裂变径迹约束[J]. 地学前缘, 24(3): 116-126.

岳勇, 陈孝红, 张国涛, 等, 2020. 宜昌斜坡区南华系—震旦系断坳结构发现及其地质意义[J]. 地质科技通报, 39(2): 1-9.

张慧, 焦淑静, 林伯伟, 等, 2017. 扬子板块下寒武统页岩有机质与矿物质的成因关系[J]. 天然气勘探与开发, 40(4): 25-33.

张鼐, 田作基, 毛光剑, 2009. 沥青包裹体的拉曼光谱特征[J]. 地球化学, 38(2): 174-178.

张水昌, 梁狄刚, 张大江, 2002. 关于古生界烃源岩有机质丰度的评价标准[J]. 石油勘探与开发(2): 8-12.

张天福, 孙立新, 张云, 等, 2016. 鄂尔多斯盆地北缘侏罗纪延安组、直罗组泥岩微量、稀土元素地球化学特征及其古沉积环境意义[J]. 地质学报, 90(12): 3454-3472.

张文堂, 李积金, 钱义元, 等, 1957. 湖北峡东寒武纪及奥陶纪地层[J]. 科学通报(5): 145-146.

张文堂, 1962. 中国的奥陶系 [M]. 北京: 科学出版社.

赵灿, 曾雄伟, 李旭兵, 等, 2013. 峡东地区埃迪卡拉系灯影组石板滩段沉积环境探讨[J]. 中国地质, 40(4): 1129-1139.

赵家成, 魏宝华, 肖尚斌, 2009. 湖北宜昌地区大气降水中的稳定同位素特征[J]. 热带地理, 29(6): 526-531.

赵小明, 童金南, 姚华舟, 等, 2010. 三峡地区印支运动的沉积响应[J]. 古地理学报, 12(2): 177-184.

赵自强, 邢裕盛, 马国干, 等, 1985. 长江三峡地区生物地层学(1): 震旦纪分册[M]. 北京: 地质出版社: 80-82.

周炼, 苏洁, 黄俊华, 等, 2011. 判识缺氧事件的地球化学新标志:钼同位素[J]. 中国科学(地球科学), 41(3): 309-319.

邹才能, 杨智, 2015. 中国非常规油气勘探开发与理论技术进展[J]. 地质学报, 89(6): 979-1007.

左文超, 2000. 论印支运动在湖北境内表现特点:兼论省内盖层褶皱形成主要时期[J]. 湖北地矿, 14(3-4): 16-22.

曾庆銮, 倪世钊, 徐光洪, 等, 1983. 长江三峡东部地区奥陶系划分与对比[J]. 中国地质科学院宜昌地质矿产研究所所刊(6): 1-56.

曾维特, 丁文龙, 张金川, 等, 2016. 渝东南—黔北地区下寒武统牛蹄塘组页岩裂缝有效性研究[J]. 地学前缘, 23(1): 96-108.

# 参 考 文 献

ALGEO T J, MAYNARD J B, 2004. Trace-element behavior and redox facies in core shales of Upper Pennsylvanian Kansas-type cyclothems[J]. Chemical Geology, 206: 289-318.

ALGEO T J, LYONS T W, 2006. Mo-total organic carbon covariation in modern anoxic marine environments: Implications for analysis of paleoredox and paleohydrographic conditions[J]. Paleoceanography, 21(1): 279-298.

ALGEO T J, ROWE H, 2012. Paleoceanographic applications of trace-metal concentration data[J]. Chemical Geology, 324-325: 6-8.

AMTHOR J E, GROTZINGER J P, SCHRODER S, et al., 2003. Extinction of *Cloudina* and *Namacalathus* at the Precambrian-Cambrian boundary in Oman[J]. Geology, 31(5): 431-434.

ARMSTRONG H A, ABBOTT G D, TURNER B R, et al., 2009. Black shale deposition in an Upper Ordovician-Silurian permanently stratified, peri-glacial basin, southern Jordan[J]. Palaeogeography, Palaeoclimatology, Palaeoecology, 273: 368-377.

ARTHUR M A, SAGEMAN B B, 1994. Marineblack shale depositional mehanisms and enviroments of ancient deposits[J]. Annual Review of Earth and Planetary Sciences, 22: 499-551.

BEKKER A, HOLMDEN C, BEUKES N J, et al., 2008. Fractionation between inorganic and organic carbon during the Lomagundi (2. 22–2. 1 Ga) carbon isotope excursion[J]. Earth & Planetary Science Letters, 271: 278-291.

BOLES J, EICHHUBL P, GARVEN G, et al., 2004. Evolution of a hydrocarbon migration pathway along basin-bounding faults: Evidence from fault cement[J]. AAPG Bulltin, 88(7): 947-970.

CHEN C, WANG J, ALGEO T J, 2017. Negative $\delta^{13}C$ carbshifts in Upper Ordovician (Hirnantian) Guanyinqiao Bed of South China linked to diagenetic carbon fluxes[J]. Palaeogeography, Palaeoclimatology, Palaeoecology, 487: 430-446.

CHEN C, WANG J, ALGEO T J, et al., 2000. New evidence for compaction-driven vertical fluid migration into the Upper Ordovician (Hirnantian) Guanyingqiao bed of south China[J]. Palaeogeography, Palaeoclimatology, Palaeoecology, 550: 109746.

CHEN C, WANG J, WANG Z, et al., 2021. Variation of chemical index of alteration (CIA) in the Ediacaran Doushantuo Formation and its environmental implications[J]. Precambrian Research, 34(2020): 10829.

CHEN D, DONG W, ZHU B, et al., 2004. Pb-Pb ages of Neoproterozoic Doushantuo phosphorites in South China: Constraints on early metazoan evolution and glaciation events[J]. Precambrian Research, 132: 123-132.

CHEN X, LUO S, LIU A, HAI L, 2018. The oldest shale gas reservoirs in south margin of Huangling uplift, Yichnag, Hubei, China[J]. China Geology, 1(1): 1158-159.

CHEN X, CHEN L, JIANG S, et al., 2021a. Evaluation of shale reservoir quality by geophysical logging for Shuijingtuo formation of lower Cambrian in Yichang Area, Central Yangtze[J]. Journal of Earth Science, 32(4): 766-777.

CHEN X, LUO S, TAN J, et al., 2021b. Assessing the gas potential of the lower paleozoic shale system in the

Yichang Area, Middle Yangtze Region[J]. Energy and Fuel, 35(7): 5889-5907.

CONDON D, ZHU M Y, BOWRING S, et al., 2005. U-Pb ages from the Neoproterozoic Doushantuo Formation, China[J]. Science, 308(5718): 95-98.

COOLEY M A, PRICE M A, KYSER T K, et al., 2011. Stable-isotope geochemistry of syntectonic veins in Paleozoic carbonate rocks in the livingstone range anticlinorium and their significance to the thermal and fluid evolution of the southern Canadian foreland thrust and fold[J]. AAPG Bulltin, 95(11): 1851-1882.

CULLERS R L, PODKOVYROW W M, 2000. Geochemistry of Mesoproterozoic Lokhanda shales in southern Yakutia, Russian: Implication for mineralogical provenance contral, aird recycline[J]. Precambrian Research, 104: 77-93.

CURTIS J B, 2002. Fractured shale-gas systems[J]. AAPG Bulletin, 86(11): 1921-1938.

DICKENS G R, NEIL J R, REA D K, et al., 1995. Dissociation of oceanic methane hydrate as a cause of the carbon isotope excursion at the end of the Paleocene[J]. Paleoceanography, 10(6): 965-971.

FIKE1 D A, GROTZINGER J P, PRATT L M, et al., 2006. Summons1 Oxidation of the Ediacaran Ocean[J]. Nuture, 444: 744-747.

FISHER J B, BOLES J R, 1990. Water-rock interaction in Tertiary sandstones, San Joaquin Basin, California, USA; diagenetic controls on water composition[J]. Chemical Geology, 82(1-2): 83-101.

HAMBREY M J, 1985. The Late Ordovician-Early Silurian glacial period[J]. Palaeogeography, Palaeoclimatology, Palaeoecology, 51: 273-289.

HAMMARLUND E U, LOYDELL D K, NIELSEN A T, et al., 2019. Early Silurian $\delta^{13}C_{org}$ excursions in the foreland basin of Baltica, both familiar and surprising[J]. Palaeogeography, Palaeoclimatology, Palaeoecology, 526: 126-135.

HAO F, ZOU H, 2013. Cause of shale gas geochemical anomalies and mechanisms for gas enrichment and depletion in high-maturity shales[J]. Marie and Petroleum Geology, 44: 1-12.

HATCH J R, LEVENTHAI J S, 1992. Relationship between inferred redeox potential of the depositional environment and geochemistry of the Upper Pennsyvanian(Missorian) Stark shale Member of the Dennis limestone, Wabaunsee County, Kansas, USA[J]. Chemical Geology, 99: 65-82.

HAYMON R M, KASTNER M, 1981. Hot spring deposits on the East Pacific Rise at 21'N: Preliminary description of mineralogy and genesis[J]. Earth & Planetary Science Letters, 53(3): 363-381.

HILL D G, NELSON C R, 2000. Gas productive fractured shales:An overview and update[J]. GasTIPS, 6(2): 4-13.

ISHIKAWA T, UENO Y, KOMIYA T, et al., 2008. Carbon isotope chemostratigraphy of a Precambrian/Cambrian boundary section in the Three Gorge area, South China: Prominent global-scale isotope excursions just before the Cambrian Explosion[J]. Gondwana Res., 14: 193-208.

JENKINS C, OUENES A, ZELLOU A, et al., 2009. Quantifying and predicting naturally fractured reservoir behavior with continuous fracture models[J]. AAPG Bulletin, 93(11): 1597-1608.

JANINE B S, ALEXIS M P, 1983. Pedogenetic and Diagenetic Fabrics in the Upper Proterozoic Sarnyéré

Formation (Gourma, Mali)[M]//NAGY B, WEBER R, GUERRERO J C, et al. Developments in Precambrian Geology. Amsterdm: Elsevier.

JIANG G, KAUFMAN A J, CHRISTIE-BLICK N, et al., 2007. Carbon isotope variability across the Ediacaran Yangtze platform in South China: implications for a large surface-to-deep ocean $\delta^{13}C$ gradient[J]. Earth and Planetary Science Letters 261(1-2): 303-320.

JIANG G, WANG X, SHI X, et al., 2010. Organic carbon isotope constraints on the dissolved organic carbon(DOC) reservoir at the Cryogenian-Ediacaran transition[J]. Earth and Planetary Science Letters, 299(1-2): 159-168.

JIANG G, WANG X, SHI X, et al., 2012. The origin of decoupled carbonate and organic carbon isotope signatures in the early Cambrian(ca. 542～520 Ma) Yangtze platform[J]. Earth and Planetary Science Letters, 317-318(2): 96-110.

JIANG G, SHI X, ZHANG S, et al., 2011. Stratigraphy and paleogeography of the Ediacaran Doushantuo Formation(ca. 635-551 Ma) in South China[J]. Gondwana Research, 19: 831-849.

JONES B J, MANING A C, 1994. Comparison of geochemical indices used for the interpretation of palaeoredox conditions in ancient mudstones[J]. Chemical Geology, 111(1-4): 111-129.

KALJO D, MARTMA T, MÄNNIK P, et al., 2003. Implications of Gondwana glaciations in the Baltic late Ordovician and Silurian and a carbon isotopic test of environmental cyclicity[J]. Bulletin De La Socit Gologique De France, 174(1): 59-66.

KROUSE H R, VIAU C A, ELIUK L S, et al., 1988. Chemical and isotopic evidence of thermochemical sulpate reduction by light hydrocarbon gases in deep carbonate reservoir[J]. Nature , 333(6172): 415-419.

LAMBERT I B, WALTER M R, ZANG W L, et al. 1985. Palaeoenvironment and carbon istop stratigraphy of Upper Proterozoic carbonates of the Yangtze platefrom[J]. Nuture, 325: 140-142.

LEE J S, CHAO Y T, 1924. Geology of the Gorge District of the Yangtze(from Ichang to Tzekuei), with special reference to the development of the Gorges[J]. Bulletin of the Geological Society of China, 3(3-4): 351-392.

LI C, CHENG M, ALGEO T J, et al., 2015. A theoretical prediction of chemical zonation in early oceans (>520 Ma)[J]. Science China: Earth Sciences, 58: 1901-1909.

LI C, LOVE G D, LYONS T W, et al., 2010. A stratified redox model for the Ediacaran ocean[J]. Science, 328: 80-83.

LI Z X, LI X H, KINNY P D, et al., 1999. The breakup of Rodinia: Did it start with a mantle plume beneath South China?[J]. Earth and Planetary Science Letters, 173(3): 171-181.

LIU P, XIAO S, YIN C, et al., 2009. Silicified tubular microfossils from the upper Doushantuo Formation(Ediacaran) in the Yangtze Gorges area, South China[J]. Journal of Paleontol. 83: 630-633.

LIU P, YIN C, CHEN S, et al., 2011. The biostratigraphic succession of acanthomorphic acritarchs of the Ediacaran Doushantuo Formation in the Yangtze Gorges area, South China and its biostratigraphic correlation with Australia[J]. Precambrian Research, 225: 29-43.

LIU P J, YIN C, CHEN S, et al., 2012. Discovery of Ceratosphaeridium (acritarchs) from the Ediacaran Doushantuo Formation in Yangtze Gorges, South China and its Biostratigraphic Implication[J]. Bulletin of Geosciences, 87(1): 195-200.

LIU Y, LI C, ALGEO T J et al., 2016. Global and regional controls on marine redox changes across the Ordovician-Silurian boundary in South China[J]. Paleogeography, Palaeoclimatology, Palaeowcology, 463: 180-191.

LU M, ZHU M, ZHANG J, et al., 2013. The DOUNCE event at the top of the Ediacaran Doushantuo Formation, South China: Broad stratigraphic occurrence and non-diagenetic origin[J]. Precambrian Research, 225: 96-109.

MACHEL H G, KROUSE H R, SASSEN R, 1995. Products and distinguishing criteria of bacterial and thermochemical sulfate reduction[J]. Applied geochemistry, 10(4), 373-389.

MCFADDEN K, HUANG J, CHU X L, et al., 2008. Pulsed oxidation and biological evolution in the Ediacaran Doushantuo Formation[J]. PNAS, 105: 3197-3202.

NESBITT H W, YOUNG G M, 1982. Early Proterozoic climates and plate motions inferred from major element chemistry of lutites[J]. Nature, 299(5885): 715-717.

NESBITT H W, YOUNG G M, 1989. Formation and diagenesis of weathering profiles[J]. Journal of Geology, 97(2): 129-147.

PARIS F, VERNIERS J, 2004. Microfossils: Chitinozo[M]//SELLEY R C, COCKS L R M, PLIMER I R, eds. Encyclopedia of Geology. Amsterdam: Elsevier.

PENG S, 2009. The newly-developed Cambrian biostratigraphic succession and chronostratigraphic scheme for South China[J]. Chinese Science Bull, 54: 2691-2698.

PENG S, KUSKY T M, JIANG X, et al., 2012. Geology, geochemistry, and geochronology of the Miaowan Ophiolite, Yangtze Craton: Implications for South China's amalgamation history with the rodinian supercontinent[J]. Gondwana Research, 21(2-3): 577-594.

RIMMER A M, 2004. Geochemical paleoredox indicators in Devonian-Missipian black shales, central Appalachian basin(USA)[J]. Chemical Geology, 20(3/4): 373-391.

ROTHMAN D H, HAYES J M, SUMMONS R E, 2003. Dynamicsofthe Neoproterozoiccarbon cycle[J]. Earth, Atmospheric, and Planetary Sciences, 100(14): 8124-8129.

SHEN C, MEI L, PENG L, et al., 2012. LA-ICPMS Ue-Pb zircon age constraints on the provenance of Cretaceous sediments in the Yichang area of the Jianghan Basin, central China[J]. Cretacous research, 34: 172-183.

SUN W, 1986. Late Precambrian Pennatulids (sea pens) from the eastern Yangtze Gorges, China: Paracharnia gen. nov.[J]. Precambrian Research, 31: 361-375.

TAYLOR S R, MCLENNAN S M, 1985. The Continental Crust: Its Composition and Evolution[M]. Oxford: Blackwell.

TILLEY B, MCLELLAN S, HIEBERT S, et al., 2011. Gas isotope reversals in fractured gas reservoirs of the western Canadian Foothills: Mature shale gases in disguise[J]. AAPG Bulletin, 95(8): 1399-1422.

TILLEY B, MUEHLENBACHS K, 2013. Isotope reversals and universal stages and trends of gas maturation in sealed, self-contained petroleum systems[J]. Chemical Geology, 339: 194-204.

TRIBOVILLARD N, ALGEO T J, LYONS T, et al., 2006. Trace metals as paleoredox and paleoproductivity proxies: An update[J]. Chemical Geology, 232(1-2): 12-32.

VECOLI M, RIBOULLEAU A, VERSTEEG G J, 2009. Palynology, organic geochemistry and carbon isotope analysis of a latest Ordovician through Silurian clastic succession from borehole Tt1, Ghadamis Basin, southern Tunisia, North Africa: palaeoenvironmental interpretation[J]. Palaeogeography, Palaeoclimatology, Palaeoecology, 273(3-4): 378-394.

VEIZER J, DAVIN A, KAREM A, et al., 1999. $^{87}Sr/^{86}Sr$, $\delta^{13}C$ and $\delta^{18}O$ evolution of Phanerozoic seawater[J]. Chemical Geology, 161: 59-88.

WANG X, SHI X, JIANG G, et al., 2014. Organic carbon isotope gradient and ocean stratification across the late Ediacaran-Early Cambrian in Yangtze Platform[J]. Science China Earth Sciences, 57: 919-929.

WANG X, ERDTEMANN B D, CHEN X, et al., 1998. Intergreted sequence-, bio-, and chemostratigraphy of the Terminal Proterozoic to Lowermost Cambrian "black rock series" from central south China[J]. Epsodes, 21(3): 178-189.

WANG Z, CHEN C, WANG J, et al., 2020. Wide but not ubiquitous distribution of glendonite in the Doushantuo Formation, South China: Implications for Ediacaran climate[J]. Precambrian Research, 338: 105586.

WANG Z, WANG J, SUESS E, et al., 2017. Silicified glendonites inthe Ediacaran Doushantuo Formation (South China) and their potential paleoclimatic implications[J]. Geology, 45: 115-118.

WILSON L O, 1974. Changes in sulfur content and isotopic ratios of sulfur during petroleum maturation: Study of big horn basin paleozoic oils[J]. AAPG Bulletin, 58(11): 2295-2318.

WILSON T P, LONG D T, 1993. Geochemistry and isotope chemistry of CaNaCl brines in Silurian strata, Michigan Basin, USA[J]. Applied Geochemistry, 8(5): 507-524.

WORDEN R H, SMALLEY P C, 1996. $H_2S$-producing reactions in deep carbonate gas reservoirs: Khuff Formation, Abu Dhabi[J]. Chemical Geology, 133(1-4): 157-171.

XIAO S, MCFADDEN K A, PEEK S, et al., 2012. Integrated chemostratigraphy of the Doushantuo Formation at the northern Xiaofenghe section(Yangtze Gorges, South China) and its implication for Ediacaran stratigraphic correlation and ocean redox models[J]. Precambrian Research, 192: 125-141.

XIE S C, LIU D, QIU X, et al., 2016. Microbial roles equivalent to geological agents of high temperature and pressure in deep Earth[J]. Science China: Earth Sciences, 59(11): 2098-2104.

YAN D T, CHEN D Z, WANG Q C, 2010. Large-scale climatic fluctuations in the latest Ordovician on the Yangtze block, south China[J]. Geology, 38(7): 599-602.

YAN D, CHEN D, WANG Q, et al., 2012. Predominance of stratified anoxic Yangtze Sea interrupted by short-term oxygenation during the Ordo-Silurian transition[J]. Chemical geology, 291: 69-78.

YIN C , TANG F, LIU Y , et al., 2005. New U-Pb zircon ages from the Ediacaran (Sinian) System in the Yangtze Gorges: Constraint on the age of Miaohe biota and Marinoan glaciation[J]. 地质通报, 24(5): 393-400.

YIN L M, ZHU M Y, KNOLL A H, et al., 2007. Doushantuo embryos preserved inside diapause egg cysts[J]. Nature, 446: 661-663.

ZHANG S, JIANG G, ZHANG J, et al., 2005. U-Pb sensitive high-resolution ion microprobe ages from the Doushantuo Formation in south China: Constraints on late Neoproterozoic glaciations[J]. Geology, 33: 473-476.

ZHANG Y, HE Z, JIANG S, et al., 2019. Fracture types in the lower Cambrian shale and their effect on shale gas accumulation, Upper Yangtze[J]. Marine and petroleum geology, 99: 282-291.

ZHOU M F, KENNEDY A K, SUN M, et al., 2002. Neoproterozoic arc-related mafic intrusions along the Northern margin of South China: Implications for the accretion of Rodinia[J]. The Journal of Geology, 110(5): 611-618.

ZHU M Y, BABCOCK L E, PENG S C, 2006. Advances in Cambrian Stratigraphy and paleontology: Integrating correlation techniques, palaeobiology, taphonomy and paleoenvironmental reconstruction[J]. Palaeoworld, 15: 217-222.

ZHU M, ZHANG J, YANG A, 2007. Integrated Ediacaran(Sinian) chronostratigraphy of south China[J]. Palaeogeography, Palaeoclimatology, Palaeoecology, 254: 7-61.

ZHU M, LU M, ZHANG J, et al., 2013. Carbon isotope chemostratigraphy and sedimentary facies evolution of the Ediacaran Doushantuo Formation in western Hubei, south China[J]. Precambrian Research, 225: 7-28.